WUFEISHUI JIANCE JISHU YU ZHILIANG KONGZHI

污废水监测技术 与质量控制

主　编　陈仲祥　龚　锋

主　审　杜宏伟　王启秀

副主编　孙建华　张　雁　衡思宇

　　　　何建飞　赵　慧

重庆大学出版社

内容提要

本书以污废水监测技术与质量控制为重点,全面描述了国内外污废水监测与质量控制的新技术、新工艺、新设备、新方法和新理论。

全书共分 7 个项目,项目一介绍了水质在线自动监测系统、水质自动监测仪、采样器和流量计的使用;项目二介绍了 pH 值、电导率、浊度等理化指标的监测;项目三介绍了污废水中硫化物、氰化物等无机阴离子的监测;项目四介绍了溶解氧、化学需氧量、高锰酸盐指数、TOC、氨氮、亚硝酸盐氮、水中石油类、总氮、总磷等有机污染物综合指标及营养盐监测;项目五介绍了污废水中铜、锌、镉、铅、铬和砷等金属及其化合物的监测;项目六介绍了水质监测实验室基本知识与技能、水质监测采样和实验室质量保证与控制方法;项目七介绍了水质在线监测运营管理及相关的法规、规范。

本书可作为职业院校环境监测相关专业的教学用书,也可供环境保护与监测机构及相关专业技术人员、管理人员参考。

图书在版编目(CIP)数据

污废水监测技术与质量控制 / 陈仲祥,龚锋主编
. -- 重庆:重庆大学出版社,2021.12
ISBN 978-7-5689-2991-2

Ⅰ.①污… Ⅱ.①陈…②龚… Ⅲ.①污水—水质监测②废水监测 Ⅳ.①X832

中国版本图书馆 CIP 数据核字(2021)第 240246 号

污废水监测技术与质量控制
主 编 陈仲祥 龚 锋
策划编辑:章 可

责任编辑:文 鹏 邓桂华 版式设计:章 可
责任校对:关德强 责任印制:赵 晟

*

重庆大学出版社出版发行
出版人:饶帮华
社址:重庆市沙坪坝区大学城西路 21 号
邮编:401331
电话:(023)88617190 88617185(中小学)
传真:(023)88617186 88617166
网址:http://www.cqup.com.cn
邮箱:fxk@ cqup.com.cn(营销中心)
全国新华书店经销
重庆华数印务有限公司印刷

*

开本:787mm×1092mm 1/16 印张:21.25 字数:505 千
2021 年 12 月第 1 版 2021 年 12 月第 1 次印刷
ISBN 978-7-5689-2991-2 定价:56.00 元

水质监测能够从源头上发现水资源被污染的问题，为根除水资源污染提供依据。随着我国国民经济的迅猛发展，工业废水、生活污水的排放量逐年增大，特别是化工、采矿等行业对附近水源的污染，已经严重威胁到人们生活用水和农业灌溉安全。为全面加强对水污染的监控，保障人们的用水安全，从1999年9月开始，我国相继在松花江、辽河、海河、黄河、淮河、长江、珠江、太湖、巢湖、滇池等流域建设了国家地表水水质自动监测站，监测项目为水温、pH、DO、电导率、浊度、高锰酸盐指数、总磷、总氮和氨氮9项指标，实现了十大流域水质自动监测。目前，污废水监测特别是水质自动连续监测技术已成为环境监管体系中不可缺少的组成部分。

本书注重理论联系实际，强调职业素养的培养；注重与生产实际结合，将污废水监测及质量控制技术作为主线，纳入污废水监测的新技术、新设备、新工艺等。本书可供职业院校分析及环保相关专业的学生使用，也可供环保企业从业人员学习工作参考。

本书内容的选取充分考虑学生及本行业从业人员对相关理论知识的需求和认知水平，融入污废水质量监测岗位执业资格的相关要求。内容包括：实验室检测方法及在线监测方法的原理、设备使用维护、监测质量保证与控制、在线监测运营管理等，在选材上紧密结合污废水监测岗位实际需要。随着环境信息化的进程，全自动在线水质监测系统的应用越来越广泛，这就要求有一大批水质在线监测运营的专业技术人才，能熟悉了解水质监测仪的原理和结构，能熟练操作并维修此类在线水质监测仪，保证水质监测系统的正常运转。本书加强了在线监测的比重，实验室质量管理也是本书的重点之一。本书以国家标准为依托，以污废水监测常用指标为主线，介绍实验室检测及在线监测方法的基本知识、基础理论与基本技术，围绕具体检测项目，设置相关任务，通过多个活动完成任务，对相应的任务设置任务评价以及任务检测，供学员自学参考。

本书由重庆市工业学校陈仲祥、龚锋主编，重庆市工业学校杜宏伟、重庆市生态环境监测中心王启秀主审。副主编为重庆市工业学校孙建华、张雁、衡思宇、赵慧以及重庆市环境保护产业协会何建飞。本书共分7个项目，项目一由龚锋、孙建华、张雁编写，项目二由孙建华、衡思宇编写，项目三由龚锋、陈仲祥编写,项目四由龚锋、孙建华、张雁编写,项目五由龚锋、孙建华编写,项目六由陈仲祥编写,项目七由赵慧、衡思宇编写。全书由陈仲祥、龚锋、衡思宇统稿。

本书在编写过程中多次到环境监测公司、科研机构调研,得到相关单位领导及同行的支持和帮助,尤其得到了重庆市生态环保产业协会、重庆市中质环环境监测中心等单位的大力支持,在此一并致谢! 由于编者水平所限,不完善或疏漏之处在所难免,敬请读者和同仁批评指正,以便今后不断充实和完善。

编者

2021 年 12 月

目 录
MULU

项目一 水质在线自动监测系统

水质在线自动监测系统是一套以在线自动分析仪器为核心的综合性在线自动监测体系。水质在线自动监测系统可以实现监测自动化，实现水污染的预警预报，对防止污染事件的进一步发展起到重要的作用。水质在线监测系统还可以实现水质信息的在线查询和共享，可快速为领导决策提供科学依据。

【项目目标】

知识目标

- 了解水质在线自动监测系统的组成及基本分析原理。
- 掌握紫外吸收水质自动监测仪——UV 仪的原理及使用方法。
- 掌握水质采样器的分类及使用方法。
- 掌握流量计的原理及使用方法。

技能目标

- 能使用紫外吸收水质自动监测仪——UV 仪。
- 能使用水质采样器进行水样的采集。
- 能使用流量计。

情感目标

- 培养学员团结协作的能力。
- 培养学员吃苦耐劳、严谨细致的职业素养。

任务一 水质在线自动监测系统概述

【任务描述】

水质在线自动监测系统主要应用于水库、河川、水产养殖、自来水厂、废水处理厂、游泳池等环境，可以长时间监测水质情况。同时，以物联网技术为载体，以大数据、云计算技术为抓手，通过建立系统管理平台，可以提供全方位的水质监测方案，可实现对企业废水和城市污水的自动采样、流量的在线监测和主要污染因子的在线监测，实时掌握企业及城市污水排放情况,实现监测数据自动传输。

本任务通过学习水质在线自动监测系统的概念,使学员认识地表水质在线自动监测系统的组成及基本分析原理,理解水质在线自动监测系统的操作使用及水质在线自动监测系统分析曲线的标定方法。

【相关知识】

一、水质在线自动监测系统的定义

水质在线自动监测系统(On-line Water Quality Monitoring System)是一套以在线自动分析仪器为核心,运用现代传感技术、自动测量技术、自动控制技术、计算机应用技术以及相关的专用分析软件和通信网络组成的综合性在线自动监测体系。水质在线监测系统以在线分析仪表和实验室研究需求为服务目标,以提供具有代表性、及时性和可靠性的样品信息为核心任务,运用自动控制技术、计算机技术并配以专业软件,组成一个从取样、预处理、分析到数据处理及存储的完整系统,从而实现对样品的在线自动监测。水质在线自动监测系统拓扑图如图 1-1-1 所示。

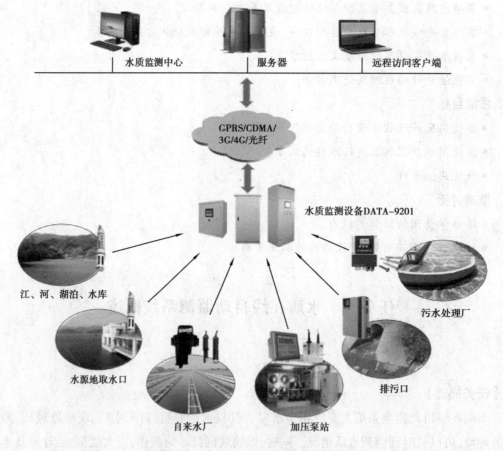

图 1-1-1　水质在线自动监测系统拓扑图

水质在线自动监测系统收集并可长期存储指定的监测数据及各种运行资料、环境资料以备检索。水质在线自动监测系统具有监测项目超标及子站状态信号显示、报警功能;自动运行、停电保护、来电自动恢复功能;远程故障诊断,便于例行维修和应急故障处理等功能。

二、水质在线自动监测系统的组成

水质在线自动监测系统的组成如图1-1-2所示。

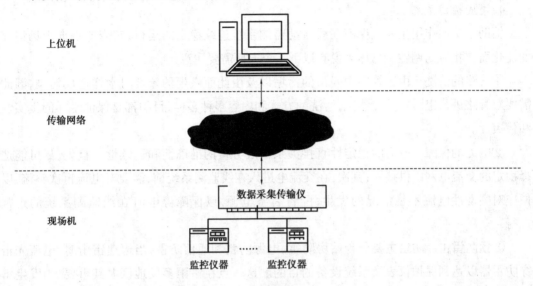

图1-1-2　水质在线自动监测系统的组成

实施水质在线自动监测,可以实现水质的实时连续监测和远程监控,达到及时掌握主要流域重点断面水体的水质状况、预警预报重大或流域性水质污染事故、解决跨行政区域的水污染事故纠纷、监督总量控制制度落实情况、排放达标情况等目的。

水质在线自动监测系统一般包括取水系统、预处理系统、数据采集与控制系统、集成辅助系统、在线监测分析仪表、数据处理与传输系统及远程数据管理中心等。这些分系统既各成体系,又相互协作,使整个水质在线自动监测系统连续、可靠地运行。

1. 取水系统

取水系统主要针对满足水样的代表性、可靠性和连续性来设计,其主要组成部分有取水头、取水泵、水样输送管道和流速流量调节阀等。取水系统按照取水方式分为直取式和浮筒式两种,直取式主要针对水位变化小的环境使用,如污水厂、污染源、自来水涵管取水等,而浮筒式主要针对水位变化较大的环境使用,如地表水等。

2. 预处理系统

水样预处理系统既要消除干扰仪表分析和影响仪表使用的因素,又不能失去水样的代表性。预处理的手段通常有自然沉降、物理过滤及渗透等。通常根据水样的纯度来决定预处理的级别。有些分析仪器在设计时已经考虑了进样的预处理,需在系统集成时考虑与之配合使用。

3. 数据采集与控制系统

数据采集与控制系统主要由PLC、现场工控机、中心站计算机以及变送器、执行机构等

组成,其功能主要如下:

①控制整个在线自动监测系统的自动运行,这部分主要由 PLC 写入程序后完成。

②采集、存储并传输仪表分析的数据,这部分主要由现场工控机与数据采集传输模块协作完成。

4. 集成辅助系统

辅助系统的作用主要是保障在线自动监测系统连续稳定的运行,它需要根据现场情况的变化而作相应的调整。总体来说有以下 4 个方面需要注意:

①管路的清洗　由于管路中残留的污垢以及由此而滋生的藻类对水样造成污染,因此需要对管路进行定时定量的清洗,清洗的方式和内容多种多样,目的都是保证水样的真实性和代表性。

②电力的保障　电力的稳定性直接关系仪表分析的准确性和连续性。首先,尽可能选择稳定的交流电网以供接入;其次,在交流电进入在线监测系统前,需要对电流再次整流,以便应对突发性电流不稳情况的发生;配备后备电源,以保障停电时在线监测系统的正常运行。

③预防雷击　防雷主要分为站房防雷、电源防雷和通信防雷,当遭遇雷击时,电流先击穿防雷器以达到保护仪表及系统设备的目的。这一点在雷雨多发地区尤其重要,当发生雷雨后,工作人员要尽快检查防雷器的状态,如损毁要及时更换。

④调节温湿度　适合的温度和湿度对仪表的稳定运行很重要,这部分功能主要由空调和除湿设备来实现。

三、水质在线自动监测系统的设计思路及对监测结果的影响

水质在线自动监测系统的设计包括监测站点的选择、采样方式的选择、监测项目的选择、分析方法的选择、监测频次确定、监测设备选型和数据传输方式的选择等方面,各个环节的设计对监测结果的准确性和代表性及系统的稳定性有重要影响。

地表水和废水是流量和浓度都随时间变化的非稳态流体,监测站点的设置和采样点位的设置应保证所采集的样品能反映水样变化,确保采集样品具有代表性,以满足总量控制和浓度控制相结合的双轨管理制度。在建设水质在线自动监测系统之前应进行必要的现场调查研究,合理地选择采样站点和采样方法。

监测项目分为常规监测项目和特殊监测项目。常规监测项目主要根据排放类型参照国家规定来确定,特殊监测项目主要根据实际需要来确定。

分析方法的选择应以国家标准方法为主,其他方法为辅。首先应考虑方法的可靠性和稳定性,其次考虑方法的先进性和实现的成本。分析方法的选择对监测结果影响较大,不同方法之间存在较大差异,为了便于对比,应尽量选择国家标准方法。

监测设备选型关系着水质在线监测系统的可靠性和准确性,水质在线监测设备的选择原则是质量好、售后服务好、运行成本低和采用标准的分析方法。通常,进口产品有较好的质量保证,但售后服务不及时,国内产品质量上有所不足,但售后服务一般比进口产品好,建

设时应该综合考虑,充分对比选择。

数据传输方式的选择首先要考虑能否长期可靠运行,其次要考虑安装是否方便、运行成本是否低、传输速度是否够快等,目前,GPRS、CDMA、ADSL等传输方式比较成熟,可以满足上述需求。

四、水质在线自动监测系统的基本分析原理及对监测结果的影响

在水质在线自动监测系统中,在线监测仪器是监测系统中的核心部分,对监测结果影响较大。同类型的在线监测仪器,采用的分析方法不同,其测量的准确性、灵敏度、可靠性和价格均不相同。目前,从分析原理上划分,常用的分析方法主要有化学光度法、化学滴定法、电化学法(电极法)、燃烧法等。

化学光度法的原理是按照设定程序在水样中加入各种试剂,并控制反应条件进行一系列化学反应,再利用朗伯-比尔定律测量反应液的吸光度,从而计算水样中污染物的浓度。这种方法是经过大量实验验证的经典方法,稳定可靠,灵敏度高、重现性好,但是测量时间长、试剂用量大。

化学滴定法的原理是按照设定程序在水样中加入各种试剂,并控制反应条件进行一系列化学反应,再缓慢加入滴定用试剂,用库仑计或比色计判断滴定终点,根据滴定的试剂用量计算水样中污染物的浓度。这种方法也是经典方法,稳定可靠,使用范围广,重现性和灵敏度较高,但也存在测量时间长、试剂用量大的问题。

电化学法是指利用物质之间的电化学效应制作测量电极,并将物质浓度转换为电信号的测量方法,其特点是测量速度快,试剂用量小,但是稳定性差、漂移大,如果不及时校准,测量结果误差较大。

燃烧法是指将水样高温催化燃烧,将水和污染物质燃烧成气态,冷却后除水,通过检测器检测气态物质浓度的方法。这种方法测量速度较快、试剂用量少、稳定性好,但高温部件和进样部件要求很高,容易出现故障。

五、水质在线自动监测系统的操作使用

水质在线自动监测系统是由传感器、精密仪器、计算机和通信设备等组成的高技术含量的复杂系统,在操作使用之前应认真阅读相关使用说明和进行相关培训,应特别注意仪器操作的注意事项和维护保养周期、方法,这是保证水质在线自动监测系统正常运行的前提。

水质在线自动监测系统的运营维护应该制订严格的管理制度,做好维护计划和维护记录,应定期巡检、定期维护,发现问题应及时处理,保证系统长期可靠运行。

六、水质在线自动监测系统分析曲线的标定

在水质在线自动监测系统中,监测仪器是系统的核心,是监测结果准确的保证。使用前应对各监测仪器的工作曲线进行标定,使用中需要进行定期校准。

标定的方法是:在量程范围内,用监测仪器测量已知浓度的标准物质,将标准物质浓度和电信号作为数据对存储下来,通过测量不同浓度的标准物质可以得到不同的数据对,这些数据对可以拟合为一条工作曲线。具体操作方法参照监测仪器使用说明书。

【任务评价】

任务一 水质在线自动监测系统学习评价明细表

序号	考核内容	评分标准	分值	小组评价	教师评价
1	理论知识（90分）	水质在线自动监测系统的定义	10		
		水质在线自动监测系统的组成	20		
		水质在线自动监测系统的设计思路及对监测结果的影响	20		
		水质在线自动监测系统的基本分析原理及对监测结果的影响	20		
		水质在线自动监测系统的操作使用	10		
		水质在线自动监测系统分析曲线的标定	10		
2	环保安全文明素养（10分）	环保意识	4		
		安全意识	4		
		文明习惯	2		
3	扣分清单	迟到、早退	1分/次		
		旷课	2分/节		
		作业或报告未完成	5分/次		
		安全环保责任	一票否决		
考核结果					

【任务检测】

判断题

1. 水质在线自动监测系统一般包括取水系统、预处理系统、数据采集与控制系统、在线监测分析仪表、数据处理与传输系统及远程数据管理中心。 （　　）

2. 水质在线自动监测取水系统中，直取式主要针对水位变化较大的环境使用，如地表水等。 （　　）

3. 水质在线自动监测取水系统中，浮筒式主要针对水位变化小的环境使用，如污水厂、污染源、自来水涵管取水等。 （　　）

4. 水质在线自动监测系统中常用的分析方法主要有化学光度法、化学滴定法、电化学法（电极法）、燃烧法等。 （　　）

任务二　紫外吸收水质自动监测仪——UV 仪

【任务描述】

一个地区的人口、饮食生活习惯具有相对的稳定性,一般的变化不会导致城市生活污水主要污染物基体的改变。城市生活污水还具有大水量、水质稳定的鲜明特点。这种稳定的水质条件正是 UV 仪的工作要求,可以在各种中小型污水处理厂中用于监控 COD。紫外吸收水质自动监测仪适用于污水处理的过程控制和水质监测。在水质监测中当光吸光系数与化学需氧量或高锰酸盐指数具有相关性时,可将 UV 仪的光吸光系数折算为化学需氧量或高锰酸盐指数。

本任务通过学习水中有机污染物在线监测方法之一的紫外吸收法,使学员了解污废水中 UV 仪的方法原理和适用范围,熟练运用 UV 仪监测污废水中有机污染物含量。

【相关知识】

一、UV 仪工作流程

在流动的样品池中充满要测量的水样,光源发出强烈的紫外光通过样品池到达半透反射镜并一分为二,一路光(工作光束)直射到样品检测器,另一路光(参比光束)照到参比检测器上,工作光束和参比光束的工作波长不同,水样对其光学能量的吸收也不同。通过比较两个检测器的信号,可以得出特别吸光系数,即用来衡量水中有机污染物总量的物理量。

二、UV 仪的类型

为了排除浊度、悬浮物的干扰,UV 仪按检测方式不同分为单波长、多波长、扫描型 3 种。单波长 UV 仪是以单波长 254 nm 作为检测光直接透过水样进行检测;多波长 UV 仪是在紫外光谱区内有几个紫外测量波长;扫描型 UV 仪是对水样分别在可见光区和紫外光区进行扫描。

为了使被测水样稳定,UV 仪按安装方式不同可分为采水型和浸入型。采水型是将水样采入仪器内部后,采用吸收池或水流自然落下方式进行检测,又分为吸收池型或落水型;浸入型是将仪器的检测部分直接浸入水样中进行检测。

【任务实施】

一、仪器简介

如图 1-2-1 所示为 HACH 公司的 UVAS sc 监测仪。仪器以 254 nm 处的特别吸光系数表示过滤后的水样的测量值,该吸光系数可以转化为吸光度/m。通过对不同光程比色池的光度计中测得的测量值进行比较,可获得吸收单位 1/m 或 m^{-1}。吸收读数可以转换成透过率并且通过控制器显示。

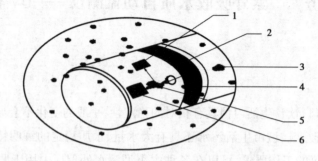

图 1-2-1　UVAS sc 监测仪

1—接收器、测量元件;2—双面擦拭器;3—紫外灯;4—测量狭缝;5—镜子;6—接收器、参考元件

UVAS 浸没式探头由一个多光束吸收光度计组成,可以有效地进行浊度补偿。当在 550 nm 处测量 SAC 值时可以进行浊度补偿,并将这个测量值从在 254 nm 处测得的 SAC 中减去。控制器规定光度计的灯每闪一次,就进行一次测量。测量窗的机械清洗是通过擦拭器完成的。对特定的应用场合,选择正确的传感器光程非常重要。通常,越干净的水所需要的光程越长。在自来水应用中,一般选择光程为 5 mm 和 50 mm。在废水应用中,一般选择光程为 2 mm 和 1 mm。

UVAS sc 监测仪的主要性能指标如下:

①测量技术　紫外吸收法测量(双光束技术),不需化学试剂。

②测量光程　可选 1 mm、2 mm、5 mm、50 mm。

③量程　根据传感器的量程、主要模式或参数的不同而不同:

0 ~ 60 L/m(50 mm)(25% ~ 100% T/cm),T 为透过光强度;

0 ~ 600 L/m(5 mm);

0 ~ 1 500 L/m(2 mm);

2 ~ 3 000 L/m(1 mm)。

④补偿波长　550 nm。

⑤测量间隔　≥1 min。

二、仪器设备的操作

UV 仪可连续直接测量水中有机物含量,一般不需要试剂,操作、维护比较简单,一般包括安装、校准、维护和故障处理等操作。

1. 安装

(1)控制器的安装

控制器可以安装在面板上、墙上或圆管上。

(2)传感器的安装

传感器利用支架安装在水中。安装 UVAS sc 传感器时,要确保墙壁和传感器之间有足够的距离以防止物理损坏。在水平位置安装传感器时,缝隙应该面向左侧或右侧。狭缝不要向上,这样可能会导致沙子聚集,而且去除气泡很困难。不要让传感器朝下,否则会使空气聚集。

所有的安装都要使用90°适配器,如图1-2-2所示。确保流通单元是水平安装的。

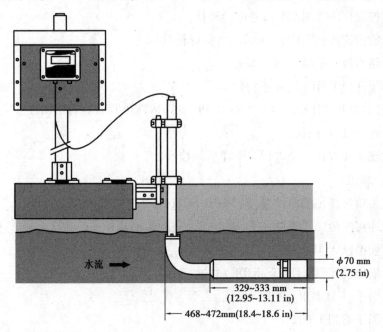

水流 →

$\phi70$ mm
(2.75 in)

329~333 mm
(12.95~13.11 in)

468~472mm(18.4~18.6 in)

图1-2-2　UV仪的安装

2. 传感器的设置

当第一次安装传感器时,会显示传感器的序列号作为传感器的名称。如要更换传感器的名称,请按照以下步骤操作:

①选择主菜单。

②从主菜单中选择SENSOR SETUP(传感器设定),然后确认。

③如果连接的传感器不止一个,需要选择相应的传感器,然后确认。

④选择CONFIGURE(配置),然后确认。

⑤选择EDIT NAME(编辑名称)开始编辑名称。确认或取消,然后返回到SENSOR SET-UP(传感器设定)。

3. 仪器的校准

传感器在出厂时已经经过校准。厂家强烈建议最好保持出厂校准,不要作任何更改。

确保在执行校准之前清洗玻璃窗口。根据不同的应用场合,任何偏离出厂校准的变化都可能是光学部污染引起的。如果校准验证失败,请再一次清洗玻璃窗口并重复这些步骤。与出厂校准之间很大的偏移会导致仪器校正失败。

定期验证校准。在出现较大偏移的情况下,需要进行零点校准,在斜率允许使用单点校准进行更改之前,补偿零点偏移量。在校准期间,仅显示mE值。在验证过程中,设定值根据滤光片上说明值进行调节,调节时其测量单位为mE。设定点的值在滤光片上有说明。液体标准必须使用外部的光度计进行测量,测量值根据传感器的光程进行转化。

（1）校准验证

①从主菜单选择传感器设置（SENSOR SETUP），并进行确认。

②如果连接的传感器超过一个，则选择合适的传感器，并进行确认。

③选择校准（CALIBRATE），并进行确认。

④显示输出模式（OUTPUT MODE），并进行确认。

⑤从旁路面板或水槽中拆除探头。

⑥选择验证（VERIFY），并进行确认。

⑦显示（MOVE WIPER TO POS OUT PRESS ENTER TO CONTINUE）擦拭器应该转到狭缝的外部位置，并进行确认。

⑧用过滤光片取代水样进行 1 个样品的校准。

（2）单点校准

①从主菜单选择传感器设置（SENSOR SETUP）并进行确认。

②如果连接的传感器超过一个，则选择合适的传感器并进行确认。

③选择校准（CALIBRATE）并进行确认。

④显示输出模式（OUTPUT MODE）并进行确认。

⑤选择因子（FACTOR）并进行确认。

⑥调节因子值到 1.00。

⑦选择偏移量（OFFSET）并进行确认。

⑧调节到 0mE。

⑨选择一个水样校准（1 SAMPLE CAL）并进行确认。

⑩显示 FILL IN CAL STANDARD PRESS ENTER TO CONTINUE。在按下输入键之前，先选择选项 1 或 2。

（3）零点校准

①从主菜单选择传感器设置（SENSOR SETUP）并进行确认。

②如果连接的传感器超过一个，则选择合适的传感器并进行确认。

③选择校准（CALIBRATE）并进行确认。

④显示输出模式（OUTPUT MODE）并进行确认。

⑤选择零点校准并进行确认。

⑥显示 FILL IN AQUA DEST PRESS ENTER TO CONTINUE。从水池中拆除传感器，并使用蒸馏水润洗测量光路。保证测量光路水平，用蒸馏水填满后进行确认。

⑦显示 WHEN STABLE PRESS ENTER，并进行确认。

⑧显示 CALIBRATION，WIPE。擦拭过程开始。

⑨显示 WHEN STABLE PRESS ENTER 并进行确认。

⑩选择校准并进行确认。

⑪偏移量：显示 X.X mE 值并进行确认。

⑫显示 WHEN STABLE PRESS ENTER，±X.X，并进行确认。

⑬显示 CALIBRATION,WIPE。擦拭过程开始。

⑭显示 WHEN STABLE PRESS ENTER,并进行确认。

⑮选择校准(CALIBRATE),并进行确认。

⑯显示 CALIBRATION,并进行确认。

⑰RETURN PROBE TO PROCESS,将传感器浸没在测量位置。

⑱显示 READY,开始自动清洗,然后返回测量状态。

(4)调节测量值

如果实验室的比对测量与探头的测量结果不是很吻合,可以执行调节测量值的操作(零点和斜率法调节)。

只有在清洗或验证完成之后的零点检查不能令人满意时,才进行零点调节或偏移量调节。

小提示

仪器的维护措施

UV 仪在使用中应严格按照说明书要求定期维护,以保证仪器正常工作,一般 UV 仪应定期进行以下维护:

①基本维护工作　目视检查,每周一次;检查校准,每周进行一次比对测量(取决于环境条件);擦拭器刮片更换,根据计算器的情况而定。

②耗材更换时间　擦拭器套件和 O 形垫圈流通单元需每年更换一次。

阅读有益

1.基本原理

UV 仪是根据有机物对特征波长紫外光有选择性吸收的特性进行测量的,通过测量水样对波长为 254 nm 紫外光的吸光度从而计算水中有机物含量的多少。

2.仪器的适用范围

UV 值只是反映了污水样品中综合污染物对紫外光产生特征吸收的测量值,它仅对波长为 254 nm 的紫外光有吸光度的有机物有响应。这类有机物仅限于具有共轭双键的有机物,不能测量其他类型的有机物和无机还原性物质。

【任务评价】

任务二　UV 仪使用评价明细表

序号	考核内容	评分标准	分值	小组评价	教师评价
1	基本知识 (30分)	UV 仪的基本原理与适用范围	20		
		UV 仪的类型	10		

续表

序号	考核内容	评分标准	分值	小组评价	教师评价
2	基本技能 （60分）	传感器的安装	10		
		传感器参数的设置	10		
		仪器的校准	30		
		仪器的日常维护措施	10		
3	环保安全 文明素养 （10分）	环保意识	4		
		安全意识	4		
		文明习惯	2		
4	扣分清单	迟到、早退	1分/次		
		旷课	2分/节		
		作业或报告未完成	5分/次		
		安全环保责任	一票否决		
考核结果					

【任务检测】

一、判断题

1. UV 仪结构简单，适合任何行业的污水测定。　　　　　　　　　　　　（　　）

2. UV 仪是利用大部分有机物在红外 254 nm 处有吸收的特性，将水样经过 254 nm 红外光的照射，根据 UV 吸收值和 COD 的相关关系来推算 COD 的数值。　　　　　（　　）

3. 紫外光的波长范围为 200～400 nm。　　　　　　　　　　　　　　　　（　　）

二、选择题

1. UV 仪主要用于测定水中（　　）含量的多少。

A. 悬浮物　　　　　　　B. 金属盐　　　　　　　C. 有机物　　　　　　　D. 油

2. 紫外吸收光度计（UV 计光谱法）转换测量 COD 的测量原理是以低压汞灯作为紫外光源，光源发出的紫外光通过滤光片分离出 254 nm 的紫外光和 546 nm 的可见光，采用双波长分光光度计作为参考波长，并且由光电二极管检测出光强，检测出的信号通过放大器送到微处理器，546 nm 的光强用于补偿（　　）的影响，经过计算后输出测量结果。

A. 浊度　　　　　　　　B. 盐度　　　　　　　　C. 黏度　　　　　　　　D. 温度

三、问答题

1. 简述 UV 仪测定原理及其特点。

2. 简述 UV 仪的校准基本步骤。

任务三　水质采样器使用

【任务描述】

水质采样器有水质人工采样器和水质自动采样器两种。水质人工采样器的材料必须对水样的组成不产生影响,且易于洗涤,对先前的样品不能有任何残留。水质自动采样器是适合于与流量成比例的库斗式采样器,它是一种智能化多功能吸入式水样分瓶采样装置。它可以根据水样采样要求实现多种采样方式(定量采样、定时定量采样、定时流量比例采样、定流定量采样和远程控制采样)及多种装瓶方式(每瓶单次采样——单采和每瓶多次采样——混采)。水质采样器是对江、河、湖泊、企业排放水等实现科学监测的理想采样工具。采样中涉及与排污量相关的采样方法(流量比例和定流定量)则配置各种流量计。

本任务通过学习水质采样器的使用,使学员认识水质采样器的分类,熟练使用不同水质采样器及采样方法。

【相关知识】

一、相关定义

1. 自动采样

自动采样是指水质自动采样器按预定设置的采样模式,自动采集水样,直至定量注入采样瓶,最后将多余或滞留的水样排走及清洗管路的全过程。

2. 在线采样

在线采样是指将采样装置正确安装在采样点处,按预定设置的采样模式,对采样点监控的水质进行全程的、动态的水样采集工作方式。

3. 流量等比例采样

流量等比例采样是指每排放一定体积污水,水质自动采样器将定量的水样从指定采样点分别采集到采样器中的指定样品容器内的采样方式。

4. 时间等比例采样

时间等比例采样是指按设定采样时间间隔,水质自动采样器将定量的水样从指定采样点分别采集到采样器中的指定样品容器内的采样方式。

5. 混合采样

混合采样是指水质自动采样器将同一采样点不同时间采集的样品,注入同一个采样瓶中的采样方式。通常用于分析某些水质参数在某个时间段内的平均值。

6. 分瓶采样

分瓶采样是指水质自动采样器将不同时间采集的样品,分别注入不同采样瓶中的采样方式。通常用于分析某些水质参数在不同时间的变化规律。

7. 平均无故障连续运行时间(MTBF)

平均无故障连续运行时间是指水质自动采样器在检测期间的总运行时间(h)与发生故障次数(次)的比值,单位为 h/次。

阅读有益

1. 水质自动采样器的分类

①根据采样是否连续可分为连续自动采样器和非连续自动采样器。

②根据是否具有流量计量功能可分为带流量计量功能的自动采样器和不带流量计量功能的自动采样器。

③根据是否具有分瓶采样功能可分为分瓶自动采样器和混合自动采样器。

④根据是否能用于固定源的在线水质采样可分为在线式采样器和便携式采样器。

2. 水质自动采样器的性能

水质自动采样器的性能指标应符合表 1-3-1 的要求,并满足 GB 12998—1991《水质采样技术指导》有关自动采样设备的其他性能要求。

表 1-3-1　水质自动采样器的性能指标

项　目	性能	检测方法
采样量误差	±10%	5.3.1
等比例采样量误差	±15%	5.3.2
系统时钟时间控制误差	$\Delta1 \leqslant 0.1\%$ 及 $\Delta12 \leqslant 30$ s	5.3.3
机箱内温度控制误差(便携式水质自动采样器除外)	±2 ℃	5.3.4
采样垂直高度	≥5 m	5.3.5
水平采样距离	≥50 m	5.3.6
管路系统气密性	≤ -0.05 MPa	5.3.7
平均无故障连续运行时间(MTBF)	≥1 440 h/次	5.3.8
绝缘阻抗	>20 MΩ	5.3.9

【任务实施】

一、取样器具

1. 人工采样器

取样器可用无色具塞硬质玻璃瓶或具塞聚乙烯瓶或水桶。采集深水水样时,需用专门取样器(图 1-3-1 和图 1-3-2)或深层采水器(如 HQM－1 型颠倒采水器和 HQM－2 型有机玻璃采水器)和自动采水器(如国产 772 型自动采水器和 783 型自动采水器)等。对水中特殊成分的分析,要求使用专用容器,如溶解氧(DO)、正乙烷萃取物、亚硫酸盐、联胺(NH_2H_2N)、细菌、生物等不宜用自动取样器,必须用专用的特殊取样器。如测 DO 时,用溶解氧瓶采集水样(直立式采水器)。

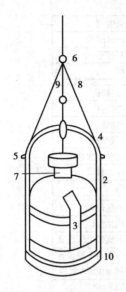

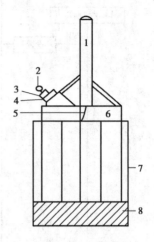

图 1-3-1 单层采样瓶

1—采水瓶;2,3—采水瓶架;4,5—控制采水瓶平衡的挂钩;

6—固定采水瓶绳的挂钩;7—瓶塞;8—采水瓶绳;

9—开瓶塞的软绳;10—铅锤

图 1-3-2 简易采样瓶

1—采水器软绳;2—壶塞软绳;3—软塞;

4—进水口;5—固定挂钩;6—塑料水壶;

7—钢丝架;8—重锤

2. 水质自动采样器

水质自动采样器一般由控制单元、采水单元、水样分配单元、采样瓶、恒温单元等组成。

①控制单元 控制完成采样的单元,应具有设置、显示、控制信号输出、信号采集和数据存储等功能。

②采水单元 将水样采集至水质自动采样器的单元,一般由泵、管路和采样头组成。采样头宜设有 10～20 目的过滤网,防止漂浮物堵塞采样管路。

③水样分配单元 将水样导入指定采样瓶的单元,要求水样分配单元保证导入准确,不发生外溢。水样分配单元应具有掉电自锁功能,采样瓶排布应紧凑。

④采样瓶 用于存放水样,由惰性材料制成,易清洗,容量应在 500 mL 以上。

⑤恒温单元 具有独立控温、低温冷藏水样的单元。

二、仪器设备的操作及维护

水质采样器功能比较简单,操作比较简单,主要包括仪器的安装、设定和定期维护。

①操作示意图如图 1-3-3 所示。仪器主要有参数设置、手动控制、自动采样、查询和密码修改功能。

②仪器的工作参数是指运行过程中所涉及的参数,通过修改工作参数可以实现不同的工作模式,达到不同的控制目的。仪器的工作参数主要分为校准参数、主参数、辅参数和定时表 4 类,见表 1-3-2。

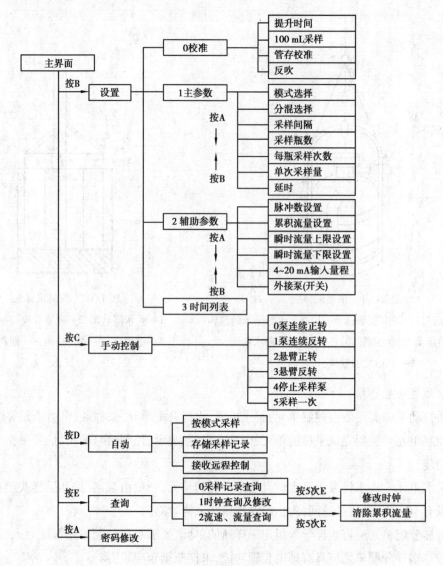

图 1-3-3　水质采样器操作示意图

表 1-3-2　水质采样器参数设置

参数分类	参数名称	参数说明
校准参数	提升时间	水样从排污口至采样器所需的时间(s)
	管存时间	一水样从换向阀到样品瓶的时间(s)
	100 mL 时间	采集 100 mL 水样所需的时间(s)
	反吹时间	把水样从采样器全部反吹至排口所需时间(s)
主参数	模式选择	采样器采样触发模式,共支持 7 种
	分混选择	"混合分瓶采样"或"分瓶混合采样"选择
	采样间隔	前一次采样到下一次采样的时间间隔(min)

续表

参数分类	参数名称	参数说明
主参数	采样瓶数	设置采样瓶数
	采样次数	设置采样次数
	单次采样量	设置一次采样的采样量
	延时	设置从进入自动方式到执行周期采样所等待的时间
辅参数	脉冲数	设置触发一次采样所需的脉冲数
	累积流量	设置触发一次采样所需的累积流量
	瞬时流量上限	设置触发采样的流量上限,当瞬时流量大于"瞬时流量上限"时启动采样
	瞬时流量下限	设置缺水保护下限,当瞬时流量低于"瞬时流量下限"时进入缺水保护,直到瞬时流量大于"瞬时流量下限"时再执行采样
	4~20 mA 输入量程	设置4~20 mA与瞬时流量的换算比例(量程),单位 m^3/h
	外接泵控制	当采样距离大于内置采样泵的距离范围时需外接采样泵,当外接泵参数设为"1"时启用外接泵控制
定时表	第1点定时	第1个定时时间
	…	…
	第24点定时	第24个定时时间

③日常维护

a. 定期检查并清洗采样头,防止采样头被堵死,检查周期根据实际水样情况定。

b. 定期检查分配悬臂是否在零位,若发现不在零位,应在手动操作中将悬臂回到零位;运行中频繁断电会产生分配悬臂旋转误差,导致水样不能准确导入指定的采样瓶中。

c. 定期更换采样泵管,采样泵管老化速度与使用频率有关,原则上至少半年更换一次。

 小提示

①在正常运行状态下,水质自动采样器可平稳工作。水质自动采样器的部件不易产生机械、电路故障,便于维护、检查作业。在出现浸湿、结露等情况时,水质自动采样器应能保持正常运行。

②水质自动采样器应具有设定、校对和显示时间功能,包括年、月、日和时、分。

③当断电后,水质自动采样器应能恢复掉电前的工作状态,所设定的参数应不改变。

④水质自动采样器不具有流量计量功能时,应配备与流量计连接的接口,实现流量等比例采样。

⑤水质自动采样器应具备通信接口,具备远程启动、远程设置等功能。

⑥采样模式至少应具有定时、时间等比例、流量等比例、液位比例、远程控制等采样

模式。

⑦水质自动采样器的最小采样量不大于 10 mL;最小采样间隔小于 30 min。

⑧控制单元应具有保存采样记录、故障信息和样品保存温度超标报警信息等功能,并能够输出存储的信息。

⑨水质自动采样器应具备空气反吹、自动清洗功能。

⑩水质自动采样器应具备自动终止采样功能,当样品达到预设次数时,水质自动采样器自动终止采样以避免样品溢出。

⑪水质自动采样器宜具备自动排空功能。

阅读有益

水质采样器工作原理

在仪器控制下,水样经过蠕动泵按设定程序定量采入指定的采样瓶中,并完成低温冷藏,以供实验室分析使用。采样器按照采样功能可分为流量等比例采样器、定时采样器和远程控制采样器等,按照样品是否分瓶采储可分为分瓶采样器和混合采样器。

在控制器的控制下,采用计量蠕动泵将水样采入仪器,通过仪器分配系统将水样送入指定的采样瓶中,通过恒温系统将水样温度恒定为 5 ℃,从而完成水样的自动采集、自动分配和恒温保存过程。

如北京环科环保技术有限公司水质自动采样器,采用单片控制技术,可实现按周期、流量、脉冲、指定时间等多种方式采样,并可实现远程控制采样、远程修改参数、远程获取采样记录等功能,还具有密码保护、断电保护、缺水保护等功能。

【知识拓展】

一、水样分类

1. 综合水样

把从不同采样点同时采集的各个瞬时水样混合起来所得到的样品称为"综合水样"。综合水样在各点的采样时间虽然不能同步,但越接近越好,以便得到可以对比的资料。

综合水样是获得平均浓度的重要方式,有时需要把代表断面上的各点,或几个污水排放口的污水按相对比例流量混合,取其平均浓度。

2. 瞬时水样

对组成较稳定的水体(或水体的组成在相当长的时间和相当大的空间范围内变化不大),采瞬时样品具有很好的代表性。当水体的组成随时间发生变化,则要在适当时间间隔期内进行瞬时采样,分别进行分析,测出水质的变化程度、频率和周期。当水体的组成发生空间变化时,就要在各个相应的部位采样。

3. 混合水样

在大多数情况下,混合水样是指在同一采样点上于不同时间所采集的瞬时样的混合样,有时用"时间混合样"的名称与其他混合样相区别。

时间混合样在观察平均浓度时非常有用。当不需要测定每个水样而只需要平均值时,混合水样能节省监测分析工作量和试剂等的消耗。混合水样不适用于测试成分在水样储存过程中发生明显变化的水样,如挥发酚、油类、硫化物等。

4. 平均污水样

对于排放污水的企业而言,生产的周期性影响着排污的规律性。为了得到代表性的污水样(往往要求得到平均浓度),应根据排污情况进行周期性采样。不同的工厂、车间生产周期时间长短不相同,排污的周期性差别也很大。一般地说,应在一个或几个生产或排放周期内,按一定的时间间隔分别采样。对性质稳定的污染物,可对分别采集的样品进行混合后一次测定;对不稳定的污染物,可在分别采样、分别测定后取平均值为代表。

5. 其他水样

如为监测洪水期或退水期的水质变化,调查水污染事故的影响等都需采集相应的水样。采集这类水样时,需根据污染物进入水系的位置和扩散方向布点并采样,一般采集瞬时水样。

二、水样采集

1. 表层水

在河流、湖泊可以直接汲水的场合,可用适当的容器(如水桶)采样。从桥上等地方采样时,可将系着绳子的聚乙烯板或有坠子的采样瓶投于水中汲水。要注意不能混入漂浮于水面上的物质。

2. 一定深度的水

在湖泊、水库等处采集一定深度的水时,可用直立式或有机玻璃采水器。这类装置在下沉过程中,水从采样器中流过。当达到预定的深度时,容器能够闭合而汲取水样。在河水流动缓慢的情况下,采用上述方法时,最好在采样器下系上适宜质量的坠子,当水深流急时要系上相应重的铅鱼,并配备纹车。

3. 泉水、井水

对自喷的泉水,可在涌口处直接采样。采集不自喷泉水时,将停滞在抽水管的水汲出,新水更替之后,再进行采样。

从井水采集水样,必须在充分抽汲后进行,以保证水样能代表地下水水源。

4. 自来水或抽水设备中的水

采集这些水样时,应先放水数分钟,使积留在水管中的杂质及陈旧水排出再取样。

采集水样前,应先用水样洗涤采样器容器、盛样瓶及塞子2~3次(油类除外)。

三、水样的保存

离开水体的水样进入样品瓶后由于环境条件改变,包括温度、压力、微生物的新陈代谢活动,物理和化学作用的影响,能引起水样组分的变化。为了尽量减少水样组分的改变,使水样具有代表性,最有效的方法是尽量缩短存放时间,尽快进行分析测定。如有特殊原因需要保存,应根据不同监测项目的要求,采取不同的保存方法。一般污水样品的保存时间不得超过48 h,严重污染的污水样品保存时间应小于12 h。

水样的保存需要重点掌握以下4个方面的内容:

1. 影响水质变化的因素

水样离开了水体母源,原来的各种平衡可能遭到破坏。储存在样品瓶中的水样,在以下3种作用下,待测成分可能会引起一定的变化。

(1)物理作用

易挥发成分的挥发、逸失,如 $HgCl_2$、$AsCl_3$、NH_3、苯系物、卤代烃的挥发损失。容器器壁及水中悬浮物对待测成分的吸附、沉淀,或者待测成分从器壁上、悬浮物上溶解出来,导致成分浓度的改变。

(2)化学作用

氧化还原作用的发生,如 Fe^{2+}、S^{2-}、CN^-、I^-、SO_3^{-}、Mn^{2+} 被氧化,Cr^{6+} 被还原等;含余氯的水样在储存过程中,酚类、烃类、芳香烃类可能继续被氯化而生成含氯的衍生物;水样从空气或室内吸收了 CO_2、SO_2、酸性或碱性气体,使水样 pH 发生改变,其结果可能使某些待测成分发生水解、聚合或沉淀的溶解、解析、络合作用。

(3)生物作用

细菌等微生物和藻类的活动,使待测成分发生改变。如硝化菌的硝化和反硝化作用,致使水样中氨氮、亚硝酸盐氮和硝酸盐氮转化;又如嗜硫细菌使 S^{2-} 或使 SO_4^{2-} 还原。微生物和藻类以氮、磷、钾、碳作为养分,不断从水样中吸收这些成分,使这些成分的浓度不断降低,微生物和藻类死亡又向水中释放出某些成分。

这3种作用可能单独或同时发生,使样品成分发生改变。由此可知,如果样品保存不当,实验室分析操作无论怎样认真和仔细,测定结果都不能代表取样时原来水体的成分和浓度。做好水样的保存十分重要。

2. 水样的储存容器

(1)容器材料的选择

储存容器可能吸附样品中的待测成分,也可能污染水样。选择容器的材质要考虑容器是否易被水样溶蚀而造成对待测成分的玷污,如水样易从玻璃容器中溶蚀 Si、B、Na、K、Ca、Mg、Zn 等;水样中待测成分是否易被器壁吸附或吸收;水样是否容易与容器发生化学反应,如 F^-、NaOH 易与玻璃容器反应。

常用的储存水样的容器材料有硼硅玻璃(即硬质玻璃)、石英、聚乙烯和聚四氟乙烯(即特氟隆)。杂质含量少的是石英和聚四氟乙烯,但这两种材料制成的容器价格昂贵,一般常规监测不宜使用。广泛使用的是聚乙烯和硼硅玻璃制成的容器。

聚乙烯在常温下不易被浓盐酸、磷酸、氢氟酸和浓碱腐蚀,容器不怕碰撞,便于运输和携带,但是浓硝酸、Br_2、$HClO_4$ 对它有缓慢的侵蚀作用;储存水样时,对大多数金属离子都很少吸附,仅对 CrO_4、H_2S、NH_3、I_2 有吸附作用。聚乙烯塑料桶适合储存无机污染物的水样,但是塑料本身和添加剂的分解,能从器壁释放到水样中,产生有机物的污染,不宜储存测定有机污染物的水样。

硼硅玻璃的主要成分是 SiO_2、BO_3,其他杂质较少。这类玻璃材料机械性能和耐热性能良好,能耐 HNO_3、HCl、H_2SO_4、强氧化剂以及有机溶剂的侵蚀,但不耐 HF 和强碱。用作监测有机物样本的水样储存器,不宜储存碱性水样。

(2)容器的清洗

清洗的目的是洗除容器内残留的灰尘、油污或其他污染物,防止污染采集的水样,同时可以去除器壁表面吸附待测物的活性中心。

玻璃和聚乙烯容器的清洗要根据监测项目的规定选择洗涤剂,一般的清洗步骤如下:

①用不含磷酸盐的洗涤剂,并用软毛刷洗刷容器内外表面及盖子,注意不要在容器内壁留下划痕。

②用自来水冲洗干净,然后用蒸馏水冲洗数次。

③晾干,并用肉眼检查有无玷污痕迹。

④储存用于监测有机污染物水样的玻璃瓶,也可用重铬酸钾洗液浸洗,然后用自来水、蒸馏水冲洗干净,晾干备用。

3. 水样保存方法

(1)充满容器或单独取样

取样时使样品充满容器,并用塑料塞塞紧,用螺旋盖拧紧,使样品上方没有空隙,这样就可减少运输过程中水样的晃动,减小 Fe^{2+} 被氧化,氰、氨及挥发性有机物的挥发损失。有时针对某些特殊项目以单独定容取样保存更为可取,如悬浮物等的定容取样保存,然后将全部样品用于分析,即可防止样品的分层或吸附在瓶壁上而影响测定结果。

(2)冷藏或冷冻

水样在 4 ℃冷藏或将水样迅速冷冻,储存在暗处,其作用是阻止生物活动,减小物理挥发作用和降低化学反应速度。在冷冻过程中,溶质会逐渐向中心溶液富集,最后集中于中心冻块处,产生分层作用。另外,冷冻有可能使生物细胞破裂,使生物体中的化学成分进入水溶液。

(3)加入化学保存剂

①为了防止生物作用,在样品中加入抑制剂。

②调节 pH。

③加氧化剂。

④加还原剂。

在样品中加入的保存剂不能干扰以后的测定。使用之前应做空白实验,其纯度和等级必须达到分析要求。

4. 水样的保存条件

不同监测项目的样品保存条件在以下介绍的监测方法中都作了具体规定。但这只是一般条件,各种污水样品的成分不同,同样的保存条件下,很难保证对不同类型样品中待测物都是可行的。在采样前应根据样品的性质、组成和环境条件,检验保存方法或检验选用的保存剂的可靠性。

【任务评价】

任务三　水质采样器使用评价明细表

序号	考核内容	评分标准	分值	小组评价	教师评价
1	基本知识 （30分）	水质采样器的基本原理与适用范围	20		
		水质采样器的分类	10		
2	基本技能 （60分）	水质采样器的安装	10		
		水质采样器参数的设置	10		
		水质采样器的使用	30		
		水质采样器日常维护措施	10		
3	环保安全 文明素养 （10分）	环保意识	4		
		安全意识	4		
		文明习惯	2		
4	扣分清单	迟到、早退	1分/次		
		旷课	2分/节		
		作业或报告未完成	5分/次		
		安全环保责任	一票否决		
考核结果					

【任务检测】

一、选择题

水质采样器的采样功能不包括以下哪种类型？（　　　）

A. 流量等比例采样　　　B. 定时采样　　　　　　C. 远程控制采样　　　　D. 综合采样

二、判断题

1. 采样时，按实验室常规质控要求，采集20%的平行双样，用作现场质控样。　　　（　　　）

2. 废水采样时应注意除去水面的杂物、垃圾等漂浮物。　　　（　　　）

3. 废水取水位置应位于排放口采样断面中心。　　　（　　　）

4. 采样取水管材料应对所监测项目没有干扰，并且耐腐蚀。采样管路应采用优质的PVC 或 PPR 软管。　　　（　　　）

三、简答题

采样取水系统的安装要求是什么？

任务四　流量计的使用

【任务描述】

随着工业的不断发展和城市人口的急剧增加,工业废水和城市污水的排放量也大量增加。目前,我国已成为世界上污水排放量最大、增加速度最快的国家之一。然而,我国的污水处理能力较低,有相当部分未经处理的污水直接或间接排放,严重污染了水体,成为危害环境生态、影响人民生活和身体健康的突出问题。在水环境保护治理过程中,对污水排放的流量准确计量核定是一项非常必要的基础工作。《中华人民共和国水污染防治法》规定:重点排污单位应当安装水污染物排放自动监测设备,与环境保护主管部门的监控设备联网,并保证监测设备正常运行。排放工业废水的企业,应当对其所排放的工业废水进行监测,并保存原始监测记录。流量计作为一种水污染物排放自动监测设备,是污染防治设施的组成部分。

本任务通过学习流量计的使用,使学员认识流量计的分类和原理,熟练使用流量计并能正确维护。

【相关知识】

流量计的定义

流量计是一种专门用于测量管道中水的流量的仪器。

流量计分为机械流量计、涡街流量计、超声波流量计、电磁流量计等。

阅读有益

机械流量计通过涡轮旋转来测量水流量,涡轮使用基本的螺旋桨,桨叶或分流设计。水的流速等于叶片的速度。

涡街流量计是独特的流量计,通过使用涡流来测量水的流量。当流体推过障碍物时,会产生旋涡,并形成旋涡。流量计上装有传感器卡舌,只要旋涡流过传感器卡舌,卡舌就会弯曲,产生一个频率输出,指示出水的流速是多少。

超声波流量计使用超声波技术来测量水通过管道时的速度。超声波流量计包括运行时间流量计和钳式超声波流量计。运行时间流量计在向上游发送一个信号之前,先向下游发送标准超声信号。然后将这两个信号进行比较以确定水的流速。钳式超声波流量计可以放置在管道的外部,并且设计成通过管道壁发射声脉冲,以便接收测量值。

电磁流量计能够通过使用简单的磁场来测量水的速度。当水通过磁场时,会产生电压。这样,较高的流速通过电磁流量计时会产生更高的电压。连接到此仪表的电子系统将接收电压信号,然后将其转换为体积流量。水中需要有离子才能产生电压,这意味着电磁流量计不能与没有污染物的纯净水一起使用。

【任务实施】

一般仪器的操作使用包括安装、设置、查询和维护等。

①流量计的安装包括堰槽的安装和仪器安装两个部分。堰槽的设计、加工和安装应该严格按照中华人民共和国国家计量检定规程《明渠堰槽流量计》规定进行，应委托专业公司实施。仪器安装分探头安装和显示表安装两个部分。超声波探头应安装在中华人民共和国国家计量检定规程《明渠堰槽流量计》规定的位置，显示表安装在远离电磁干扰源、温湿度符合要求的地方，可以挂在墙上或安装于仪表柜内。

②仪器安装完毕后，应按照实际情况进行堰槽类型、堰槽规格、报警参数、系统时间、模拟输出等设置，然后校准液位。

③利用仪器上的 4 个按键，可以对瞬时流量、累积流量、运行时间、瞬时液位等进行查看、查询，还可以对 3 年内每一天、每一月和每一年的流量进行查询。

④校准液位时用测量尺量取探头测量点的实际液位，然后在液位校准界面输入实际液位即可。

⑤流量计的维护主要是定期检查探头下方是否有杂物，如果有则清理掉。

⑥定期校准液位，每季度或半年校准一次。

阅读有益

超声波明渠流量计原理

超声波明渠流量计采用超声波通过空气，以非接触的方式测量明渠内堰槽前指定位置的水位高度，再根据标准规定的液位流量换算公式计算水的流量。此流量计适用于水利、水电、环保以及其他各种明渠条件下的流量测量，尤其适用于有玷污、腐蚀性污水的流量测量。

超声波传感器自带校准棒，传感器发出的超声波遇到校正棒和水面反射分别返回，两个返回时间分别为 t_1、t_2，超声波发射面到校准棒的距离 H_1 是已知的，发射面到液面的距离 $H_2 = H_1 t_2 / t_1$，$h = L - H_2$，从而得到液位高度 h，如图 1-4-1 所示。由于采用了校正棒，所以测量计算与超声波传输速度无关，避免了湿度、风速对超声波速度的影响，保证了其准确性。

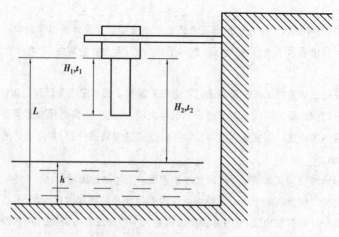

图 1-4-1 超声波测量原理

仪器通过固化在存储器的液位流量换算公式,根据所测液位计算流量。流量计可与标准的巴歇尔槽、三角堰、矩形堰等堰板堰槽配用,实现流量计量。

超声波明渠流量计的主要性能指标如下:

①测量范围　$0.36 \sim 104\ m^3/h$,与三角堰配用 $1\% \sim 3\%$ 。

②流量精度　与矩形堰配用 $1\% \sim 5\%$,与巴歇尔槽配用 $3\% \sim 4\%$ 。

③超声波最大测距　2 m。

④传感器盲区　0.4 m(注:盲区是指水面距传感器反射碗的距离)。

⑤测距误差　$<0.4\%$ 。

⑥水位分辨力　1 mm。

⑦响应时间　6 s。

YUEDUYOUYI

【任务评价】

任务四　流量计的使用评价明细表

序号	考核内容	评分标准	分值	小组评价	教师评价
1	基本知识 (30分)	流量计的基本原理与适用范围	20		
		流量计的分类	10		
2	基本技能 (60分)	流量计的安装	10		
		流量计参数的设置	10		
		流量计的使用	30		
		流量计日常维护措施	10		
3	环保安全 文明素养 (10分)	环保意识	4		
		安全意识	4		
		文明习惯	2		
4	扣分清单	迟到、早退	1分/次		
		旷课	2分/节		
		作业或报告未完成	5分/次		
		安全环保责任	一票否决		
考核结果					

【任务检测】

一、判断题

1. 超声波明渠流量计不与被测液体接触,适合测量污水、腐蚀性液体。静压式液位计浸入被测液体,适合测量较纯净的固体颗粒较少的水质。　　　　　　　　（　　）

2. 超声波明渠污水流量计的原理是用超声波发射波和反射波的时间差测量标准化计量堰(槽)内的水位。　　　　　　　　　　　　　　　　　　　　　（　　）

二、简答题

简要回答超声波明渠流量计的原理。

项目二 污废水理化指标监测

桃花溪起源于重庆市沙坪坝区平顶山脉,全长 15.79 km,曾经是重庆市主城区 5 条重要次级河流中最大的一条。在流经 3 个区县后,桃花溪在李家沱长江大桥北桥头水域汇入长江,被称为主城的"绿色动脉"。

随着城区扩张的加速,河域居民点的增加,大批企业将有毒工业污水直接排入桃花溪,到 20 世纪 70 年代末,桃花溪的水开始污染严重,鱼虾没有了。20 世纪 80 年代中期,随着高新区、九龙坡工业园区鳞次栉比的楼房和工厂云集河道两岸,桃花溪的污染情况达到顶峰,整条河水黑如墨汁,臭味弥漫,岸边住户从来不敢开窗户。

20 世纪 80 年代,原先为桃花溪注入水源的 9 条支流,其河床已经全部被掩埋于工厂和道路之下。支流的萎缩,最终导致桃花溪成为一条没有源头的死河。桃花溪沿线密布了近千家企事业单位,居住了 40 万居民,每天将约 6 万 t 生活、工业污水和垃圾直接排入桃花溪,整条河流内淤积的垃圾一度高达 300 万 t。桃花溪河道越变越窄,演变成一条"季节河",大部分时间是干涸的,但在夏天汛期的时候,只要降水量达到 50 mm,其穿越主城区杨家坪、石坪桥一带的河段就会泛滥成灾。

在公开的立项书中,一期工程投资 1.58 亿元,2004 年启动的二期工程投入 4.13 亿元,而九龙坡区市政管理委员对彩云湖及配套湿地公园的总投资有 10 多亿元。20 年治污路,花了接近 20 亿元资金,桃花溪终将清水流淌。

【项目目标】

知识目标

- 了解污废水理化指标监测意义。
- 了解污废水理化指标监测的处理方法。
- 掌握实验室检测污废水中 pH 值、电导率、浊度的原理及方法。
- 掌握在线监测污废水中 pH 值、电导率、浊度的原理及方法。

技能目标

- 能通过查阅方案完成监测任务。
- 能撰写监测报告。

情感目标

- 培养学员团结协作的能力。
- 培养学员的职业素养。

任务一 pH 值的测定

【任务描述】

pH 值是水溶液中酸碱度的一种表示方法。pH 的应用范围为 0～14,当 pH ＝ 7 时水呈中性;pH ＜ 7 时水呈酸性,pH 越小,水的酸性越强;当 pH ＞ 7 时水呈碱性,pH 越大,水的碱性越强。

pH 值是污水处理监测中的一个重要的测量项目。在日常的污水化验项目中,pH 值作为一个常规性的化验进行。在污水厂的运行管理中对污水的 pH 测量,是监测污水水质的一个因素,同时污水的 pH 会影响活性污泥中微生物的生活环境。当 pH 值超过 6～9 时,对污水的物理、化学和生物处理产生不利影响。pH 值低于 6 的酸性废水,对污水处理构筑物即处理设备产生腐蚀作用。pH 值是污水性质检测的重要指标。

本任务通过学习水中 pH 值测定的实验室及在线监测方法,使学员认识污废水中 pH 值的定义及监测意义,同时了解污废水中 pH 的测定方法原理和适用范围,熟练运用不同方法检测污废水中的 pH 值。

【相关知识】

pH 值是溶液中氢离子活度的一种标度,用溶液中氢离子活度的负对数表示,即

$$pH = -lg[H^+]$$

pH 值通常用来衡量溶液的酸碱程度,是水质分析中重要和经常进行的分析项目之一,是评价水质的一个重要参数。pH 值的大小反映了水体的酸性或碱性,但并不能直接表明水样的具体酸度或碱度。

阅读有益

水体的酸污染主要来源于冶金、电镀、轧钢、金属加工等工业的酸洗工序和人造纤维、酸法造纸等工业排出的含酸废水。另一个来源是酸性矿山排水,硫矿物经空气氧化,并与水化合成硫酸,使矿水变成酸性。

碱污染主要来源于碱法造纸、化学纤维、制碱、制革、炼油等工业废水。

YUEDUYOUYI

【任务实施】

一、实验室的测定方法

实验室测定 pH 值通常采用电位计法。

用电位计法测定污废水中的 pH 值,是将指示电极和参比电极与待测溶液组成的化学电池,利用溶液中氢离子与化学电池电极电位的定量关系而测出氢离子浓度,如图 2-1-1 所示。

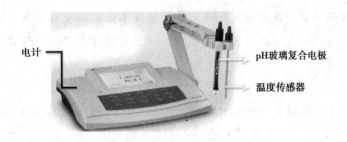

图 2-1-1 pHS-3E 酸度计和测量电极

1. 操作准备:仪器和试剂

①仪器:测量 pH 的电极系统。pH 玻璃电极和饱和甘汞电极或复合 pH 玻璃电极。

②仪器:电计部分(测量电位差)。

③蒸馏水(无二氧化碳水)。用于配制标准缓冲溶液和淋洗电极的水,要求电导率小于 $2\mu S/cm$、无 CO_2 的水,经阴、阳离子交换树脂的水,并经煮沸放冷后,可达此要求,pH 值通常为 $6.7 \sim 7.3$。

④标准缓冲溶液。配制标准缓冲溶液的物质应使用 pH 标准物质。市售 pH 标准物质有邻苯二甲酸氢钾、磷酸盐和硼砂 3 种。有特殊要求时,可参考测定方法补充配制其他标准溶液。

2. 测量 pH 的步骤

①在正式测量前,应先检查电计部分、电极、标准缓冲液三者是否正常。

②校准仪器(两点法校正)。

根据待测样品的 pH 值范围,在其附近选用两种标准缓冲溶液。用第一种溶液定位后,再对第二种溶液调斜率,测试第三种标准缓冲溶液,仪器响应值与第三种溶液的 pH 值之差不得大于 0.1pH 单位。如超过此误差,重复校正。如还存在上述问题,则应对电极和标准缓冲液质量进行检查,以探明原因,其中多数为电极出毛病,应考虑进行适当处理或更换新的低电极。

更换标准缓冲液或样品时,应用蒸馏水对电极进行充分的淋洗,用滤纸吸去电极上的水滴,再用待测溶液淋洗,以消除相互影响,这一点对弱缓冲性溶液尤为重要。

③测量水样 pH 值。测量时溶液应适当进行搅拌,以使溶液均匀和达到电化学平衡,而在读数时则应停止搅动,静置片刻,以使读数稳定。

 小提示

1. 蒸馏水的要求

标准缓冲溶液的制备是保证 pH 值测量准确性的重要因素,对配制标准缓冲溶液的蒸馏水和试剂均有较高要求。

2. 溶液配制注意事项

从实验中可知,邻苯二甲酸氢钾溶液(pH = 4.00)在室温下保存极易长霉菌,保存期通常为 4 周。磷酸盐缓冲溶液较稳定,保存期可为 1 ~ 2 个月。硼砂溶液是碱性溶液,易吸收

CO_2 而使 pH 值降低。在空气中放置或使用过的溶液不宜倒回瓶内重复使用。如果标准缓冲溶液放在 4 ℃ 冰箱存放,可以延长使用期限。以上 3 种标准溶液可保存在硬质玻璃瓶或聚乙烯塑料瓶中。

3. 电位计使用注意事项

市售电位计(连同玻璃电极和参比电极)有多种型号,根据仪器本身的精度可分为 0.1 级、0.02 级和 0.01 级等。仪器的基本结构为一直流放大器,使由电极产生电动势在仪器上经放大,在表头上(或数字显示)指示出毫伏数(或 pH 值)。电位计通常装有温度补偿装置,用以校正温度对电极系数的影响。

电位计使用的注意事项如下:

①仪器应保持干燥、防尘,定期通电维护,注意对工作电源的要求,并要有良好的"接地"。

②电极的输入端(即接线柱或电极插口)引线连接部分应保持清洁,不使水滴、灰尘、油污等浸入。

③仪器零点和校正、定位等调节器一经调试妥当,在测试过程中不应再随意旋动。

④对内部装有干电池的便携式酸度计,如需长期采用交流电或长期存放时,应将其内部的干电池取出以防干电池腐化而损害仪器。

阅读有益

1. 测定原理

pH 值由测量化学电池的电动势而得。目前,在一般的国家标准中,使用的电池为

参比电极 ∣ KCl 浓溶液 ‖ 溶液 X ∣ H₂ ∣ Pt

在实际应用中,指示电极一般不用氢电极,氢电极的铂黑容易被 As、Hg 和硫化物等污染而中毒,并且还需要恒定的压力和高纯度的氢气。另外,溶液中含有硝酸盐、高锰酸盐或高铁盐氧化剂时不能使用。通常以玻璃电极作为指示电极。

参比电极一般为甘汞电极或 As – AgCl 电极。参比电极的电位是已知恒定的,通过测定电池两极的电位差,就可知指示电极的电位。

pH 值的测量符合能斯特方程。实际测试中,多采用标准比较法,即先测得 pH 标准缓冲溶液的电位 E_s,再测定以待测样品溶液代替标准溶液时的电位 E_x,从而得到下列关系

$$pH_x - pH_S = \frac{E_x - E_S}{2.303RT/F}$$

式中　E_x——未知溶液中电池的电动势;

　　　E_s——标准缓冲溶液中电池的电动势;

　　　pH_x——未知溶液的 pH 值;

　　　pH_S——标准缓冲溶液的 pH 值;

　　　R——气体常数,8.314 4J/(K·mol);

　　　T——绝对温度(t ℃ +273.15);

　　　F——法拉第常数,96 485C/mol。

当 t =25 ℃ 时,经换算得

$$pH_X - pH_S = \frac{E_X - E_S}{0.059}$$

即在 25 ℃,溶液中每改变一个 pH 值单位,其电位差的变化约为 59 mV。实验室使用的 pH 测量仪上的刻度就是根据此原理制成的。通过标准溶液校准、定位后,可直接从表头读出 pH 值。

2. 适用范围

目前,电位计法是我国测定水质 pH 值的标准方法,它通常不受颜色、浊度、胶体物质以及氧化剂、还原剂的影响,适用于测定清洁水、受不同程度污染的地面水、工业废水的 pH 值。

YUEDUYOUYI

二、在线监测方法——pH 测量仪器设备

1. 仪器组成

以北京环科环保公司 pH 测量仪(图 2-1-2)为例,仪器由传感器探头、前置电路、显示表组成。探头与前置电路安装成一个整体,与仪器显示表之间由 4 芯屏蔽电缆连接。

pH 探头产生约 60 mV/pH 的电压,经前置电路放大后,经光电耦合,再经过恒流电路,形成 4～20 mA 远传电流信号。4～20 mA 对应的 pH 为 0～14,温度补偿在前置电路内完成,显示表向这部分电路提供 12 V 直流电源。

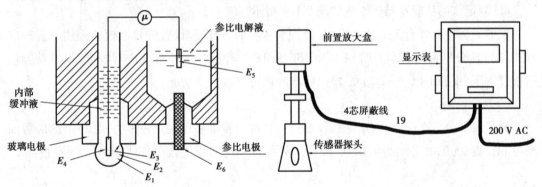

图 2-1-2　pH 测量仪

显示表将 220 V 交流电源变成各种需要的直流电,将 pH 信号 4～20 mA 处理后,进行显示、4～20 mA 隔离输出、上下限报警输出。上下限报警在显示表面板上由发光管显示,并各驱动一个 1×2 继电器。继电器触点容量为 24 V,1 A。

仪器性能指标如下:

① 测量范围:2～12pH。

② 测量精度:±0.1pH。

③ 显示分辨率:±0.07pH。

④ 输出信号:4～20 mA。

2. 仪器设备的操作

在线 pH 测量仪可实现连续直接测量,操作比较简单,一般只需定期校准、定期清洗和定期更换电极即可。

仪器的操作主要包括安装、校准和定期维护等。

（1）安装

一次表为杆状结构，适用于测量池、渠道等敞开水面条件。使用时，用金属板、弯形卡、支杆等将一次表牢固地固定在池或渠的侧墙上，并且保证使 pH 探头部分埋入水中。

二次表为壁挂式，利用仪表后面挂钩挂在墙上或控制柜内。二次表要求安装于室内或避风雨、日晒的仪器箱内，如图 2-1-3 所示。

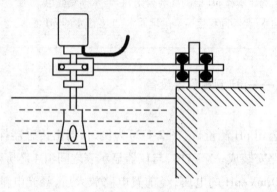

图 2-1-3　pH 测量仪的安装

（2）功能及操作

pH 测量仪的功能及操作原理如图 2-1-4 所示。

仪器的程序主要有 3 个功能模块，分别为主界面、校准和设置。校准模块采用三点校准方式，用 pH 分别为（在 25 ℃时）4.01、6.86、9.18 三种标准缓冲溶液进行校准；设置功能包括报警上限、报警下限、4～20 mA 模拟输出和恢复参数 4 个功能。

（3）校准操作

为了保证测量准确，应该定期对仪器进行校准。校准采用三点校准方式，校准前应提前准备 pH（在 25 ℃时分别为 4.01、6.86、9.18）标准缓冲溶液，然后按照界面提示逐点校准。

 小提示

1. 日常维护

①定期清洗玻璃电极，清洗周期视水质情况而定，建议 1 个月 1 次。

②定期校准（标定）仪器，校准周期视水质情况而定，建议 3 个月 1 次。

③每 5 年应检查参比电极内的 KCl 溶液，不足时，应补充。

2. 使用注意事项

①pH 测量仪正式使用前，必须由专业维护人员按操作要求进行校验。

②pH 测量仪探头必须浸在水中，在无水情况下，必须拆下并对探头进行冲洗，然后浸泡于清洁的蒸馏水中保养。

③pH 测量仪在每次重新使用前，必须用标准溶液测试，按规定操作要求进行校验，合格后方能使用并做好运行记录。

④未经管理部门或专业维护人员允许，任何人不能擅自移动、拆除、改装仪器。

⑤当 pH 测量仪显示结果出现异常骤变时，应检查线路是否接好，如果 pH 测量仪测定

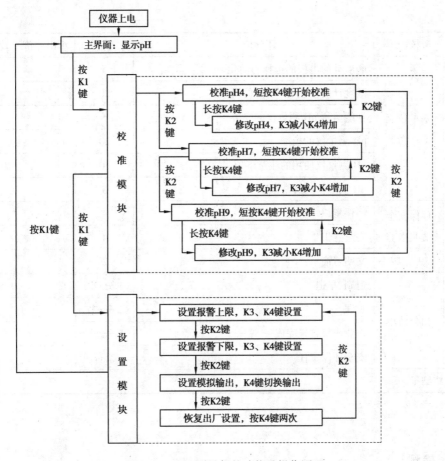

图 2-1-4　pH 测量仪的功能及操作原理

结果显示最大或最小,应检查探头是否已损坏,需更换。

⑥当 pH 测量仪测定结果与化学法测定结果有相对固定的差值,则应对探头进行清洗。如果故障仍未排除则需对仪器重新进行校验。如果仍无效,则可以更换新的探头。

⑦不可用水直接喷射到 pH 测量仪探头部分。避免排水渠内的杂物碰撞探头部分。如发现探头部分附有杂物,应小心地进行排除清理。

⑧禁止踏、挤压 pH 测量仪探头部分、管道部分、仪器部分,并禁止靠近火、油、烟、腐蚀性化学物品。

【任务评价】

任务一　pH 值测定评价明细表

序号	考核内容	评分标准	分值	小组评价	教师评价
1	基本知识 (25 分)	pH 的定义	5		
		直接电位法工作原理	10		
		pH 值测定的操作定义	10		

续表

序号	考核内容	评分标准	分值	小组评价	教师评价
2	基本技能 （65 分）	酸度计的电极的选择与活化	5		
		酸度计的校正与 pH 值的测量	20		
		在线监测 pH 测量仪的安装	5		
		pH 测量仪的校准	20		
		pH 测量仪使用的注意事项	10		
		pH 测量仪的日常维护	5		
3	环保安全 文明素养 （10 分）	环保意识	4		
		安全意识	4		
		文明习惯	2		
4	扣分清单	迟到、早退	1 分/次		
		旷课	2 分/节		
		作业或报告未完成	5 分/次		
		安全环保责任	一票否决		
考核结果					

【任务检测】

一、判断题

1. 测定水样中的 pH，可将水样混合后再测定。　　　　　　　　　　　　　（　　）

2. 测量 pH 时，玻璃电极的球泡应全部浸入溶液中 2 min 以上。　　　　　　（　　）

3. 测定 pH 时，溶液每变化一个单位，电位差改变 10 mv。　　　　　　　　（　　）

4. 值为 5 的溶液稀释 100 倍，可得 pH 为 7 的溶液。　　　　　　　　　　（　　）

5. 水温、pH 等在现场进行监测。　　　　　　　　　　　　　　　　　　　（　　）

6. pH 水质自动分析仪平均无故障连续运行时间应大于 360h/次。　　　　　（　　）

二、选择题

1. 酸度计用以指示 pH 的电极是（　　　　）。

A. 甘汞电极　　　　　　B. 玻璃电极　　　　　　C. 参比电极　　　　　　D. 指示电极

2. 哪一种不属于用基准试剂配制的 pH 标准溶液？（　　　）

A. 邻苯二甲酸盐 pH 标准溶液（pH = 4.008,25 ℃）

B. 中性磷酸盐 pH 标准溶液（pH = 6.865,25 ℃）

C. 草酸钠 pH 标准溶液（pH = 8.26,25 ℃）

D. 四硼酸钠 pH 标准溶液（pH = 9.180,25 ℃）

3.用玻璃电极测定 pH 时,主要影响因素是(　　)。

A.浊度　　　　　　B.盐度　　　　　　C.黏度　　　　　　D.温度

4.pH 测定方法主要有玻璃电极法、比色法、锑电极法、氢醌电极法等。如果水样中有氟化物宜采用(　　)。

A.玻璃电极法　　　B.比色法　　　　　C.锑电极法　　　　D.氢醌电极法

三、问答题

1.列举 pH 测量仪使用的注意事项。

2.简述 pH 测量仪的测量方法及测量原理。

任务二　电导率的测定

【任务描述】

电导率是指物体传导电流的能力(溶液的导电能力),用数字表示,衡量水中含盐量的大小,为电阻率的倒数,是表示水的导电能力的一项指标。水中溶解的盐类大都是强电解介质,它们在水中都电离成能够导电的离子,离子浓度越高,电导率越大。水的电导率反映出水含盐量的多少,这是电导率的测定在水质分析中的主要实际意义。

本任务通过学习水中电导率测定的实验室及在线监测方法,使学员认识污废水中电导率的定义及监测意义,了解污废水中电导率测定方法的原理,熟练运用检测方法检测污废水的电导率大小。

【相关知识】

一、电导率的定义

电导率是物质传送电流的能力,是电阻率的倒数。纯水电导率很小,当水中含无机酸、碱或盐时,电导率增加。电导率常用于间接推测水中离子成分的总浓度。水溶液的电导率取决于其中离子的性质和浓度、溶液的温度和黏度等。

电导率的标准单位是 S/m(西门子/米),一般实际使用单位为 μS/cm。

单位间的互换为:1 mS/m = 0.01 mS/cm = 10 μS/cm。

二、样品保存

水样采集后应尽快分析,如果不能在采样后及时进行分析,样品应储存于聚乙烯瓶中并满瓶封存,于 4 ℃冷暗处保存,在 24 h 之内完成测定,测定前应加温至 25 ℃,不得加保存剂。

阅读有益

新蒸馏水电导率为 0.5~2 μS/cm,存放一段时间后,由于空气中的二氧化碳或氨的溶入,电导率可上升至 2~4 μS/cm;饮用水电导率为 5~1 500 μS/cm;海水电导率大约为30 000 μS/cm;清洁河水电导率约为 100 μS/cm。电导率随温度变化而变化,温度每升高 1 ℃,电导率增加约 2%,通常规定 25 ℃ 为测定电导率的标准温度。

YUEDUYOUYI

【任务实施】

电导率的测定方法是电导率仪法。电导率仪分为实验室内使用的仪器和现场测试仪器两种。

一、实验室测量方法

(一)便携式电导率仪法

1. 试剂及仪器

①测量仪器为各种型号的便携式电导率仪。

②纯水。将蒸馏水通过离子交换柱制得,电导率小于 10 μS/cm。

③仪器配套的校准溶液。

2. 操作方法

阅读便携式电导率仪的使用说明书,一般测量操作步骤如下:

①在烧杯内加入足够的电导率校准溶液,使校准溶液浸入电极上的小孔。

②将电极和温度计同时放入溶液内,电极触底确保排除电极套内的气泡,几分钟后温度达到平衡。

③记录测出的校准溶液的温度。

④按 ON/OFF 键打开电导率仪。

⑤按 COND/TEMP 显示温度,调整温度旋钮,直到显示记录的校准溶液温度值。

⑥按 COND/TEMP 显示电导率测量挡,选择适当的测量范围。注意,如果仪器显示超出范围,需要选择下一个测量挡。

⑦用小螺丝刀调控仪器旁边的校准钮直到显示校准溶液温度时的电导率值,如 25 ℃,12.88 mS/cm。随后所有测量都补偿在该温度下。如果想使温度补偿到 20 ℃,将温度旋钮固定在 20 ℃(如果水样温度是 20 ℃),调整旋钮显示 20 ℃ 时的电导率值,随后所有测量都补偿在 20 ℃。

⑧仪器校准完成后即可开始测量,测量完毕关闭仪器,清洗电极。

 小提示

1. 注意事项

①确保测量前仪器已经过校准(参考校准程序)。

②将电极插入水样中,注意电极上的小孔必须浸泡在水面以下。

③最好使用塑料容器盛装待测的水样。

④仪器必须保证每个月校准一次,更换电极或电池时也需校准。

2. 电导率测定的干扰及消除方法

样品中含有粗大悬浮物质、油和脂干扰测定。可先测水样,再测氯化钾校准溶液,以了解干扰情况。若有干扰,应过滤或萃取除去。

阅读有益

1. 测量原理

将两块平行的极板放到被测溶液中,在极的两端加上一定的电势(通电不能用直流,否则极板容易极化,现在用交流方波,也可用正弦波,频率为 $20 \sim 100$ Hz),然后测量极板间流过的电流。

由于电导是电阻的倒数,因此,两个电极被插入溶液中,可以测出两电极间的电阻 R,根据欧姆定律,温度一定时,这个电阻值与电极的间距 $L(\text{cm})$ 成正比,与电极的截面积 $A(\text{cm}^2)$ 成反比。即

$$R = \rho \frac{L}{A}$$

由于电极面积 A 和间距 L 都是固定不变的,因此 L/A 是一常数,称电导池常数(即电极常数以 K 表示)。比例常数 ρ 称作电阻率。其倒数 $1/\rho$ 称为电导率,以 S 表示。

当已知电导池常数,并测出电阻后,即可求出电导率为

$$G = \frac{1}{R} = \frac{1}{\rho} \times \frac{A}{L} = S \frac{A}{L} = \frac{S}{K}$$

$$S = GK$$

式中　R——溶液电阻,Ω;

ρ——电阻率,$(\Omega \cdot \text{cm})$;

L——两极板的距离,cm;

A——极板截面积,cm^2;

G——电导,$S(S,$西门子 $1\ S = 1\ \Omega^{-1})$;

S——电导率,$(S \cdot \text{cm}^{-1})$;

K——电极常数,$\text{cm}^{-1}(K = L/A)$。

2. 适用范围

水样中含有粗大悬浮物质、油脂等干扰物质时,可先测水样,再测校准溶液,以了解干扰情况。若有干扰,应经过滤或萃取除去。

(二)实验室电导率仪

1. 试剂及仪器

①电导率仪　误差不超过 1%。

②温度计　能读至 0.1 ℃。

③恒温水浴锅　25 ℃ ± 2 ℃。

④纯水　将蒸馏水通过离子交换柱,电导率小于 1 μS/cm。

⑤0.0100 mol/L 标准氯化钾溶液　称取 0.745 6 g 于 105 ℃干燥 2 h,冷却后的优级纯氯化钾,溶解于纯水中,于 25 ℃下定容至 1 000 mL。此溶液在 25 ℃时电导率为 1 413

μS/cm。

必要时,可将标准溶液用纯水加以稀释,各种浓度氯化钾溶液的电导率(25 ℃)见表2-2-1。

表 2-2-1　不同浓度氯化钾的电导率

浓度/(mol·L^{-1})	电导率/(μS·cm^{-1})	浓度/(mol·L^{-1})	电导率/(μS·cm^{-1})
0.0001	14.94	0.001	147
0.0005	73.9	0.005	717.8

2. 测定方法

阅读各种型号的电导率仪使用说明书。

(1)电导池常数测定

①用 0.01 mol/L 标准氯化钾溶液冲洗电导池 3 次。

②将此电导池注满标准溶液,放入恒温水浴中约 15 min。

③测定溶液电阻 R_{KCl},更换标准溶液后再进行测定,重复数次,使电阻稳定在 ±2% 范围内,取其平均值。

④用公式 $Q = KR_{KCl}$ 计算。对 0.01 mol/L 氯化钾溶液,在 25 ℃时 $K = 1\ 413$ μS/cm,则

$$Q = 1\ 413R_{KCl}$$

(2)样品测定

用水冲洗数次电导池,再用水样冲洗后,装满水样,同①、③步骤测定水样电阻 R。

由已知电导池常数 Q,得出水样电导率 K。同时记录测定温度。

(3)计算

$$电导率 K(μS/cm) = \frac{Q}{R} = \frac{1\ 413R_{KCl}}{R}$$

式中　R_{KCl}——0.01 mol/L 标准氯化钾溶液电阻,Ω;

　　　R——水样电阻,Ω;

　　　Q——电导池常数。

当测定时的水样温度不是 25 ℃时,应报出的 25 ℃时电导率为

$$K_S = \frac{K_t}{1 + \alpha(t - 25)}$$

式中　K_s——25 ℃时电导率,(μS/cm);

　　　K_t——测定时 t 温度下电导率,(μS/cm);

　　　α——各离子电导率平均温度系数,取 0.022;

　　　t——测定时温度,℃。

小提示

注意事项

①最好使用和水样电导率相近的氯化钾标准溶液测定电导池常数。

②如使用已知电导池常数的电导池,不需测定电导池常数,可调节好仪器直接测定,但要经常用标准氯化钾溶液校准仪器。

二、在线监测方法——电导率测量仪器设备

仪器的操作主要包括安装、操作使用、校准和维护。HACH 公司 C53 型电导率测定仪如图 2-2-1 所示。

1. 安装及要求

将测定仪安装在符合下列条件的地方:清洁、干燥,振动较少或者没有振动,没有腐蚀性液体,符合环境温度限值范围(−20 ~ 60 ℃)。

采用随附的支架和硬件进行测定仪安装,可安装于墙上、面板上或管道上。

2. 操作界面

测定仪的用户界面由一个两行的液晶显示屏(LCD)(图 2-2-2)和一个键盘组成,包括一系列的按键:"MEAS(测量)""CAL(校准)""CONFIG(配置)""MAINT(维护)""DIAG(诊断)""ENTER(回车)",以及向左、向右、向上和向下方向键。

图 2-2-1　HACH 公司 C53 型电导率测定仪　　　图 2-2-2　测定仪的用户界面的液晶显示屏

"MEASURE(测量)"界面:通常的显示模式,显示测定值。按向左和向右方向键来查看 MEASURE(测量)界面,顺序显示这些测量值。"MENU(菜单)"界面:在菜单树的 3 个主要分支的这些顶级和下级(子菜单)界面都是用来进入配置的。"edit/selection(编辑/选择)"界面:在每个菜单分支的"EXIT(退出)"界面移动到上一级菜单树,按回车键确定。"Edit/Selection(编辑/选择)"界面:在这些界面中输入值/选择可以校准、配置和检测测试仪。

3. 校准方法

清零所有测定。当传感器在空气中时,按键启动自动系统清零。

（1）电导率测定

DRY – CAL 法：输入传感器经 GLI 认证的池常数"K"值和温度"T"因子。

1 点校准：输入一个参考值或者样品值（由实验室分析或者对比读数确定）。

（2）电阻率测定

DRY – CAL 法，如上所述（对电导率）。

1 点校准，如上所述（对电导率）。

4．测试/维护

测定仪设有"TEST/MAINT 测试/维护"菜单界面，用于：

①检查测定仪的状态，传感器（测量值信号和温度输入）和继电器。

②保持模拟输出在它们最近的测定值。

③立即手工重置所有的过载计时器。

④提供模拟输出测试信号来确认连接设备的运行。

⑤测试继电器的工作情况（加电压或者去励磁/释放）。

⑥识别测定仪可擦可编程只读存储器（EPROM）的版本。

⑦模拟一个测量值或者温度信号来测试测量电路。

⑧重置所有的配置和校准值为出厂时的默认值。

 小提示

1．故障判断及排除

当系统运行出现测量数据不正确和不稳定时，首先应该判断问题是来自仪表还是传感器的影响，其现场处理简便的方法如下：

①区分问题来自仪表还是传感器，从仪表的端子上拆下白色（white）线，检查仪表的电导率显示是否为零且稳定证明仪表正常，初步认定问题来自传感器的安装。

②判断干扰源来自仪表还是传感器，将传感器的白色（white）线、红色（red）线拆除，观察电导率仪表是否稳定地显示零点，如果显示正常，排除干扰来自仪表。

③电导率值测量数据偏差很大，判断测量数据是否正确，将传感器脱离管路，采用洁净的烧杯取样测量，与实验室仪器进行比较，排除温度补偿的因素。当测量结果基本一致时，可以认定传感器安装形式需要整改；如果脱机测量结果还是相差悬殊，重点检查仪表的参数设置（纯水不宜使用这样的方法）。

2．常见故障以及排除方法

常见故障及排除方法见表2-2-2。

表2-2-2　常见故障及排除方法

表现象	可能原因	排除方法
供电仪表无显示	A．电源没接通 B．仪表故障	A．检查仪表电源端子之间有无电压 B．请专业人员维修，一年内厂家给予调换

表现象	可能原因	排除方法
显示不稳定	A. 电极接线有误 B. 管路中有气泡 C. 水质不稳定	A. 对照说明书整改 B. 整改管路或另选测量点 C. 用稳定水源排除仪表原因
读数偏差大	A. 常数设置有误 B. 电极常数发生改变 C. 测点流速不合适 D. 电极安装错误	A. 重新设置电极常数 B. 更换新电极或重新标定电极常数 C. 将电极安装于流速合适处 D. 按电极安装说明进行安装

【任务评价】

任务二 电导率值测定评价明细表

序号	考核内容	评分标准	分值	小组评价	教师评价
1	基本知识 （30分）	电导率的定义	10		
		电导率仪的工作原理	10		
		电极与电极常数	10		
2	基本技能 （60分）	电极的选择与活化处理	5		
		电导率仪的校正与测定	20		
		在线电导率仪的安装	5		
		在线电导率仪的校准	10		
		在线电导率仪的常见故障及排除方法	20		
3	环保安全 文明素养 （10分）	环保意识	4		
		安全意识	4		
		文明习惯	2		
4	扣分清单	迟到、早退	1分/次		
		旷课	2分/节		
		作业或报告未完成	5分/次		
		安全环保责任	一票否决		
考核结果					

【任务检测】

一、判断题

1. 电导率是单位面积的电导。 （　　）

2.电导率测定电极的电极常数可通过标准溶液进行测量。　　　　　　　　　（　　）

二、选择题

1.以下哪个参数不可以用五参数在线监测仪测定？（　　　）

A. COD　　　　　　　　B. DO　　　　　　　　C. 浊度　　　　　　　　D. 电导率

2.电导率要现场测定，其影响的主要因素为（　　　）。

A. 溶液中有机物含量　　B. 溶液中离子浓度　　C. 溶液温度　　　　　　D. 溶液黏度

三、问答题

简述在线电导率仪的常见故障与排除方法。

任务三　浊度的测定

【任务描述】

浊度，即水的浑浊程度，它是水中的不溶性物质引起水的透明度降低的量度。不溶性物质包括悬浮于水中的固体颗粒物(泥沙、腐殖质、浮游藻类等)和胶体颗粒物。

浊度是一种光学效应，是光线透过水层时受到阻碍的程度，表示水层对光线散射和吸收的能力。它与悬浮物的含量有关，还与水中杂质的成分、颗粒大小、形状及其表面的反射性能有关。控制浊度是工业水处理的一个重要内容，也是一项重要的水质指标。根据水的不同用途，对浊度有不同的要求。生活饮用水的浊度不得超过 1NTU；要求循环冷却水处理的补充水浊度为 2~5NTU；除盐水处理的进水(原水)浊度应小于 3NTU；制造人造纤维要求水的浊度低于 0.3NTU。构成浊度的悬浮及胶体微粒一般是稳定的，并大都带有负电荷，不进行化学处理就不会沉降。在工业水处理中，主要采用混凝、澄清和过滤的方法来降低水的浊度。

本任务通过学习水中浊度的实验室及在线监测方法，使学员认识污废水中浊度的定义及监测意义，了解污废水中浊度测定方法的原理，熟练运用不同检测方法检测污废水中浊度大小。

【相关知识】

一、浊度的定义

定义1：水的透明程度的量度，指水溶液中所含颗粒物对光的散射情况。

定义2：浊度是指水中悬浮物对光线透过时所发生的阻碍程度。水中的悬浮物一般是泥土、砂粒、微细的有机物和无机物、浮游生物、微生物和胶体物质等。

根据不同的测量原理，浊度的单位有很多种表示方法，常见的有 NTU、FTU、FAU。我国水质标准和规程中采用 NTU 作为浊度单位，用来分析水中不溶性物质对光线透过时产生的散射光效应的程度。

二、浊度的表示方式

我国技术标准与国际标准接轨,在水质分析行业基本不采用"浑浊度"(这个概念)和"度"这个单位,取而代之的是"浊度"(概念)和"NTU/FNU/FTU"(单位)。

(1)散射浊度单位(NTU)

NTU 指散射浊度单位,表明仪器在与入射光成 90°角的方向上测量散射光强度。

(2)福尔马肼散射法单位(FNU)

表明仪器在与入射光成 90°角的方向上测量散射光强度。NTU 用于 USEPA 的《水质浊度测定方法 180.1》和《水和废水标准检验法》。FNU 用于欧洲的 ISO7027 浊度方法。

(3)FTU

将一定量的硫酸肼与六次甲基胺聚合,生成白色高分子聚合物,以此作为浊度标准溶液,在一定条件下与水样浊度比较。

(4)烛光浊度单位(JTU)

将水样与用硅藻土(或白陶土)配制的标准溶液进行比较,以确定水样的浊度。规定 1 L 蒸馏水中含 1 mg 一定粒度的硅藻土(或白陶土)所产生的浊度为一个浊度单位,简称"度",称为杰克逊浊度。浊度单位为 JTU。

表 2-3-1 为不同浊度表示单位之间的换算关系:

表 2-3-1 浊度单位换算表

浊度换算	JTU/度	FTU/NTU	$SiO_2/(mg \cdot l^{-1})$
JTU/度	1	19	2.5
FTU/NTU	0.053	1	0.13
$SiO_2/(mg \cdot l^{-1})$	0.4	7.5	1

三、水样的保存

样品收集于具塞玻璃瓶内,应在取样后尽快测定。如需保存,可在 4 ℃冷藏、暗处保存 24 h,测试前要激烈振摇水样并恢复到室温。

【任务实施】

一、实验室测量方法

浊度的测定有分光光度法、目视比浊法等。

(一)分光光度法

1.仪器和试剂

(1)仪器

50 mL 比色管一套;分光光度计;3 cm 比色皿。

（2）无浊度水

将蒸馏水通过孔径 0.2 μm 滤膜过滤，收集于用滤过水样洗两次的烧瓶中。

（3）浊度储备液

①硫酸肼溶液　称取 1.000 g 硫酸肼溶于水中，定容至 100 mL。

②六次甲基四胺溶液　称取 10.00 g 六次甲基四胺溶于水中，定容至 100 mL。

③浊度标准溶液　吸取 5.00 mL 硫酸肼溶液与 5.00 mL 六次甲基四胺溶液于 100 mL 容量瓶中，混匀。于 25 ℃ ±3 ℃下静置反应 24 h。冷却后用水稀释至标线，混匀。此溶液浊度为 400 度。可保存一个月。

2. 操作步骤

（1）标准曲线的绘制

吸取浊度标准溶液 0 mL、0.50 mL、1.25 mL、2.50 mL、5.00 mL、10.00 mL 和 12.50 mL，置于 50 mL 比色管中，加无浊度水至标线。摇匀后即得浊度为 0 度、4 度、10 度、20 度、40 度、80 度、100 度的标准系列。于 680 nm 波长，用 3 cm 比色皿，测定吸光度，绘制标准曲线。

（2）水样的测定

吸取 50 mL 摇匀水样（无气饱，如浊度超过 100 度可酌情少取，用无浊度水稀释至 50 mL），于 50 mL 比色管中，按绘制标准曲线步骤测定吸光度，由标准曲线上查得水样浊度。

3. 计算

水样浊度可计算为

$$浊度（度）= \frac{A \times (B + C)}{C}$$

式中　A——稀释后水样的浊度，度；

　　　B——稀释水样体积，mL；

　　　C——原水样体积，mL。

 小提示

1. 干扰及消除

水样应无碎屑及易沉淀的颗粒。器皿不清洁及水中溶解的空气泡会影响测定结果。如在 680 nm 波长下测定，天然水中存在的淡黄色、淡绿色无干扰。

2. 精度要求

不同浊度范围测试结果的精度要求见表 2-3-2。

表 2-3-2　不同浊度测量精度要求

浊度范围/度	精度/度	浊度范围/度	精度/度
1 ~ 10	1	400 ~ 1000	50
10 ~ 100	5	大于 1000	100
100 ~ 400	10		

3. 注意事项

硫酸肼毒性较强,属致癌物质,取用时注意。

阅读有益

1. 方法原理

在适当温度下,硫酸肼与六次甲基四胺聚合,形成白色高分子聚合物。以此作为浊度标准溶液,在一定条件下与水样浊度相比较。

2. 适用范围

本法适用于测定天然水、饮用水的浊度,最低检测浊度为 3 度。

(二)目视比浊法

1. 仪器和试剂

(1)仪器

100 mL 具塞比色管;250 mL 具塞无色玻璃瓶。

(2)浊度标准溶液的配制

①称取 10 g 通过 0.1 mm 筛孔(150 目)的硅藻土,于研钵中加入少许蒸馏水调成糊状并研细,移至 1 000 mL 量筒中,加水至刻度,充分搅拌,静置 24 h,用虹吸法仔细将上层 800 mL 悬浮液移至第二个 1 000 mL 量筒中。向第二个量筒内加水至 1 000 mL,充分搅拌后再静置 24 h。

②虹吸出上层含较细颗粒的 800 mL 悬浮液,弃去。下部沉积物加水稀释至 1 000 mL。充分搅拌后储于具塞玻璃瓶中,作为浊度原液。其中含硅藻土颗粒直径为 400 μm 左右。

③取上述悬浊液 50.00 mL 置于已恒重的蒸发皿中,在水浴上蒸干。于 105 ℃烘箱内烘 2 h,置于干燥器中冷却 30 min,称重。重复以上操作,即烘 1 h,冷却,称重,直至恒重。求出每毫升悬浊液中含硅藻土的质量(mg)。

④吸取含 250 mg 硅藻土的悬浊液,置于 1 000 mL 容量瓶中,加入 10 mL 甲醛溶液加水至刻度,摇匀。此溶液浊度为 250 度。

⑤吸取浊度为 250 度的标准溶液 100 mL 置于 250 mL 容量瓶中,加水稀释至标线,此溶液为 100 度的标准溶液。

2. 操作步骤

(1)浊度低于 10 度的水样

①吸取浊度为 100 度的标准溶液 0、1.0、2.0、3.0、4.0、5.0、6.0、7.0、8.0、9.0 及 10.0 mL 于 100 mL 比色管中,加水稀释至标线,混匀。其浊度依次为 0、1.0、2.0、3.0、4.0、5.0、6.0、7.0、8.0、9.0、10.0 度的标准溶液。

②取 100 mL 摇匀水样置于 100 mL 比色管中,与浊度标准溶液进行比较。可在黑色度板上,由上往下垂直观察。

(2)浊度为 10 度以上的水样

①吸取浊度为 250 度的标准溶液 0、10、20、30、40、50、60、70、80、90 及 100 mL 置于 250

mL 的容量瓶中,加水稀释至标线,混匀。得浊度为 0、10、20、30、40、50、60、70、80、90 和 100 度的标准溶液,移入成套的 250 mL 具塞玻璃瓶中,密封保存。

②取 250 mL 摇匀水样,置于成套的 250 mL 具塞玻璃瓶中,瓶后放一有黑线的白纸作为判别标志。从瓶前向后观察,根据目标清晰程度,选出与水样产生视觉效果相近的标准溶液,记下其浊度值。

③水样浊度超过 100 度时,用水稀释后测定。

3. 计算

水样浊度可计算为

$$浊度(度) = \frac{A \times (B + C)}{C}$$

式中　　A——稀释后水样的浊度,度;

　　　　B——稀释水样体积,mL;

　　　　C——原水样体积,mL。

阅读有益

方法原理

将水样与白硅藻土(或白陶土)配制的浊度标准溶液进行比较。相当于 1 mg 一粒度的硅藻土(白陶土)在 1 000 mL 水中所产生的浊度,称为 1 度。

YUEDUYOUYI

二、在线监测仪器——浊度测量仪器设备

1. 浊度测定仪

HACH 公司 1720E 浊度分析仪把来自传感器头部总成的平行光引导进入浊度计本体中的试样。光线被试样中的悬浮颗粒散射,与入射光线中心线成 90°角的方向散射的光线被浸没在水中的光电池检测出来,如图 2-3-1 所示。

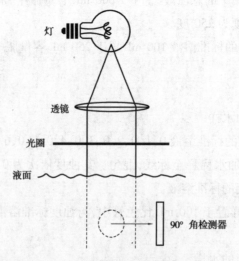

图 2-3-1　浊度测量仪测量原理

散射光的量正比于试样的浊度。如果试样的浊度可忽略不计,几乎没有多少光线被散射,光电池也检测不出多少散射光线,这样浊度读数将很低;反之,高浊度会造成高强度的散射并产生一个高读数值。

试样进入该浊度计本体并流过气泡捕集器的折流网。试样流使气泡紧贴折流系统的各个表面或者上升到表面并放散到大气中去。在通过气泡捕集器后,试样进入该浊度计本体的中心柱内,上升进入测量室并从一个溢水器上溢出进入排放口。每秒钟取一次读数。

2. 仪器设备的操作使用

仪器的操作使用包括仪器的安装、操作、维护和故障排除。

①仪器的安装 仪器采用采水式,按照说明顺序安装控制器、连接电源、连接输出线、安装浊度计主体、连接管路等。

②仪器的操作 利用面板上的键盘进行传感器设置、系统参数设置、显示设置、输出设置、查看信息、测试维护等操作。

③校准 1720E 浊度计在装运之前由工厂使用 StablCalR 经稳定化的福尔马肼进行校正。该仪表在使用之前必须复校以使其符合签发的精确度技术条件。此外,建议在任一次重大维护或修理后和在正常运行中至少每 3 个月进行复校。在初次使用前和每次校正前,浊度计本体和气泡捕集器必须彻底清洗和冲洗。在进行校正前用去离子水冲洗光电管窗口并用一块柔软不起毛的布擦干,经常清洗浊度计本体或校正圆筒,在校正前用去离子水冲洗。

④维护 每次校正之前或根据试样性质确定是否清洗传感器。按《浊度水质在线自动监测技术规范要求》和水质变化情况制订维护日程表,对 1720E 仪表的各项参数定期维护,其预定的参数要求仅为最低要求,包括校正及清洗光电管窗口、气泡捕集器及本体等。如目测表明有必要的话,检查并清洗气泡捕集器及浊度计本体。

定期进行其他维护,根据经验制订维护日程,还取决于装置、取样类型以及季节等条件。维持浊度计本体内部和外部,首部总成,一体式气泡捕集器及周围区域的清洁非常重要。这样做会确保精确的低数值浊度测量结果。

在校正和验证前清洗仪表本体(特别是准备在 1.0NTU 或更低浊度下测取结果时)。

阅读有益

1. 透射式浊度测量仪的原理

仪器发射的单色光,光速穿过水样遇到水中微小颗粒产生散射光而衰减,仪器通过测量透射光强计算光强衰减率从而测量水样浊度。此方法适合于浊度高的场合。

2. 表面散射法浊度测量仪的原理

仪器发射的高强度单色光(890 nm 波长)穿过水样遇到水中微小颗粒产生散射光,仪器通过测量垂直于光速方向的散射光强度计算水样的浊度。此方法灵敏度较高,适合浓度较低的场合。

【任务评价】

任务三　浊度测定评价明细表

序号	考核内容	评分标准	分值	小组评价	教师评价
1	基本知识 （30分）	浊度的定义	5		
		目视比浊法与分光光度法的工作原理	15		
		散射法测浊度的工作原理	10		
2	基本技能 （60分）	标准浊度溶液的配制	5		
		目视比浊法的操作步骤	15		
		分光光度法测定浊度的步骤	15		
		浊度测量仪的校准与测定	15		
		浊度测量仪的维护	10		
3	环保安全 文明素养 （10分）	环保意识	4		
		安全意识	4		
		文明习惯	2		
4	扣分清单	迟到、早退	1分/次		
		旷课	2分/节		
		作业或报告未完成	5分/次		
		安全环保责任	一票否决		
考核结果					

【任务检测】

一、判断题

1. 分光光度法测定浊度是在 680 nm 波长处用 3 cm 比色皿测定吸光度。　　　（　　　）

2. 浊度的单位为 g/mL。　　　（　　　）

二、选择题

1. 我国目前测量水样浊度通常用（　　　）。

A. 分光光度法　　　　　　　　　　　　　B. 目视比浊法

C. 分光光度法和目视比浊法　　　　　　　D. 原子吸收法和目视比浊法

2. 按最新国家标准，水样浊度的测定通常采用（　　　）。

A. 分光光度法　　　　　　　　　　　　　B. 目视比浊法

C. 分光光度法和目视比浊法　　　　　　　D. 散射浊度法

三、问答题

1. 简述目视比浊法的操作步骤。

2. 简述浊度测量仪的校准方法。

项目三　污废水中无机阴离子监测

无机阴离子是水质的一项重要指标,对其含量进行检测是水质监测的关键部分。大多数无机阴离子具有两面性,其在水中的含量过多或过少都会给人体健康和生命带来危害,还会对生态环境造成难以估计的破坏。

【项目目标】

知识目标

- 认识污废水中无机阴离子的相关定义及监测意义。
- 了解污废水中无机阴离子的水样处理方法。
- 掌握实验室检测污废水中无机阴离子的原理及方法。
- 掌握在线监测污废水中无机阴离子的原理及方法。

技能目标

- 能通过阅读及查阅方案完成监测任务。
- 能撰写监测报告。

情感目标

- 培养学员团结协作的能力。
- 培养学员的职业素养。

任务一　硫化物监测

【任务描述】

地下水(特别是温泉水)及生活污水,通常含有硫化物,其中部分是在厌氧条件下,细菌的作用使硫酸盐还原或由含硫有机物的分解而产生的。某些工矿企业,如焦化、造气、选矿、造纸、印染和制革等工业废水中含有硫化物。水中硫化物包括溶解性的 H_2S、HS^-、S^{2-},存在于悬浮物中的可溶性硫化物,酸可溶性金属硫化物以及未电离的有机、无机类硫化物。硫化氢易从水中逸散于空气,产生臭味,且毒性很大。它可与人体内细胞色素、氧化酶及该类物质中的二硫键(—S—S—)作用,影响细胞氧化过程,造成细胞组织缺氧,危及人的生命。硫化氢除自身能腐蚀金属外,还可被污水中的微生物氧化成硫酸,进而腐蚀下水道等。硫化物是水体污染的一项重要指标(清洁水中,硫化氢的嗅阈值为 $0.035\,\mu g/L$)。

本任务通过学习水中硫化物的实验室及在线监测方法,使学员认识污废水中硫化物的相关定义及监测意义,了解污废水中硫化物的水样处理方法的原理,熟练运用不同方法检测污废水中的硫化物。

【相关知识】

一、硫化物的定义

硫化物是指电正性较强的金属或非金属与硫形成的一类化合物。大多数金属硫化物都可看成氢硫酸的盐。由于氢硫酸是二元弱酸,因此硫化物可分为酸式盐(HS,氢硫化物)、正盐(S)和多硫化物(Sn)3 类。

阅读有益

测定硫化物的方法,除亚甲蓝比色法和碘量法以及离子选择电极法外,还有间接原子吸收和气相分子吸收法。当水样中硫化物含量小于 1 mg/L 时,采用对氨基二甲基苯胺光度法(即亚甲蓝分光光度法),或间接原子吸收法和气相分子吸收法。当水样中硫化物含量大于 1 mg/L 时,可采用碘量滴定法。虽然离子选择电极法测量范围较宽,但电极易受损和老化,目前尚难以普遍应用。

YUEDUYOUYI

二、水样的采集与保存

硫离子很容易氧化,硫化氢易从水样中逸出。采集时应防止曝气,并加入一定量的乙酸锌溶液和适量的氢氧化钠溶液,使呈碱性并生成硫化锌沉淀。

通常采样时,先在采样瓶中加入一定量的乙酸锌溶液,再加水样,然后滴加适量的氢氧化钠溶液,使呈碱性并生成硫化锌沉淀。通常情况下,每 100 mL 水样加 0.3 mL 1 mol/L 的乙酸锌溶液和 0.6 mL 1 mol/L 的氢氧化钠溶液,使水样的 pH 值为 10~12。遇碱性水样时,应先小心滴加乙酸溶液调至中性,再如上操作。硫化物含量高时,可酌情多加固定剂,直至沉淀完全。水样充满后立即密塞保存,注意不留气泡,然后倒转,充分混匀,固定硫化物。样品采集后应立即分析,否则应在 4 ℃避光保存,尽快分析。

三、水样的分离与预处理

还原性物质如硫代硫酸盐,亚硫酸盐和各种固体的、溶解的有机物都能与碘起反应,并能阻止亚甲蓝和硫离子的显色反应而干扰测定。悬浮物、色度等也对硫化物的测定产生干扰。若水样中存在上述这些干扰物,且用碘量滴定法或亚甲蓝法测定硫化物时,必须根据不同情况,按以下方法进行水样的预处理:

1. 乙酸锌沉淀-过滤法

当水样中只含有少量硫代硫酸盐、亚硫酸盐等干扰物质时,可将现场采集并已固定的水样,用中速定量滤纸或玻璃纤维滤膜进行过滤,然后按含量高低选择适当方法,经预处理后测定沉淀中的硫化物。

2. 酸化-吹气法

若水样中存在悬浮物或浊度高、色度深时,可将现场采集固定后的水样加入一定量的磷酸,使水样中的硫化锌转变为硫化氢气体,利用载气将硫化氢吹出,用乙酸-乙酸钠溶液或2%氢氧化钠溶液吸收,再行测定。

3. 过滤-酸化-吹气分离法

若水样污染严重,不仅含有不溶性物质及影响测定的还原性物质,并且浊度和色度都高时,宜用此法。即将现场采集且固定的水样,用中速定量滤纸或玻璃纤维滤膜过滤后,按酸化-吹气法进行预处理。

预处理操作是测定硫化物的一个关键性步骤,应注意既消除干扰的影响,又不致造成硫化物的损失。

【任务实施】

一、实验室方法测量水样中的硫化物

（一）碘量法

1. 操作准备

（1）仪器及设备

酸化-吹气-吸收装置（图3-1-1）、恒温水浴,0～100 ℃、150 mL 或 250 mL 碘量瓶、25 mL 或 50 mL 棕色滴定管。

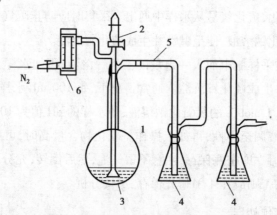

图 3-1-1　碘量法测定硫化物的吹气装置图

1—500 mL 圆底反应瓶;2—加酸漏斗;3—多孔砂芯片;

4—150 mL 锥形吸收瓶,亦用作碘量瓶,宜接用于碘量法滴定;

5—玻璃连接管,各接口均为标准玻璃磨口;6—流量计

（2）试剂

①实验用水为除氧水,用去离子水中通入纯氮气至饱和,以除去水中的溶解氧。

②盐酸（HCl）:$\rho = 1.19$ g/mL。

③磷酸（H_3PO_4）:$\rho = 1.69$ g/mL。

④乙酸(CH_3COOH):$\rho = 1.05$ g/mL。

⑤载气:高纯氮,纯度不低于99.99%。

⑥盐酸溶液:(1+1),用②盐酸(HCl)配制。

⑦磷酸溶液:(1+1)。

⑧乙酸溶液:(1+1)。

⑨氢氧化钠溶液:$C(NaOH) = 1$ mol/L。将40 g氢氧化钠溶于500 mL水中,冷至室温,稀释至1 000 mL。

⑩乙酸锌溶液:$C(Zn(CH_3COO)_2) = 1$ mol/L。称取220 g乙酸锌($Zn(CH_3COO)_2 \cdot 2H_2O$),溶于水并稀释至1 000 mL。若浑浊须过滤后使用。

⑪重铬酸钾标准溶液:$C(1/6K_2Cr_2O_7) = 0.1000$ mol/L。称取105 ℃烘干2 h的基准或优级纯重铬酸钾4.903 0 g溶于水中,稀释至1 000 mL。

⑫1%淀粉指示液:称取1 g可溶性淀粉用少量水调成糊状,再用刚煮沸水冲稀至100 mL。

⑬碘化钾。

⑭硫代硫酸钠标准溶液:$C(Na_2S_2O_3) = 0.1$ mol/L。

配制:称取24.5 g五水合硫代硫酸钠($Na_2S_2O_3 \cdot 5H_2O$)和0.2 g无水碳酸钠(Na_2CO_3)溶于水中,转移到1 000 mL棕色容量瓶中,稀释至标线,摇匀。

标定:于250 mL碘量瓶内,加入1 g碘化钾及50 mL水,加入重铬酸钾标准溶液15.00 mL,加入盐酸溶液5 mL,密塞混匀。置暗处静置5 min,用待标定的硫代硫酸钠溶液滴定至溶液呈淡黄色时,加入1 mL淀粉指示液,继续滴定至蓝色刚好消失,记录标准溶液用量,同时作空白滴定。

硫代硫酸钠浓度C(mol/L)由下式求出

$$C = \frac{15.00}{V_1 - V_2} \times 0.100\ 0$$

式中　V_1——滴定重铬酸钾标准溶液时硫代硫酸钠标准溶液用量,mL;

　　　V_2——滴定空白溶液时硫代硫酸钠标准溶液用量,mL;

　　0.100 0——重铬酸钾标准溶液的浓度,mol/L。

⑮硫代硫酸钠标准滴定液$C(Na_2S_2O_3) = 0.01$ mol/L:移取10.00 mL上述刚标定过的硫代硫酸钠标准溶液于100 mL棕色容量瓶中,用水稀释至标线,摇匀,使用时配制。

⑯碘标准溶液$C(1/2I_2) = 0.1$ mol/L:称取12.70 g碘于500 mL烧杯中,加入40 g碘化钾,加适量水溶解后,转移至1 000 mL棕色容量瓶中,稀释至标线,摇匀。

⑰碘标准溶液$C(1/2I_2) = 0.01$ mol/L:移取10.00 mL碘标准溶液于100 mL棕色容量瓶中,用水稀释至标线,摇匀,使用前配制。

2.操作步骤

(1)样品预处理

①连接好酸化－吹气－吸收装置,通载气检查各部位气密性。

②分别加 2.5 mL 乙酸锌溶液于两个吸收瓶中,用水稀释至 50 mL。

③取 200 mL 现场已固定并混匀的水样于反应瓶中,放入恒温水浴内,装好导气管、加酸漏斗和吸收瓶。开启气源,以 400 mL/min 的流速连续吹氮气 5 min 驱除装置内空气,关闭气源。

④向加酸漏斗加入(1+1)磷酸 20 mL,待磷酸全部流入反应瓶后,迅速关闭活塞。

⑤开启气源,水浴温度控制在 60~70 ℃时,以 75~100 mL/min 的流速吹气 20 min,以 300 mL/min 流速吹气 10 min,再以 400 mL/min 流速吹气 5 min,赶尽最后残留在装置中的硫化氢气体。关闭气源,按下述碘量法操作步骤分别测定两个吸收瓶中硫化物含量。

(2)样品测定

①于上述两个吸收瓶中,加入 10.00 mL 0.01 mol/L 碘标准溶液;再加 5 mL 盐酸溶液,密塞混匀。在暗处放置 10 min,用 0.01 mol/L 硫代硫酸钠标准溶液滴定至溶液呈淡黄色时,加入 1 mL 淀粉指示液,继续滴定至蓝色刚好消失为止。

②空白试验。以水代替试样,加入与测定试样时相同体积的试剂,按前述步骤进行空白试验。

(3)结果计算

①预处理二级吸收的硫化物含量 C_i(mg/L)可计算为

$$C_i = \frac{C(V_0 - V_i) \times 16.03 \times 1\,000}{V}(i = 1,2)$$

式中　V_0——空白试验中,硫代硫酸钠标准溶液用量,mL;

　　　V_i——滴定二级吸收硫化物含量时,硫代硫酸钠标准溶液用量,mL;

　　　V——试样体积,mL;

　　　16.03——硫离子($1/2S^-$)摩尔质量,(g/mol);

　　　C——硫代硫酸钠标准溶液浓度,(mol/L)。

②试样中硫化物含量 C(mg/L)可计算为

$$C = C_1 + C_2$$

式中　C_1——一级吸收硫化物含量,(mg/L);

　　　C_2——二级吸收硫化物含量,(mg/L)。

 小提示

①干扰及消除。试样中含有硫代硫酸盐、亚硫酸盐等能与碘反应的还原性物质产生正干扰,悬浮物、色度、浊度及部分重金属离子也干扰测定。硫化物含量为 2.00 mg/L 时,样品中干扰物的最高容许含量分别为 $S_2O_3^{2-}$ 30 mg/L、NO_2^- 2 mg/L、SCN^- 80 mg/L、Cu^{2+} 2 mg/L、Pb^{2+} 5 mg/L 和 Hg^{2+} 1 mg/L。经酸化-吹气-吸收预处理后,悬浮物、色度、浊度不干扰测定,但 SO_3^{2-} 分离不完全会产生干扰。采用硫化锌沉淀过滤分离 SO_3^{2-},可有效消除 30 mg/L SO_3^{2-} 的干扰。

②精密度和准确度。4 个实验分析含硫(S^{2-})12.5 mg/L 的统一样品,其重复性相对标

准偏差为 3.20%，再现性相对标准偏差为 3.92%，加标回收率为 92.4%～96.6%。

③上述吹气速度仅供参考，必要时可通过硫化物标准溶液的可收率测定，以确定合适的吹气速度。

④若水样 SO_3^{2-} 浓度较高，需将现场采集且已固定的水样用中速定量滤纸过滤，并将硫化物沉淀连同滤纸转入反应瓶中，用玻璃棒捣碎，加水 200 mL，转入预处理装置进行处理。

⑤当加入碘标准溶液后溶液为无色，说明硫化物含量较高，应补加适量碘标准溶液，使呈淡黄色为止。空白试验也应加入相同量的碘标准溶液。

阅读有益

1. 原理

硫化物在酸性条件下，与过量的碘作用，剩余的碘用硫代硫酸钠溶液滴定。由硫代硫酸钠溶液所消耗的量，间接求出硫化物的含量。

2. 适用范围

本方法适用于含硫化物在 1 mg/L 以上的水和废水的测定。当试样体积为 200 mL，用 0.01 mol/L 硫代硫酸钠溶液滴定时，可用于含硫化物 0.40 mg/L 以上的水和污水测定。

(二)间接火焰原子吸收法测定水样中的硫化物

1. 操作准备

(1)仪器及装置

①吹气装置如图 3-1-2 所示。

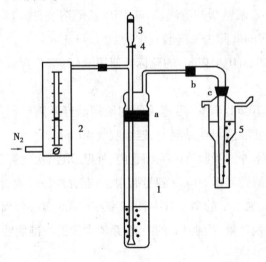

图 3-1-2 硫化物测定的吹气装置

1—反应瓶，装待测水样用；2—流量计；3—加酸漏斗；

4—阀门；5—吸收管；a,b,c—均为磨口玻璃连接

②原子吸收分光光度计、铜单元素空心阴极灯。原子吸收分光光度计的工作条件，可根据不同型号的仪器自行设置。

③其他。离心机、容量瓶、离心管 10 ~ 15 mL 均可。

（2）试剂

①实验用水均为除氧水。

②硫的标准储备液：取一定量结晶硫化钠（$Na_2S \cdot 9H_2O$），按下述四亚甲蓝法试剂的方法配制成标准储备液，并标定。

③硫标准使用液（50 ~ 80 μg/mL S^{2-}）：吸取一定量刚标定过的硫的标准储备液，用水稀释成含 S^{2-} 50 ~ 80 μg/mL，现用现配。

④氨气：纯度 > 99.99%。

⑤乙酸-乙酸钠缓冲溶液：将 50 mL 1 mol/L NaAc 与 124.1 mL 1 mol/L HAc 混合，加水稀释至 500 mL，此即 pH 为 4.5 的缓冲溶液。

⑥铜储备液：取 1.000 0 g 铜丝（> 99.9%）置于烧杯中，加 20 mL（1 + 1）硝酸置于电热板上加热至完全溶解，冷却后定容到 1 L。此溶液含铜 1 mg/mL。

⑦铜使用液：取铜储备液，用水稀释成 200 mg/L 标准溶液，备用。

⑧乙醇：分析纯，95%。

⑨磷酸：分析纯，当水样体积不超过 200 mL 时，可用（1 + 1）磷酸。

2. 操作步骤

（1）校准曲线的绘制

①按图 3-1-2 装好吹气吸收装置。

②向图中的反应瓶中加入约 200 mL 蒸馏水，5 支吸收管中分别加入 3.0 mL 铜使用液、4 mL pH 为 4.5 的乙酸-乙酸钠缓冲溶液、3 mL 95% 乙醇溶液，摇匀备用。

③开启钢瓶，吹气 5 min，除去反应装置中的空气，停止吹气。

④分别取 0、1.0、2.0、3.0、4.0 mL 的硫标准使用液（每毫升含硫 50 ~ 80 μg）于反应锥形瓶中。

⑤自加酸漏斗中加 10 mL 磷酸，迅速关闭加液阀。打开氮气开关，调节流量为 50 mL/min。轻轻摇动反应瓶，使酸液与样品混匀，连续吹气 40 min。

⑥关载气。用蒸馏水冲洗吸收管的毛细管内、外壁，取出吹气管。

⑦将吸收管内吸收液转移至 50 mL 容量瓶中，并充分洗涤吸收管内壁，定容，摇匀。

⑧取上述溶液部分，加入干的离心管中，以 2 000 r/min 离心分离 3 ~ 5 min。

⑨测定上清液中的铜含量，绘制 Cu 的吸光度-硫含量的校准曲线。

（2）样品测定

安装好吹气吸收装置，取一定体积水样（已加入固定剂）加到反应瓶中，用水加至 200 mL 左右，打开载气，吹气 5 min，除去反应装置中的空气，停止吹气，按校准曲线的测定步骤⑤—⑨进行操作。由测得 Cu 的吸光度，从校准曲线查得硫的含量。

（3）结果计算

$$硫化物 S^{2-} 含量（mg/L）= 测得硫量（μg）/水样体积（mL）$$

小提示

①精密度和准确度。6个实验室测定含 S^{2-} 66.5 mg/L ± 1.5 mg/L 的统一样品,测得平均值为 66.0 mg/L,室内相对标准偏差为 3.6%,室间相对标准偏差为 3.8%。

②向反应瓶中加样品时,应注意避免样品沾在磨口处。若不慎沾上,应用水冲洗进反应瓶中。

③装置使用前应检查气密性。

④加酸后振摇时,应进行平摇,避免动作过大引起断裂。

⑤由于吹气管与吸收液接触,因此内外管都要进行清洗,并转移入容量瓶定容。

阅读有益

1. 原理

水和废水中的硫化物,是指水体中可溶解的氢硫酸盐、硫化物及酸可溶性的金属硫化物,以及非离解的硫化氢。将水样酸化后转化成硫化氢,用氮气带出,被含有定量且过量的铜离子吸收液吸收。分离沉淀后,通过测定上清液中剩余的铜离子,对硫进行间接定量。

铜离子与硫化氢反应如下:

$$Cu^{2+} + H_2S \rightarrow CuS(黑色) \downarrow + 2H^+$$

在反应中加适量的醋酸-醋酸钠缓冲溶液,以调节吸收液的酸度;加适量乙酸调节吸收液表面张力,改善吸收液中气泡的均匀性,从而提高该方法的回收率。

2. 适用范围

本方法适用于水和污水中硫化物的测定。

(三)对氨基二甲基苯胺光度法(亚甲蓝法)测定水样中的硫化物

1. 操作准备

(1)仪器及装置

①分光光度计。

②10 mm 比色皿。

③50 mL 比色管。

(2)试剂

①无二氧化碳水:将蒸馏水煮沸 15 min 后,加盖冷却至室温。所有实验用水均为无二氧化碳水。

②硫酸铁铵溶液:取 25g 硫酸高铁铵($FeNH_4(SO_4)_2 \cdot 12H_2O$)溶解于含有 5 mL 硫酸的水中,稀释至 200 mL。

③0.2% 对氨基二甲基苯胺溶液:称取 2 g 对氨基二甲基苯胺盐酸盐溶于 700 mL 水中,缓缓加入 200 mL 硫酸,冷却后,用水稀释至 1 000 mL。

④(1 + 5)硫酸。

⑤0.1 mol/L 硫代硫酸钠标准溶液:称取 24.8 g 五水合硫代硫酸钠(Na₂S₂O₃·5H₂O)和 0.2 g 无水碳酸钠,溶于无氧化碳水中,转移至 1 000 mL 棕色容量瓶内,稀释全标线,摇匀,标定。

⑥2 mol/L 乙酸锌溶液

⑦0.1 mol/L(1/2 I₂)碘标准溶液:准确称取 12.69 g 碘于 250 mL 烧杯中,加入 40 g 碘化钾,加少量水溶解后,转移至 1 000 mL 棕色容量瓶中,用水稀释至标线,摇匀。

⑧1% 淀粉指示液。

⑨硫化钠标准溶液:取一定量结晶硫化钠(Na₂S·9H₂O)置布氏漏斗中,用水淋洗除去表面杂质,用干滤纸吸去水分后,称取 7.5 g 溶于少量水中,转移至 1 000 mL 棕色容量瓶中,用水稀释至标线,摇匀备测。

标定:在 250 mL 碘量瓶中,加入 10 mL 1 mol/L 乙酸锌溶液,10.00 mL 待标定的硫化钠溶液及 20.00 mL 0.1 mol/L 的碘标准溶液,用水稀释至 60 mL,加入(1+5)硫酸 5 mL,密塞摇匀。在暗处放置 5 min,用 0.1 mol/L 硫代硫酸钠标准溶液滴定至溶液呈淡黄色时,加入 1 mL 淀粉指示液,继续滴定至蓝色刚好消失为止,记录标准溶液用量。

同时以 10 mL 水代替硫化钠溶液,做空白试验。

按下式计算 1 mL 硫化钠溶液中含硫的毫克数:

$$硫化物(mg/L) = \frac{(V_0 - V_1) C \times 16.03}{10.00}$$

式中 V_1——滴定硫化钠溶液时,硫代硫酸钠标准溶液用量,mL;

  V_0——空白滴定时,硫代硫酸钠标准溶液用量,mL;

  C——硫代硫酸钠标准溶液的浓度,(mol/L);

  16.03——1/2 S^{2-} 的摩尔质量,(g/mol)。

⑩硫化钠标准使用液的配制

a.吸取一定量刚标定过的硫化钠储备液,用水稀释成 100 mL 含 5.0 μg 硫化物(S^{2-})的标准使用液,临用时现配。

b.吸取一定量刚标定过的硫化钠溶液,移入已盛有 2 mL 乙酸锌-乙酸钠溶液和 800 mL 水的 1 000 mL 棕色容量瓶中,加水至标线,充分混匀,使成均匀的含硫(S^{2-})浓度为 5.0 μg/mL 的硫化锌混悬液。该溶液在 20 ℃条件下保存,可稳定 1~2 周,每次取用时,应充分振摇混匀。

以上两种使用液可根据需要选择使用。

2.操作步骤

(1)校准曲线的绘制

分别取 0、0.50、1.00、2.00、3.00、4.00、5.00 mL 的硫化钠标准使用液 α 或 β 置 50 mL 比色管中,加水至 40 mL,加对氨基二甲基苯胺溶液 5 mL,密塞。颠倒一次,加硫酸铁铵溶液 1 mL,立即密塞,充分摇匀。10 min 后,用水稀释至标线,混匀。用 10 mm 比色皿,以水为参比,在 665 nm 处测量吸光度,并作空白校正。

（2）水样测定

将预处理后的吸收液或硫化物沉淀转移至 50 mL 比色管或在原吸收管中,加水至 40 mL。以下操作同校准曲线绘制,并以水代替试样,按相同操作步骤,进行空白试验,以此对试样作空白校正。

（3）结果计算

$$硫化物(S^{2-}, mg/L) = \frac{m}{v}$$

式中　m——从校准曲线上查出的硫的量,μg;

　　　v——水样体积,mL。

 小提示

①精密度和准确度。6 个实验室分析含 0.029 ~ 0.043 mg/L 的硫化物加标水样,回收率为 65% ~ 108% ;单个实验室的相对标准偏差不超过 12%。单个实验室分析含 0.289 ~ 0.350 mg/L 的硫化物加标水样,回收率为 80% ~ 97% ,相对标准偏差不超过 16%。

②水样中硫化物浓度波动较大,为此,可先按下述步骤进行定性试验:分取 25 ~ 50 mL 混匀并已固定的水样,置于 150 mL 锥形瓶中,加水至 50 mL,加(1 + 1)硫酸 2 mL 及数粒玻璃珠,立即在瓶口覆盖滤纸,并用橡皮筋扎紧。在滤纸中央滴加 10% 乙酸铅溶液 1 滴,置电热板上加热至沸,取下锥形瓶。冷却后,取下滤纸,查看朝液面的斑点是呈淡棕色还是呈黑褐色,从而判断水样中含硫化物的大致含量,以确定水样取用量。

③显色时,加入的两种试剂均含硫酸,应沿管壁徐徐加入,并加塞混匀,避免硫化氢逸出而损失。

④绘制校准曲线时,向反应瓶中加入的水量应与测定水样时的加入量相同。

⑤本方法的吹气-吸收装置除用 50 mL 包氏吸收管代替锥形瓶外,其他与碘量法相同,可使用 10 mL 乙酸锌吸收液或 10 mL 2% 氢氧化钠溶液作为吸收液。

⑥吹气速度影响测定结果,流速不宜过快或过慢。必要时,应通过硫化物标准溶液进行回收率的测定,以确定合适的载气流速。在吹气 40 min 后,流速可适当加大,以赶尽最后残留在容器中的 H_2S 气体。

⑦注意载气质量,必要时应进行空白试验和回收率测定。

⑧浸入吸收液部分的导管壁上,常常黏附一定量的硫化锌,难以用热水洗干净。无论用碘量法还是用比色法,均应进行定量反应后,再取出导气管。

⑨当水样中含有硫代硫酸盐或亚硫酸盐时,可产生干扰,这时应采用乙酸锌沉淀过滤-酸化-吹气法。

⑩注意磷酸质量。当磷酸中含氧化性物质时,可使测定结果偏低。

⑪水样显色后色度较深,可分取一定量的显色液,用空白试验显色液稀释后,再测量吸光度。此法适用于吸收管显色液中 S^{2-} 量 <125 μg 时的水样。

阅读有益

1. 原理

在含高铁离子的酸性溶液中,硫离子与对氨基二甲基苯胺作用,生成亚甲蓝,颜色深度与水中硫离子浓度成正比。

2. 适用范围

本法最低检出浓度为 0.02 mg/L(S^{2-}),测定上限为 0.8 mg/L。

当采用酸化-吹气预处理法时,可进一步降低检出浓度。酌情减少取样量,测定浓度可达 4 mg/L。

【知识拓展】

一、气相分子吸收光谱法测定水中硫化物

(1)方法原理

水中硫化物包括溶解性的 H_2S、HS^-、S^{2-} 和存在于悬浮物中的可溶性硫化物、酸可溶性金属硫化物以及未电离的有机和无机硫化物。这些硫化物可被较强的酸(5% ~ 10% 的磷酸)酸化分解,生成挥发性的 H_2S 气体,用空气将其载入气相分子吸收光谱仪的测量系统,在 200 nm 附近测定吸光度来进行水和污水中硫化物的快速测定。若水样基体复杂,含干扰成分多,则采用快速沉淀过滤与吹气分离的双重去除干扰手段来进行测定。

(2)方法的适用范围

本法最低检出浓度为 0.005 mg/L,测定上限为 10 mg/L。可用于各种水样中硫化物的测定。

(3)操作步骤

①仪器装置

a. 气相分子吸收光谱仪(或原子吸收分光光度计在原子化器上方附加气体吸收管)。

b. 锌空心阴极灯。

c. 具磨口塞的比色管,50 mL。

d. 混合纤维素滤膜,ϕ35 mm,孔径 3 μm。

e. 减压过滤器,ϕ35 mm。

f. 水流减压抽滤泵。

g. 医用不锈钢长柄镊子。

h. 气液分离吸收装置,参照硝酸盐氮的气相分子吸收光谱法。

②试剂

a. 除氧去离子水:将去离子水通入高纯氮(99.99%)15 ~ 20 min 或加热煮沸 15 ~ 20 min,冷却后,装入塑料容器密闭保存备用。

b. 碱性除氧去离子水:将除氧去离子水调至 pH = 11 ± 1,临用时配制。

c. 乙酸锌[$Zn(Ac)_2$] + 乙酸钠(NaAc)固定液:5g $Zn(Ac)_2$ · $2H_2O$ 及 1.25 gNaAc · $3H_2O$ 溶于 100 mL 水中,摇匀,备用。

d. 乙酸锌[Zn(Ac)$_2$] + 乙酸钠(NaAc)混合洗液:该洗液中含 1% Zn(Ac)$_2$·H$_2$O 及 0.3% NaAc·3H$_2$O,装入塑料容器中,密闭保存。

e. 磷酸:10%水溶液。

f. 碳酸锌沉淀剂:分别配制 3% Zn(NO$_3$)$_2$·6H$_2$O 和 1.5% Na$_2$CO$_3$ 水溶液,用时以等体积混合。

g. 过氧化氢,30%。

h. 乙酸铅(Pb(Ac)$_2$)棉:将脱脂棉置于 10% Pb(Ac)$_2$·3H$_2$O 水溶液中,浸泡 10 min 后,取出晾干备用。

i. 硫化钠(Na$_2$S)标准使用液:准确吸取一定量刚配制并标定好浓度的硫化钠标准储备液,边摇边滴加含有 0.51 mL 醋酸锌 + 醋酸钠固定液和 80 mL 碱性除氧去离子水于 100 mL 棕色容量瓶中。加水至标线,充分摇匀,使其成为均匀的含有 S^{2-} 浓度为 5.00 μg/mL 的混悬液。保存于暗处,可使用 6 个月。

③测定步骤

a. 装置的安装及测定的准备

气液分离吸收装置的净化器及收集器中放入适量乙酸铅棉,干燥管中加入固体大颗粒的高氯酸镁,定量加液器加入适量 10% 磷酸溶液。锌灯装在工作灯架上,点燃并设定灯电流,工作波长为 202.6 nm。装置的连接及工作条件的设定均参照硝酸盐氮测定方法(气相分子吸收光谱法)。

b. 校准曲线的绘制

用键盘输入 5.00、10.00、15.00、20.00、25.00μg 的标准系列,然后在反应瓶中依次加入 0、1.00、2.00、3.00、4.00、5.00 mL 硫化物的标准使用液和水,使体积为 5 mL。各加两滴过氧化氢,密闭反应瓶盖后,用定量加液器分别加入 5 mL 10% 的磷酸进行测定,绘制校准曲线。

c. 一般水样的测定

当水样中无挥发性气体或不需沉淀分离干扰时,将现场固定好的水样充分摇匀,直接吸取不大于 5 mL 的水样于反应瓶中,加入两滴过氧化氢,盖上反应瓶盖。用定量加液器加入 10% 的磷酸,使体积保持在 10 mL,参照校准曲线的绘制进行测定。

测定水样前,将上述零标准溶液的吸光度输入计算机即可进行空白校正。

d. 基体复杂水样的测定

水样基体复杂或含有产生吸收的挥发性气体时,将现场固定好的水样充分摇匀,立即吸取 10 mL 于 50 mL 具塞比色管中,加入 10 mL 碳酸锌沉淀剂,加水至标线。充分摇匀,立即吸取 10 mL 于预先装好滤膜的过滤器中,开启水流泵进行抽滤,用含有乙酸锌 + 乙酸钠的洗液洗涤沉淀 8~10 次(不含有机物,洗 5~6 次)。用不锈钢镊子取出滤膜,小心地竖放在反应瓶底部(有沉淀的一面向内),使滤膜紧贴瓶壁,滴入两滴过氧化氢,以下的操作同一般水样的测定,但需加入 10 mL 10% 磷酸,并要竖着旋转摇动反应瓶 1~2 min,使滤膜上的硫化锌沉淀完全溶解后再行测定。

④计算

a.将水样体积输入仪器计算机中,可自动计算分析结果,或按下式计算:

$$硫化物(S^{2-},mg/L) = \frac{m}{v}$$

式中　m——根据校准曲线计算出的硫的量,μg;

　　　v——取样体积,mL。

b.经沉淀分离的水样,将水样体积、定容体积及分取量输入仪器计算机中,可自动计算分析结果,或按下式计算:

$$硫化物(S^{2-},mg/L) = \frac{m}{v \times \frac{10}{50}}$$

式中　m——根据校准曲线计算出的硫的量,μg;

　　　v——取样体积,mL。

(4)注意事项

①精密度和准确度。对含硫化物 9.36 mg/L,相对标准偏差为 2.3% 的国家二级标准样品,连续测定 6 次,相对标准偏差为 0.97%。用某化验室排放水、化工厂排放水及钢铁厂排放水进行加入 20 μg 的硫化物标准的回收试验,所得回收率为 100% ~ 102%。

②硫化物标准使用液的配制和标定,参照亚甲蓝分光光度法严格配制。标定好的标准母液不能保存起来再行标定使用,应当丢弃。长期保存会生成部分亚硫酸盐,致使标定的浓度不准确。

③测定硫化物的吸光管、干燥管和输送硫化氢的聚氯乙烯管一定要和测定亚硝酸盐氮、硝酸盐氮、汞等项目的分开使用。

④硫化锌沉淀用磷酸溶解需要时间,特别是室温低于 25 ℃时,时间需要 2 min 以上。硫化物国家二级标样加有稳定剂,溶解时间要长一些,否则结果偏低。

⑤长时间测定,吸光管及反应气输送管等残留少量的硫化物,使空白增高,吸光度不稳定。当空白吸光度大于 0.000 5 时,要用盐酸浸泡吸光管及输送管等,并用水洗净,干燥备用。

⑥ 其他注意事项,参照亚硝酸盐氮等的气相分子吸收光谱法。

二、在线监测硫化物

操作硫化物分析仪之前应认真阅读仪器的使用说明书,最好经过生产厂家的认真培训。硫化物分析仪的操作内容主要包括仪器参数的设定、仪器的校准、仪器的维护和故障处理等。

①仪器参数的设定设定　参数主要有分析周期(或分析频次)、测量范围、报警限值、系统时间等,设定方法参照说明书。

②仪器的校准　硫化物分析仪在使用前需要对工作曲线进行校准,在使用中需要定期校准。校准前应先配制不同浓度的标准溶液,可根据仪器的需要进行一点校准或多点校准,

校准时将标准溶液从水样进样口导入,并按照说明书逐点进行校准。

③仪器的维护 硫化物分析仪在使用中应严格按照说明书要求定期维护,以保证仪器正常工作,一般硫化物分析仪需定期进行以下维护:

a. 定期添加试剂,添加频次根据单次试剂用量、分析频次和试剂容器容量来确定。

b. 定期更换泵管,防止泵管老化而损坏仪器。更换频次每 3~6 个月一次,与分析频次有关,主要参照使用说明书。

c. 定期清洗采样头,防止采样头堵塞而采不上水,一般 2~4 周清洗一次,主要根据水质情况而定,水质越差清洗周期越短。

d. 定期校准工作曲线,以保证测量结果准确,一般每 3 个月或半年校准一次,主要参照使用说明书和现场水质变化情况来定,对水质变化大的地方,应相应缩短校准周期。

④故障处理 在硫化物分析仪运营维护过程中,个别仪器可能要出现故障。对一般的故障,运营人员应及时处理,快速恢复仪器运行;对复杂的故障,运营人员应及时与生产厂家联系,及时修复仪器,如不能及时修复的,应提供备用机,保证系统连续运行。

阅读有益

硫化物在线分析仪工作原理

在仪器控制下,水样中的硫化物在酸性条件下与氢离子反应生成硫化氢,由净化的空气携出至吸收液,硫化氢与吸收液生成黄色络合物,在 420 nm 的波长下测吸光度 A,由 A 值查询标准工作曲线,得出水样中硫化物的浓度。硫化物在线分析仪工作流程如图 3-1-3 所示。

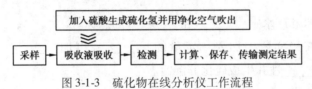

图 3-1-3 硫化物在线分析仪工作流程

YUEDUYOUYI

【任务评价】

任务一 硫化物监测评价明细表

序号	考核内容	评分标准	分值	小组评价	教师评价
1	基本知识 (30 分)	硫化物的定义及监测意义	5		
		硫化物测定原理	15		
		硫化物监测设备工作原理	10		
2	基本技能 (60 分)	硫化物测定试剂的配制	5		
		硫化物监测的操作步骤	15		
		硫化物监测设备的使用	30		
		硫化物监测设备的维护	10		

续表

序号	考核内容	评分标准		分值	小组评价	教师评价
3	环保安全文明素养（10分）	环保意识		4		
		安全意识		4		
		文明习惯		2		
4	扣分清单	迟到、早退		1分/次		
		旷课		2分/节		
		作业或报告未完成		5分/次		
		安全环保责任		一票否决		
考核结果						

【任务检测】

一、选择题

以下哪项不是地表饮用水源地必测项目。（　　）

A. 硫化物　　　　　　　B. 氰化物　　　　　　　C. 六价铬　　　　　　　D. 总硬度

二、填空题

1. 硫化物是指水和废水中_____和_____的总称。

2. 采样时，先在采样瓶内加入一定量的_____，再加_____，然后滴加适量的_____，使呈_____性并生成硫化锌沉淀。

3. 水样充满后立即_____保存，注意不留_____，然后_____，充分_____固定硫化物。样品采集后应立即分析，否则应在_____避光保存，尽快分析。

三、判断题

1. 当水样中硫化物含量大于 1 mg/L 时，可采用碘量法。　　　　　　　　　　（　　）

2. 悬浮物、色度、浊度及部分重金属离子干扰硫化物的测定。　　　　　　　　（　　）

3. 经酸化-吹气-吸收预处理后，悬浮物、色度、SO_3^{2-} 均不会产生抗干扰。　　　（　　）

4. 样品中 Cu^{2+} 大于 2 mg/L 会对硫化物的测定产生干扰。　　　　　　　　　（　　）

四、简答题

1. 简述碘量法测定水质硫化物的原理。

2. 写出试样预处理的步骤。

3. 写出碘量法测定硫化物的步骤。

4. 写出碘量法测定硫化物含量的计算公式。

任务二　氰化物监测

【任务描述】

2000年1月末,瓢泼大雨袭击了罗马尼亚北部边境,造成奥拉迪亚市附近的大小河流水位暴涨。谁也没想到,一场比洪水更凶猛的灾难,正悄悄地发生在当地一座名叫乌鲁尔的金矿。乌鲁尔金矿将提炼金子后的氰化物废水储存在水库中。暴雨越下越大,水库的水位越涨越高,最后氰化物废水随着上升的水漫过了堤坝,如猛兽一般,向下游直冲而下。第二天黎明,这座废水大坝内的水面上白花花一片全是死鱼。更严重的是,储存的氰化物废水已经溢出水库,向西冲入蒂萨河,污染着匈牙利境内的水体。有关河水取样化验的报告令人不安,蒂萨河水中氰化物的含量为正常的700倍。如此剧毒的河水,鱼儿根本无法生存。往日生机勃勃的蒂萨河被杀机所笼罩,死亡的鱼群覆盖着整个河面。昔日欢畅的河水变成了一片寂静的坟场。

氰化物的主要污染源是小金矿的开采、冶炼,电镀、有机化工、选矿、炼焦、造气、化肥等工业排放废水。氰化物可能以HCN、CN^-和络合氰离子的形式存在于水中。由于小金矿的不规范化管理,我国时有发生NaCN泄漏污染事故。氰化物是我国实施排放总量控制的指标之一。

本任务通过学习水中氰化物的实验室及在线监测方法,使学员认识污废水中氰化物相关定义及监测意义的同时了解污废水中氰化物的处理方法的原理,熟练运用不同方法检测污废水中的氰化物。

【相关知识】

一、氰化物的定义

氰化物属于剧毒物质,对人体的毒性主要是与高铁细胞色素氧化酶结合,生成氰化高铁细胞色素氧化酶而失去传递氧的作用,引起组织缺氧窒息。

水中氰化物可分为简单氰化物和络合氰化物两种。简单氰化物包括碱金属(钠、钾、铵)的盐类(碱金属氰化物)和其他金属的盐类(金属氰化物)。在碱金属氰化物的水溶液中,氰基以CN^-和HCN分子的形式存在,两者之比取决于pH。大多数天然水体中,HCN占优势。在简单的金属氰化物的溶液中,氰基也可能以稳定度不等的各种金属氰化物的络合阴离子的形式存在。

络合氰化物有多种分子式,碱金属-金属络合氰化物通常用$A_yM(CN)_x$来表示。式中A代表碱金属,M代表重金属(低价和高价铁离子、镉、铜、镍、锌、银、钴或其他),y代表金属原子的数目,x代表氰基的数目。每个溶解的碱金属-金属铬合氰化物,最初离解都产生一个络合阴离子,即 $M(CN)_x^{y-}$ 根。其离解程度,要由几个因素而定。同时释放出 CN^- 离子,最后形成 HCN。

HCN 分子对水生生物有很大毒性。锌氰、镉氰络合物在非常稀的溶液中几乎全部离解,这种溶液在天然水体正常的 pH 下,对鱼类有剧毒。虽然络合离子比 HCN 的毒性要小很多,但是含有铜氰和银氰络合阴离子的稀溶被对鱼类的剧毒性,主要是由未离解离子的毒性造成的。铁氰络合离子非常稳定,没有明显的毒性,但是在稀溶液中,经阳光直接照射,容易发生光解作用,产生有毒的 HCN。

在使用碱性氯化法处理含氰化物的工业废水时,可产生氯化氰(CNCl),它是一种溶解度有限,但毒性很大的气体,其毒性超过同等浓度的氰化物。在碱性时,CNCl 水解为氰酸盐离子(CNO^-),其毒性不大。但经过酸化,CNO^- 分解为氨,分子氨和金属氨络合物的毒性都很大。

硫代氰酸盐(CNS^-)本身对水生生物没有多大毒性,但经氯化会产生有毒的 CNCl,要事先测定 CNS^-。

阅读有益

水中氰化物的测定方法通常有硝酸银滴定法、异烟酸-吡唑啉酮光度法、吡啶-巴比妥酸光度法、异烟酸-巴比妥酸分光光度法和电极法。滴定法适用于含高浓度的水样。电极法具有较大的测定范围,但电极具有不稳定性,目前较少使用。吡啶本身的恶臭气味对人的神经系统产生影响,目前也使用较少。异烟酸 – 巴比妥酸分光光度法灵敏度高,是易于推广应用的方法。

二、水样的采集与保存

采集水样后,必须立即加氢氧化钠固定,一般每升水样加入约 0.5 g 固体氢氧化钠。当水样酸度较高时,则酌量增加固体氢氧化钠的加入量,使样品的 pH > 12,并将样品储于聚乙烯瓶中。

采来的样品应及时进行测定。否则,必须将样品存放约 4 ℃的暗处,并在采样后 24 h 内进行样品测定。

当水样中含有大量硫化物时,应先加碳酸镉($CdCO_3$)或碳酸铅($PbCO_3$)固体粉末,除去硫化物后,再加氢氧化钠固定。否则,在碱性条件下,氰离子与硫离子作用而形成硫氰酸离子,干扰测定。

【任务实施】

一、实验室方法测量水样中易释放氰化物

易释放氰化物是指在 pH 为 4 的介质中,在硝酸锌存在下加热蒸馏,能形成氰化氢的氰化物。它包括全部简单氰化物(碱金属的氰化物)和在此条件下,能生成氰化氢而被蒸出的部分络合氰化物(如锌氰络合物等)。

（一）预处理

1. 操作准备

（1）仪器装置

①500 mL 全玻璃蒸馏器。

②100 mL 量筒。

（2）试剂

①15% 酒石酸溶液：称取 150g 酒石酸（$C_4H_6O_6$）溶于水，稀释至 1 000 mL。

②0.05% 甲基橙指示液。

③10% 硝酸锌[$Zn(NO_3)_2 \cdot 6H_2O$]溶液。

④乙酸铅试纸：称取 5g 乙酸铅[$Pb(C_2H_3O_2)_2 \cdot 3H_2O$]溶于水中，稀释 100 mL。将滤纸条浸入上述溶液中，1 h 后，取出晾干，盛于广口瓶中，密塞保存。

⑤碘化钾-淀粉试纸：称取 1.5 g 可溶性淀粉，用少量水搅成糊状，加入 200 mL 沸水，混匀。放冷，0.5 g 碘化钾和 0.5 g 碳酸钠，用水稀释至 250 mL，将滤纸条浸渍后，取出晾干，盛于棕色瓶中密塞保存。

⑥（1+5）硫酸溶液。

⑦1.26% 亚硫酸钠（Na_2SO_3）溶液。

⑧氨基磺酸（NH_2SO_2OH）

⑨4% 氯氧化钠溶液。

⑩1% 氢氧化钠溶液。

2. 操作步骤

（1）氰化氢释放和吸收

①如图 3-2-1 所示为蒸馏装置，量取 200 mL 样品，移入 500 mL 蒸馏瓶中（若氰化物含量较高，可酌量少取，加水稀释至 200 mL），加数粒玻璃珠。

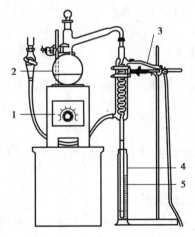

图 3-2-1　氰化物蒸馏装置

1—可调电炉;2—蒸馏瓶;3—冷凝水出水口;4—量筒;5—馏出液导管

②往接收器(以量筒为吸收器)内加入 10 mL 1%氢氧化钠溶液作为吸收液(注:当水样在酸性蒸馏时,若有较多挥发性酸蒸出,则应增加氢氧化钠浓度。制作校准出线时,所用碱液浓度应相同)。

③馏出液导管上端接冷凝管的出口,下端插入接收器的吸收液中,检查连接部位,使其严密。

④将 10 mL 硝酸锌液加入蒸馏瓶内,加入 7~8 滴甲基橙指示液,迅速加入 5 mL 酒石酸溶液,立即盖好瓶塞,使瓶内溶液保持红色。打开冷凝水,以 2~4 mL/min 馏出液速度进行加热蒸馏。

⑤接收器内溶液近 100 mL 时停止蒸馏,用少量水洗馏出液导管,取出接收器,用水稀释至标线。此碱性馏出液(A),供测定易释放氰化物用。

(2)空白试验

按步骤①至⑤操作,用实验用水代替样品进行空白试验,得到空白试验馏出液(B),供测定易释放氰化物用。

阅读有益

原理

向水样中加入酒石酸和硝酸锌,在 pH 为 4 的条件下,加热蒸馏,简单氰化物和部分络合氰化物(如锌氰络合物)以氰化风形式被蒸馏出,并用氢氧化钠溶液吸收。

YUEDUYOUYI

(二)硝酸银滴定法

1. 操作准备

(1)仪器装置

①10 mL 棕色酸式滴定管。

②120 mL 具柄瓷蒸发皿或 150 mL 锥形瓶。

(2)试剂

1)试银灵指示液

称取 0.02 g 试银灵(对二甲氨基亚苄基罗丹宁)溶于 100 mL 丙酮中。储存棕色瓶中,于暗处保存,可稳定一个月。

2)铬酸钾指示液

称取 10 g 铬酸钾溶于少量水中,滴加硝酸银溶液至产生橙红色沉为止,放置过夜后,过滤,用水稀释至 100 mL。

3)0.0100 mol/L 氯化钠标准溶液

称取基准试剂氯化钠(经 600 ℃干燥 1 h,在干燥器内冷却)0.5844 g 置于烧杯中,用水溶解,移入 1 000 mL 容量瓶,并稀释至标线,混合摇匀。

4)0.0100 mol/L 硝酸银标准溶液

①称取 1.699 g 硝酸银溶于水中,稀释至 1 000 mL,储于棕色试剂瓶中,摇匀,待标定后

使用。

②硝酸银溶液的标定:吸取0.0100 mol/L氯化钠标准溶液10.00 mL,于150 mL锥形瓶中,加50 mL水。同时另取一锥形瓶。加入60 mL水做空白试验。

向溶液中加入3~5滴铬酸钾指示液,在不断旋摇下,从滴定管加入待标定的硝酸银溶液直至溶液由黄色变成浅砖红色为止,记下读数(V)。同样滴定空白溶液,读数为V_0,按下式计算:

$$硝酸银标准溶液浓度(mol/L) = \frac{C \times 10.0}{V - V_0}$$

式中　C——氯化钠标准溶液浓度,mol/L;

　　　V——滴定氯化钠标准溶液时,硝酸银溶液用量,mL;

　　　V_0——滴定空白溶液时,硝酸银溶液用量,mL。

5)氢氧化钠溶液

配制2%的氢氧化钠溶液。

2.操作步骤

(1)样品测定

取100 mL馏出液A(如试样中氰化物含量高时,可酌量少取,用水稀释至100 mL)于锥形瓶中。加入0.2 mL试银灵指示液,摇匀。用硝酸银标准溶液滴定至溶液由黄色变为橙红色止,记下读数(V_a)。

(2)空白试验

另取100 mL空白试验馏出液B于锥形瓶,按样品测定进行测定,记下读数(V_0)。

(3)计算

$$氰化物(CN^-,mg/L) = \frac{C(V_a - V_0) \times 52.04 \times \frac{V_1}{V_2} \times 1000}{V}$$

式中　C——硝酸银标准溶液浓度,mol/L;

　　　V_a——测定试样时,硝酸银标准溶液用量,mL;

　　　V_0——空白试验时,硝酸银标准溶液用量,mL;

　　　V——样品体积,mL;

　　　V_1——试样(馏出液A)的体积,mL;

　　　V_2——试样(测定时,所取馏出液A)的体积,mL;

　　　52.04——氰离子($2CN^-$)摩尔质量,(g/mol)。

小提示

用硝酸银标准溶液滴定试样前,应以pH试纸检查试样的pH值。必要时,应加氢氧化钠溶液调节pH大于11。

阅读有益

1. 硝酸银滴定法测定氰化物的原理

经蒸馏得到的碱性馏出液(A),用硝酸银标准溶液滴定,氰离子与硝酸银作用形成可溶性的银氰络合离子($Ag(CN)_2$)⁻,过量的银离子与试银灵指示液反应,溶液由黄色变为橙红色,即为终点。

2. 方法的适用范围

当水样中氰化物含量在 1 mg/L 以上时,可用硝酸银滴定法进行测定。检测上限为 100 mg/L。

本方法适用于受污染的地表水、生活污水和工业废水。

(三)异烟酸-巴比妥酸分光光度法

1. 操作准备

(1)仪器

①分光光度计或光度计。

②25 mL 具塞比色管。

(2)试剂

①1% 氯胺 T 溶液:称取 0.5g 氯胺 T 溶于水,并稀释至 50 mL,摇匀。储于棕色瓶中(置冰箱保存,可使用 1 周)。

②1.5% 氢氧化钠溶液。

③1% 氢氧化钠溶液。

④0.1% 氢氧化钠溶液。

⑤磷酸二氢钾溶液(pH4.0):称取 136.1g 无水磷酸二氢钾(KH_2PO_4)溶于水,并稀释至 1 000 mL,加入 2.00 mL 冰乙酸摇匀。

⑥异烟酸-巴比妥酸显色试剂:称取 2.50 g 异烟酸和 1.25 g 巴比妥酸溶于 100 mL 1.5% 氢氧化钠溶液中。

⑦试银灵指示剂:称 0.02 g 试银灵(对二甲氨基亚苄基罗丹宁)溶于 100 mL 丙酮中,储于棕色瓶置暗处保存。

⑧0.0100 mol/L 硝酸银标准溶液。

⑨氰化钾标准使用液。

2. 操作步骤

(1)校准曲线的绘制

①取 8 支 25 mL 具塞比色管,分别加入氰化钾标准使用液 0.00、0.20、0.50、1.00、2.00、3.00、4.00、5.00 mL,各加 0.1% 氢氧化钠溶液至 10 mL。

②各管加入 5 mL 磷酸二氢钾溶液,混匀,迅速加入 0.30 mL 1% 氯胺 T 溶液,立即盖塞,徐徐混匀,放置 1 ~ 2 min。

③各管加入 6.0 mL 异烟酸-巴比妥酸显色试剂,用水稀释至标线,盖塞混匀。于 25 ℃ 显色 15 min(15 ℃ 则显色 25 min;30 ℃ 显色 10 min)。

④在分光光度计上,用 10 mm 比色皿于 600 nm 波长处。以零浓度空白液管作参比,测量各吸光度,绘制校准曲线。

(2)样品测定

①分别吸取 10.00 mL 样品馏出液和 10.00 mL 空白试验馏出液于 25 mL 具塞比色管中,然后按校准曲线绘制步骤②至④进行,测量样品的吸光度。

②从校准曲线查出相应的氰化物含量,或以回归方程计算。

(3)计算

1)校准曲线查算法

$$氰化物(CN^-,mg/L) = \frac{(m - m_0) \times V_1}{V \times V_2}$$

式中　m——从校准曲线上所查出样品的氰化物含量,μg;

　　　m_0——从校准曲线上所查出空白试验的氰化物含量,μg;

　　　V——蒸馏预处理所用样品体积,mL;

　　　V_1——样品馏出液的体积,mL;

　　　V_2——用于显色所取样品馏出液体积,mL。

2)回归方程计算法

$$氰化物(CN^-,mg/L) = \frac{A - A_0 - a}{b} \times \frac{V_1}{V_2 \times V}$$

式中　A——测量样品的吸光度;

　　　A_0——测量空白样品的吸光度;

　　　a——回归方程截距;

　　　b——回归方程斜率;

　　　V、V_1、V_2 含义同上。

阅读有益

1. 异烟酸-巴比妥酸分光光度法测定氰化物原理

在弱酸性条件下,水样中氰化物与氯胺 T 作用生成氯化氰,然后与异烟酸反应,经水解而成戊烯醛,最后与巴比妥酸作用生成一紫蓝色化合物,在一定浓度范围内,其色度与氰化物含量成正比。于 600 nm 波长处测其吸光度,与标准系列比较,即可得所测样品中氰化物的含量。

2. 方法的适用范围

异烟酸-巴比妥酸分光光度法的最低检出浓度为 0.001 mg/L。适用于饮用水、地表水、生活污水和工业废水中氰化物的测定。

【知识拓展】

一、总氰化物

总氰化物是指在磷酸和 EDTA 存在下,pH 小于 2 的介质中,加热蒸馏能形成氰化氢的氰化物。它包括全部简单氰化物(多为碱金属和碱土金属的氰化物,铵的氰化物)和绝大部分络合氰化物(锌氰络合物、铁氰络合物、镍氰络合物、铜氰络合物等),不包括钴氰络合物。

1. 预处理

(1)方法原理

向水样中加入磷酸和 Na_2 – EDTA,在 pH 小于 2 条件下,加热蒸馏,利用金属离子与 EDTA 络合能力比氰离子络合能力强的特点,使络合氰化物离解出氰离子,并以氰化氢形式被蒸馏出来,并用氢氧化钠溶液吸收。

(2)仪器

①500 mL 全玻璃蒸馏器。

②600 W 或 800 W 可调电炉。

③100 mL 量筒或容量瓶。

④仪器装置图见易释放氰化物的预处理(图 3-2-1)。

(3)试剂

①磷酸:$\rho = 1.69$ g/mL。

②1% 氢氧化钠溶液。

③10% Na_2-EDTA 溶液。

④乙酸铅试纸。

⑤碘化钾 – 淀粉试纸。

⑥(1 + 5)硫酸溶液。

⑦1.26% 亚硫酸钠溶液。

⑧氨基磺酸(NH_2SO_2H)。

⑨4% 氢氧化钠溶液。

(4)步骤

1)氰化氢的释放和吸收

①量取 200 mL 样品,移入 500 mL 蒸馏瓶中(若氰化物含量高,可酌量少取,加水稀释至 200 mL),加数粒玻璃珠。

②往接收容器内加入 10 mL 1% 氢氧化钠溶液,作为吸收液。

③馏出液导管上端接冷凝管的出口,下端插入接收容器的吸收液中,检查连接部位,使其严密。

④将 10 mL Na_2-EDTA 溶液加入蒸馏瓶内。

⑤迅速加入 10 mL 磷酸,当样品碱度大时,可适当多加磷酸,使 pH 小于 2,立即塞好瓶塞。打开冷凝水,调节可调电炉,由低挡逐渐升高,以 2 ~ 4 mL/min 馏出液速度进行加热蒸馏。

⑥接收瓶内溶液近 100 mL 时,停止蒸馏,用少量水洗馏出液导管,取出接收瓶,用水稀释至标线。此碱性出液供测定总氰化物用。

2）空白试验

用实验用水代替样品，按步骤①至⑥操作，得到空白试验馏出液供测定总氰化物用。

2. 总氰化物测定

测定方法同水样中易释放氰化物。

二、在线监测氰化物

1. 仪器组成

氰化物在线自动监测仪用于在线自动连续测量地表水、生活污水和工业废水等水体中的氰化物含量。

氰化物在线自动监测仪根据测量原理的不同，主要分为以下两类：

①光度法。水样中的氰化物与氯胺 T 的活性氯反应生成氯化氰，再与显色剂反应生成稳定颜色化合物，该化合物在特定波长下的吸光度与氰化物含量成正比。光度法是通过测量其吸光度获得水样中氰化物含量。

②电极法。电极法是通过测量电极电位获得水样中氰化物含量。仪器主要由采样系统、水样处理系统、检测系统、数据采集显示和传输系统等组成。

2. 仪器操作及维护

操作氰化物在线分析仪之前应认真阅读仪器的使用说明书，最好经过生产厂家的认真培训。氰化物在线分析仪的操作内容主要包括仪器参数的设定、仪器的校准、仪器的维护和故障处理等。

①仪器参数的设定设定　参数主要有分析周期（或分析频次）、测量范围、报警限值、系统时间等，设定方法参照说明书。

②仪器的校准　氰化物在线分析仪在使用前需要对工作曲线进行校准，在使用中需要定期校准。校准前应先配制不同浓度的标准溶液，可根据仪器的需要进行一点校准或多点校准，校准时将标准溶液从水样进样口导入，并按照说明书逐点进行校准。

③仪器的维护　氰化物在线分析仪在使用中应严格按照说明书要求定期维护，以保证仪器正常工作，一般氰化物在线分析仪需定期进行以下维护：

a. 定期添加试剂，添加频次根据单次试剂用量、分析频次和试剂容器容量来确定。

b. 定期更换泵管，防止泵管老化而损坏仪器。更换频次每 3～6 个月一次，与分析频次有关，主要参照使用说明书。

c. 定期清洗采样头，防止采样头堵塞而采不上水，一般 2～4 周清洗一次，主要根据水质情况而定，水质越差清洗周期越短。

d. 定期校准工作曲线，以保证测量结果准确，一般每 3 个月或半年校准一次，主要参照使用说明书和现场水质变化情况来定，对水质变化大的地方，应相应缩短校准周期。

④故障处理　在氰化物在线分析仪运营维护过程中，个别仪器可能要出现故障。对一般的故障，运营人员应及时处理，快速恢复仪器运行；对复杂的故障，运营人员应及时与生产厂家联系，及时修复仪器，如不能及时修复的，应提供备用机，保证系统连续运行。

阅读有益

向水样中加入酒石酸和硝酸锌在 pH 等于 4 的条件下加热蒸馏,水样中的简单氰化物(碱金属氰化物)和部分络合氰化物(如锌氰络合物等)以氰化氢形式被蒸馏出,用氢氧化钠吸收后与氯胺 T 反应生成氯化氰,然后与异烟酸反应,经水解而生成戊烯二醛,最后与巴比妥酸作用生成一种蓝色化合物,一定浓度范围在波长 600 nm 处有最大吸收,并且在一定时间内稳定。在 600 nm 处测定吸光度 A,由 A 值查询标准工作曲线,计算氰化物的浓度。具体流程如图 3-2-2 所示。

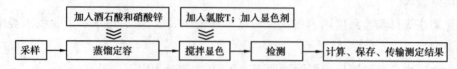

图 3-2-2　氰化物在线分析仪工作流程

【任务评价】

任务二　氰化物监测评价明细表

序号	考核内容	评分标准	分值	小组评价	教师评价
1	基本知识 (30 分)	氰化物的定义及监测意义	5		
		氰化物测定原理	15		
		氰化物监测设备工作原理	10		
2	基本技能 (60 分)	氰化物测定试剂的配制	5		
		氰化物监测的操作步骤	15		
		氰化物监测设备的使用	30		
		氰化物监测设备的维护	10		
3	环保安全 文明素养 (10 分)	环保意识	4		
		安全意识	4		
		文明习惯	2		
4	扣分清单	迟到、早退	1 分/次		
		旷课	2 分/节		
		作业或报告未完成	5 分/次		
		安全环保责任	一票否决		
考核结果					

【任务检测】

一、单选题

下列不属于 DB44/26—2001《水污染物排放限值》中规定的第一类污染物的是(　　　)。

A.六价铬   B.总砷   C.氰化物   D.烷基汞

二、计算题

用异烟酸-巴比妥酸分光光度法测定水中氰化物。取水样 200 mL,蒸馏得馏出液 100 mL。分取 3 mL 比色测定,测得样品吸光度为 0.406,同时测得空白样品吸光度为 0.005,标准曲线回归方程为 $y=0.1383x+0.001$,试求水中氰化物的含量。

项目四 污废水中有机污染物综合指标及营养盐监测

　　水体有机污染是水质污染的主要问题。水和废水中有机污染物种类繁多、组成复杂、分子量范围大，各组分在环境中的含量差异大，分别测定水中的有机物质比较困难，除规定的有毒有机污染物外，一般只测定有机污染物综合指标来定量地反映水质有机污染程度。有机污染物综合指标主要有：溶解氧（DO），间接反映水体受有机物污染的状况；化学需氧量（COD_{Cr}）、高锰酸盐指数（OC），是表征水中能被强氧化剂氧化分解的有机物含量的参数；总有机碳（TOC），是以水样中的含碳量来表示有机物含量。营养盐主要包括氨氮、总氮和总磷。

【项目目标】

知识目标

- 掌握实验室检测有机污染物综合指标及营养盐的原理及方法。
- 掌握在线监测有机污染物综合指标及营养盐的原理及方法。

技能目标

- 能完成有机污染物综合指标及营养盐的监测任务。
- 能撰写监测报告。

情感目标

- 培养学员团结协作的能力。
- 培养学员吃苦耐劳、严谨细致的职业素养。

任务一　水质溶解氧的测定

【任务描述】

　　2019年年初，海南陵水县新村港内遭遇了一场灾难——养殖区域内的金鼓鳗鱼、珍珠龙胆等鱼类大面积死亡，数量超百万斤。沿着港湾南边海岸线查看，远远望去，整个海岸线白茫茫一片，四处散落的死鱼，伴随着阵阵恶臭蔓延不断，跨度近5 km。由于缺乏科学的规划，新村港内的渔排养殖面积已经严重过载，人口的增加也导致废弃物的排放增加，这对整个新村港内的海水养殖环境都造成了破坏。使海水富营养化,海水溶氧率降低,鱼类缺氧大面积死亡更是频繁发生。

2017 年 7 月 17 日高压断电,波及吴江 4 镇,上万亩鱼塘由于缺氧翻塘损失数千万!

水中溶解氧量是水质重要指标之一,也是水体净化的重要因素之一。

本任务通过学习对水中溶解氧的实验室及在线监测方法,使学员认识污废水中溶解氧的定义及监测意义,了解污废水中溶解氧测定方法的原理,熟练运用不同方法检测污废水中溶解氧含量。

【相关知识】

一、溶解氧的定义

溶解氧(DO)是指溶解于水中的氧的含量。它以每升水中氧气的毫克数表示。

溶解氧高有利于对水体中各类污染物的降解从而使水体较快得以净化;反之,水体中污染物降解较缓慢。天然水中的溶解氧含量取决于水体与大气中氧的平衡。

溶解氧的饱和含量和空气中氧的分压、大气压力、水温有密切的关系。清洁地表水溶解氧一般接近饱和。由于藻类的生长,溶解氧可能过饱和。水体受有机、无机还原性物质污染时溶解氧降低。当大气中的氧来不及补充时,水中溶解氧逐渐降低,以至趋近于零,此时厌氧菌繁殖,水质恶化,导致鱼虾死亡。

二、水样的采集

除非还要做其他处理,样品应采集在细口瓶中。测定就在瓶内进行。试样充满全部细口瓶。

在有氧化或还原物质的情况下,需取两份试样。

①取地表水样 充满细口瓶至溢流,小心避免溶解氧浓度的改变。对浅水用电化学探头法更好些。在消除附着在玻璃瓶上的气泡之后,立即固定溶解氧。

②从配水系统管路中取水样 将一惰性材料管的入口与管道连接,将管子出口插入细口瓶的底部。用溢流冲洗的方式充入大约 10 倍细口瓶体积的水,最后注满瓶子,在消除附着在玻璃瓶上的空气泡之后,立即固定溶解氧。

③不同深度取水样 用一种特别的取水器,内盛细口瓶,瓶上装有橡胶入口管并插入细口瓶的底部,当溶液充满细口瓶时,将瓶中空气排出,避免溢流。某些类型的取样器可以同时充满几个细口瓶。

三、样品的特殊处理

1. 存在能固定或消耗碘的悬浮物时

当存在能固定或消耗碘的悬浮物,或者怀疑有这类物质存在时,按一般叙述的方法测定,或最好采用电化学探头法测定溶解氧。

2. 检验氧化或还原物质是否存在

如果预计氧化或还原物质可能干扰结果,取 50 mL 待测水样,加两滴酚酞溶液后,中和水样,加 0.5 mL 硫酸溶液、几粒碘化钾或碘化钠(质量约 0.5 g)和几滴淀粉(指示剂)溶液。

如果溶液呈蓝色,则有氧化物质存在。如果溶液保持无色,加 0.2 mL 碘溶液,振荡,放置 30 s,如果没有呈现蓝色,则存在还原物质。

阅读有益

1. 水中溶解氧的主要来源

①在水体中溶解氧(DO)小于其溶解度时,大气中的氧溶入水体。在水体和大气之间的界面上经常进行气体交换,水体将二氧化碳排入大气,大气中的氧溶入水体。这与生物的呼吸作用十分相似,是水体中氧的主要来源。

②水生植物通过光合作用向水中放出氧。由于水体中经常发生氧化作用,从而消耗水中的氧,特别是有机质的降解对氧的消耗量很大,因此,水体中不断进行着脱氧(溶解氧减少)和复氧(溶解氧增加)的过程。

2. 水中溶解氧含量受到两种作用的影响

①使 DO 下降的耗氧作用包括好氧有机物降解的耗氧生物呼吸耗氧。

②使 DO 增加的复氧作用主要有空气中氧的溶解、水生植物的光合作用等。

这两种作用的相互消长使水中溶解氧含量呈现出时空变化。

YUEDUYOUYI

【任务实施】

一、实验室测量方法

在实验室测量溶解氧的方法有碘量法和电化学探头法。

(一)碘量法

1. 仪器和试剂

分析中仅使用分析纯试剂和蒸馏水或纯度与之相当的水。

(1)仪器

除常用实验室设备外,还有细口玻璃瓶,容量为 250 ~ 300 mL,校准至 1 mL,具塞细口瓶或任何其他适合的细口瓶,瓶肩最好是直的。每一个瓶和盖要有相同的号码。用称量法来测定每个细口瓶的体积。

(2)试剂

①硫酸溶液:小心地把 500 mL 浓硫酸($\rho = 1.84$ g/mL)在不停的搅动下加入 500 mL 水中。

注:当试样中亚硝酸氮含量大于 0.05 mg/L 而亚铁含量不超过 1 mg/L 时,为防止亚硝酸氮对测定结果的干扰,常在试样中加叠氮化物,叠氮化钠是剧毒试剂。若已知试样中的亚硝酸盐低于 0.05 mg/L,则可省去此试剂。

②硫酸溶液:$c_{1/2H_2SO_4} = 2$ mol/L。

③碱性碘化物-叠氮化物试剂。

a. 操作过程中严防中毒。

b. 不要使碱性碘化物-叠氮化物试剂酸化,因为可能产生有毒的叠氮酸雾。

将 35 g 氢氧化钠(NaOH)[或 50 g 氢氧化钾(KOH)]和 30 g 碘化钾(KI)[或 27 g 碘化钠(NaI)]溶解在大约 50 mL 水中。

单独将 1 g 的叠氮化钠(NaN$_2$)溶于几毫升水中。

将上述两种溶液混合并稀释至 100 mL。溶液储存在塞紧的细口棕色瓶里。

注:若怀疑有三价铁的存在,则采用磷酸(H$_3$PO$_4$,ρ = 1.70 g/mL)。

经释释和酸化后,在有指示剂存在下,本试剂应无色。

④无水二价硫酸锰溶液:340 g/L(或一水硫酸锰 380 g/L 溶液)。

可用 450 g/L 四水二价氯化锰溶液代替。过滤不澄清的溶液。

⑤碘酸钾:$c_{1/6KIO_3}$ = 10 mmol/L 标准溶液。

在 180 ℃ 干燥数克碘酸钾(KIO$_3$),称量 3.567 g ±0.003 g 溶解在水中并稀释到 1 000 mL。

将上述溶液吸取 100 mL 移入 1 000 mL 容量瓶中,用水稀释至标线。

⑥硫代硫酸钠标准滴定溶液:$c_{Na_2S_2O_3}$ ≈ 1 mmol/L。

a. 配制。将 2.5 g 五水硫代硫酸钠溶解于新煮沸并冷却的水中,再加 0.4 g 氢氧化钠(NaOH),并稀释至 1 000 mL。溶液储存于深色玻璃瓶中。

b. 标定。在锥形瓶中用 100 ~ 150 mL 的水溶解约 0.5 g 碘化钾或碘化钠(KI 或 NaI),加入 5 mL 2 mol/L 硫酸溶液,混合均匀,加 20.00 mL 标准碘酸钾溶液,稀释至约 200 mL,立即用硫代硫酸钠溶液滴定释放出碘,当接近滴定终点时,溶液呈浅黄色,加指示剂,再滴定至完全无色。

硫代硫酸钠标准溶液浓度(mol/L)由下式求出:

$$c_{Na_2S_2O_3} = \frac{6 \times 20 \times 1.66}{V}$$

式中　V——硫代硫酸钠溶液滴定体积,mL。

每日标定一次溶液。

⑦淀粉:新配制 10 g/L 溶液。注:也可用其他适合的指示剂。

⑧酚酞:1 g/L 乙醇溶液。

⑨碘:约 0.005 mol/L 溶液。

溶解 4 ~ 5 g 碘化钾或碘化钠于少量水中,加约 130 mg 碘,待碘溶解后稀释至 100 mL。

2. 操作步骤

(1)溶解氧的固定

取样之后,最好在现场立即向盛有样品的细口瓶中加 1 mL 二价硫酸锰溶液和 2 mL 碱性碘化物-叠氮化物试剂。使用细尖头移液管,将试剂加到液面下,小心盖上塞子,避免空气泡带入。

(2)游离碘

确保所形成的沉淀物已沉淀在细口瓶下 1/3 部分。

慢速加入 1.5 mL 硫酸溶液,盖上细口瓶盖,然后摇动瓶子,要求瓶中沉淀物完全溶解,且碘已分布均匀。

（3）滴定

将细口瓶内的组分或其部分体积（V）转移到锥形瓶内。用硫代硫酸钠标准滴定液滴定，在接近滴定终点时，加淀粉溶液或者加其他合适的指示剂。

3. 溶解氧结果计算

溶解氧含量 c_1（mg/L）由下式求出：

$$c_1 = \frac{M_r V_2 c f_1}{4 V_1}$$

$$f_1 = \frac{V_0}{V_0 - V'}$$

式中　M_r——氧的分子量，$M_r = 32$；

　　　V_0——细口瓶体积，mL；

　　　V'——二价硫酸锰溶液（1 mL）和碱性试剂体积（2 mL）的总和；

　　　V_1——滴定时样品体积，mL；一般取 $V_1 = 100$ mL；若滴定细口瓶内试样，则 $V_1 = V_0$；

　　　V_2——滴定样品时所耗去的硫代硫酸钠溶液的体积，mL；

　　　c——硫代硫酸钠溶液的实际浓度，mmol/L；

4. 特殊情况

（1）存在氧化性物质

①原理　通过滴定第二个试验样品来测定除溶解氧以外的氧化性物质的含量。

②步骤

a. 按照样品采集中规定取两个试验样品。

b. 按照上述步骤中规定的步骤测定第一个试样中的溶解氧。

c. 将第二个试样定量转移至大小适宜的锥形瓶内，加 1.5 mL 硫酸溶液（或相应体积的磷酸溶液），然后加 2 mL 碱性试剂和 1 mL 二价硫酸锰溶液，放置 5 min，用硫代硫酸钠滴定，在滴定快到终点时，加淀粉或其他合适的指示剂。

③结果表示

溶解氧含量 c_2（mg/L）由下式求出：

$$c_2 = \frac{M_r V_2 c f_1}{4 V_1} - \frac{M_r V_4 c}{4 V_3}$$

$$f_1 = \frac{V_0}{V_0 - V'}$$

式中　M_r——氧的分子量，$M_r = 32$；

　　　V_0——细口瓶体积，mL；

　　　V'——二价硫酸锰溶液（1 mL）和碱性试剂体积（2 mL）的总和；

　　　V_1——滴定时样品体积，mL；一般取 $V_1 = 100$ mL；若滴定细口瓶内试样，则 $V_1 = V_0$；

　　　V_2——滴定样品时所耗去的硫代硫酸钠溶液的体积，mL；

　　　c——硫代硫酸钠溶液的实际浓度，（mmol/L）；

V_3——盛第二个试样的细口瓶体积,mL;

V_4——滴定第二个试样用去的硫代硫酸钠溶液的体积,mL。

（2）存在还原性物质

①原理　加入过量次氯酸钠溶液,氧化第一和第二个试样中的还原性物质。测定一个试样中的溶解氧含量,测定另一个试样中过剩的次氯酸钠量。

②试剂　碘量法中规定的试剂和次氯酸钠溶液(约含游离氯 4 g/L,用稀释市售浓次氯酸钠溶液的办法制备,用碘量法测定溶液的浓度)。

③步骤

a. 按照样品采集中规定取两个试样。

b. 向这两个试样中各加入 1.00 mL(若需要可加入更多的准确体积)次氯酸钠溶液,盖好细口瓶盖,混合均匀。

一份试样按操作步骤中的规定进行处理。将第二份试样定量转移至大小适宜的锥形瓶内,加 1.5 mL 硫酸溶液(或相应体积的磷酸溶液),再加 2 mL 碱性试剂和 1 mL 二价硫酸锰溶液,放置 5 min,用硫代硫酸钠滴定,在滴定快到终点时,加淀粉或其他合适的指示剂。

④结果表示

溶解氧的含量 c_3(mg/L)由下式求出：

$$c_3 = \frac{M_r V_2 c f_2}{4 V_1} - \frac{M_r V_4 c}{4(V_3 - V_5)}$$

$$f_2 = \frac{V_0}{V_0 - V_5 - V'}$$

式中　$M_r, V_1, V_2, V_3, V_4, c, V'$——与含氧化性物质测量计算公式中含义相同;

V_5——加入试样中次氯酸钠溶液的体积,mL(通常 $V_5 = 1.00$ mL);

V_0——盛第一个试验样品的细口瓶的体积,mL。

 小提示

①水样中含有易氧化的有机物如丹宁酸、腐植酸和木质素等,会对测定产生干扰;可氧化的硫的化合物,如硫化物硫脲,也会产生干扰。此时宜采用电化学探头法测量。

②干扰处理

a. 亚硝酸盐浓度不高于 15 mg/L 时不会产生干扰,它们会被加入的叠氮化钠破坏掉。

b. 当存在氧化或还原性物质时,按特殊情况进行处理,改进分析方法。

c. 当存在能固定或消耗碘的悬浮物时,用明矾将悬浮物絮凝,然后分离并排除这种干扰。

阅读有益

1. 碘量法原理

在样品中溶解氧与刚刚沉淀的二价氢氧化锰(将氢氧化钠或氢氧化钾加入二价硫酸锰中制得)反应。酸化后,生成的高价锰化合物将碘化物氧化游离出等当量的碘,用硫代硫酸钠滴定法,测得游离碘含量。

2.适用范围

碘量法是测定水中溶解氧的基准方法。在没有干扰的情况下,本方法适用于溶解氧浓度大于 0.2 mg/L 和小于氧的饱和浓度两倍(约 20 mg/L)的水样。

(二)电化学探头法

1.试剂及仪器

(1)仪器

测量仪器由以下部件组成:

①测量探头　原电池型(如铅/银)或极谱型(例如银、金),如果需要,探头上附有温度灵敏补偿装置。

②仪表　刻度直接显示溶解氧的浓度和(或)氧的饱和百分率或电流的微安数。

③温度计　刻度分度为 0.5 ℃。

④气压表　刻度分度为 10 Pa。

(2)试剂

在分析过程中,仅使用公认的分析纯试剂和蒸馏水或纯度相当的水。

①无水亚硫酸钠(Na_2SO_3)或七水合亚硫酸钠($Na_2SO_3 \cdot 7H_2O$)。

②二价钴盐,如六水合氯化钴(Ⅱ)($CoCl_2 \cdot 6H_2O$)。

2.实验步骤

使用测量仪器时,应遵照制造厂的说明书。

(1)测量技术和注意事项

①不得用手接触薄膜的活性表面。

②更换电解质和膜之后,或当膜干燥时,都要使膜湿润,只有在读数稳定后,才能进行校准,需要的时间取决于电解质中溶解氧消耗所需要的时间。

③将探头浸入样品中时,应保证没有空气泡截留在膜上。

④样品接触探头的膜时,应保持一定的流速,以防止与膜接触的瞬间将该部位样品中的溶解氧耗尽而出现虚假的读数。应保证样品的流速不至于使读数发生波动,参照仪器制造厂家的说明。

⑤对分散样,测定容器应能密封以隔绝空气并带有搅拌器(如电磁搅拌棒)。将样品充满容器至溢流,密闭后进行测量。调整搅拌速度使读数达到平衡后保持稳定,并不得夹带空气。

⑥对流动样品,如河道,要检验是否可保证有足够的流速。如不够,则需在水样中往复移动探头,或者取出分散样品按分散样叙述的方法测定。

(2)校准

校准步骤必须参照仪器制造厂家的说明书。

①调节　调整仪器的电零点。有些仪器有补偿零点,则不必调整。

②检验零点　检验零点(必要时尚需调整零点)时,可将探头浸入每升已加入 1 g 亚硫酸钠和约 1 mg 钴盐(Ⅱ)的蒸馏水中。10 min 内应得到稳定读数。

注:新购置仪器只需 2～3 min。

③接近饱和值的校准　在一定温度下,向水中曝气,使水中氧的含量达到饱和或接近饱和。在这个温度下保持 15 min,再测定溶解氧的浓度,如用碘量法测定。

④调整仪器　将探头浸没在瓶内,瓶中完全充满按上述步骤制备并标定好的样品。让探头在搅拌的溶液中静置 10 min 以后,如果必要,调节仪器读数至样品已知的氧浓度。

当仪器不能再校准,或仪器变得不稳定或灵敏度较低时(见厂家说明书),应更换电解质或(和)膜。

(3)测定

按照厂家说明书对待测水进行测定。

在探头浸入样品后,使探头停留足够的时间与待测水温一致并使读数稳定。由于所用仪器型号不同及对结果的要求不同,必要时要检验水温和大气压力。

(4)结果表示

1)溶解氧的浓度(mg/L)

溶解氧的浓度以每升中氧的毫克数表示,取值到小数点后第一位。

测量样品时的温度不同于校准仪器时的温度,应对仪器读数给予相应校正。有些仪器可以自动进行补偿。该校正考虑了在两种不同温度下,氧溶解度的差值。要计算溶解氧的实际值,需将测定温度下所得读数乘以一个比值,见下式:

$$c = c' \frac{C_{\mathrm{m}}}{C_{\mathrm{c}}}$$

式中　c——溶解氧的实际值;

　　　c'——测定温度下的读数;

　　　C_{m}——测定温度下的溶解度;

　　　C_{c}——校准温度下的溶解度。

2)作为温度和压力函数的溶解氧浓度

参见国标。

3)盐水样品经过校正的溶解氧浓度

氧在水中溶解度随盐含量的增加而减少,在实际应用中,当含盐量(以总盐表示)在 35 g/L 以下时可合理地认为上述关系呈线性。

4)以饱和百分率表示的溶解浓度

以 mg/L 表示的实际溶解氧浓度,必要时需经过温度校正,除以国标给出的理论值而得出的百分率为

$$饱和百分率 = \frac{C_{测定值}}{C_{理论值}} \times 100\%$$

阅读有益

1. 测量原理

本方法所采用的探头由一小室构成,室内有两个金属电极并充有电解质,用选择性薄膜将小室封闭住。实际上水和可溶解物质离子不能透过这层膜,但氧和一定数量的其他气体及亲水性物质可透过这层薄膜。将这种探头浸入水中进行溶解氧测定。

原电池作用或外加电压使电极间产生电位差。这种电位差,使金属离子在阳极进入溶液,而透过膜的氧在阴极还原。由此所产生的电流直接与通过膜与电解质液层的氧的传递速度成正比,因而该电流与给定温度下水样中氧的分压成正比。

膜的渗透性明显随温度而变化,必须进行温度补偿。可采用数学方法(使用计算图表、计算机程序),也可使用调节装置,或者利用在电极回路中安装热敏元件加以补偿。某些仪器还可以对不同温度下氧的溶解度的变化进行补偿。

2. 适用范围

本方法适用于天然水、污水和盐水,如果用于测定海水或港湾水这类盐水,应对含盐量进行校对。

二、在线监测仪器——溶解氧测量仪器设备

HACH 公司的 GLI 5500 型溶氧传感器如图 4-1-1 所示。

以 HACH 公司 D63 型溶氧测定仪(图 4-1-2)为例,仪器操作主要包括安装、校准、配置测定仪和维护保养。

图 4-1-1　GLI 5500 型溶氧传感器　　　　图 4-1-2　D63 型溶氧测定仪

(1)安装及要求

将测定仪安装在符合下列条件的地方:清洁、干燥,振动较少或者没有振动、没有腐蚀性液体、符合环境温度限值范围(−30~60 ℃),可将测定仪安装在面板上、墙上或管道上,将传感器与测定仪按要求连接好。

(2)校准测定仪

推荐使用"空气中溶解氧校准"方法。

①按"CAL"键,显示校准(CALIBRATION)根菜单。

②使用向下方向键,选择"空气中溶解氧校准"(子菜单以反白形式显示),按"ENTER(回车)"键。

③使用向左和向右方向键,选择在校准过程中保持它们当前状态的模拟输出(输出也可以被传输到预置的值或者允许保留为活动状态。由于测定仪还未进行过用户配置,如果传输出值的话将会提供的是工厂设定的默认值)。

④当显示闪动的"HOLD（保持）"时，按"ENTER（回车）"键［选定后按"CONTINUE（继续）"来停止闪动］，再次按"ENTER（回车）"键继续。

⑤使用向左方向键，选择"YES（是）"，因为这是第一次进行传感器的校准。按"ENTER（回车）"键来选择"CONTINUE（继续）"进行校准，再次按"ENTER（回车）"键继续校准过程。

⑥从洁净的调节水中取出传感器，将专门的校准包放在传感器湿润的膜一端，将校准包固定在传感器体上，选择"CONTINUE（继续）"，按"ENTER（回车）"键。

⑦这时出现校准信息界面。等待"Meas′d Val"行上的"PPm"指示停止闪烁（大约需要15 min），然后按"ENTER（回车）"键，完成校准过程。

具体流程如图 4-1-3 所示。

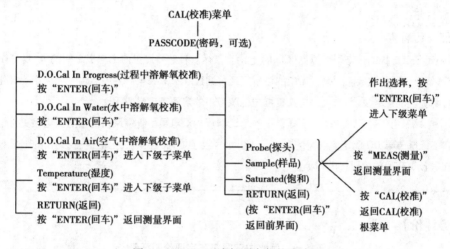

图 4-1-3　D63 型溶氧测定仪校准流程

（3）配置测定仪

测定仪具有许多可能需要的功能，如模拟信号输出、TTL（晶体管-晶体管逻辑电路）输出、三路继电器、软件告警等。要想按照特定的应用要求进一步配置测定仪，可使用适当的"CONFIG（配置）"子菜单来进行选择，并"键入（Key in）"数值。如图 4-1-4 所示。

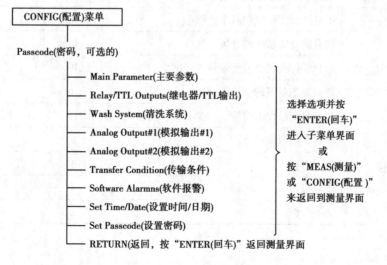

图 4-1-4　"CONFIG（配置）"子菜单

（4）维护保养

要保持测定仪的精度，请定期清洗传感器。操作经验将帮助您确定何时清洗传感器。根据应用场合的具体情况，应当定期地进行系统校准，以便保持测定的精度。

阅读有益

1. 在线监测仪器中膜电极法的原理

膜电极由选择性膜封闭的一小室构成，室内有两个金属电极并充有电解质。水及可溶性物质的离子不能透过封闭膜，但氧和一定数量的其他气体及亲水性物质可透过选择性薄膜。测量时电极放入一定流速的水中，电极因外加有电压而存在电位差；金属性离子在阳极被氧化进入溶液，透过膜的氧气在阴极获得电子被还原，所产生的电流直接与通过膜与电解质液层氧的传递速度成正比，该电流与给定温度水下水样中氧的浓度或分压成正比。

2. 仪器的特点

仪器采用了三电极的极谱型克拉克（Clark）池测定技术。传感器测量两个电极之间的电流，这个电流值是溶液中溶解氧分压的函数。测量样品中的溶解氧迁移通过膜扩散到电解液中。当一个恒定的极化电压加到电极时，阴极上的氧减少，所产生的电流直接与电解液中的溶解氧含量成正比。

第三个电极是用作独立的参比。它提供了一个比常规的双电极系统中采用的银阳极电极更为恒定的电势，因为它不能够传导 DO 测定所必需的电流。该电极导致了更好的长期极化稳定性、更长的阳极和电解液寿命，从而导致更高的传感器精度和稳定性。

【任务评价】

任务一　污水中溶解氧测定评价明细表

序号	考核内容	评分标准	分值	小组评价	教师评价
1	基本知识（25分）	溶解氧的定义	5		
		碘量法测溶解氧原理	10		
		电化学探头法测溶解氧原理	10		
2	基本技能（65分）	碘量法测溶解氧的基本步骤	10		
		碘量法特殊情况的处置方法	15		
		电化学探头法测溶解氧仪的校准	10		
		溶解氧测量仪的安装与调试	10		
		溶解氧测量仪的校准	15		
		溶解氧测量仪的维护	5		
3	环保安全文明素养（10分）	环保意识	4		
		安全意识	4		
		文明习惯	2		

续表

序号	考核内容	评分标准	分值	小组评价	教师评价
4	扣分清单	迟到、早退	1分/次		
		旷课	2分/节		
		作业或报告未完成	5分/次		
		安全环保责任	一票否决		
考核结果					

【任务检测】

一、判断题

1. 测定 DO 的水样可以带回实验室后再加固定剂。　　　　　　　　（　　）

2. 水样中亚硝酸盐含量高,要采用高锰酸盐修正法测定溶解氧。　　　（　　）

3. 溶解氧测定时,亚硝酸盐含量高,可采用 NaN_3 修正法。　　　　　（　　）

4. 溶解氧测定时,Fe^{2+} 含量高,可采用 $KMnO_4$ 修正法。　　　　　（　　）

5. DO 的测定方法主要有化学分析方法和膜电极法,连续自动监测仪器一般采用膜电极法。　　　　　　　　　　　　　　　　　　　　　　　　（　　）

二、选择题

1. 吸取现场固定并酸化后析出碘的水样 100.0 mL,0.0096 mol/L 的 $Na_2S_2O_3$ 溶液滴定显淡黄色,加入 1.0 mL 淀粉继续滴定至蓝色刚好退去,消耗的体积为 9.12 mL,计算水样中溶解氧的含量为(　　　)。

A.6.0 mg/L　　　　　B.8.0 mg/L　　　　　C.7.0 mg/L　　　　　D.9.0 mg/L

2. 采用碘量法测定水中溶解氧时,水体中含有还原性物质时,可产生(　　　)。

A. 正干扰　　　　　　B. 负干扰　　　　　　C. 不干扰

3. 溶解氧的测定结果有效数取(　　　)位小数。

A. 1　　　　　　　　B. 2　　　　　　　　C. 3

三、问答题

1. 试述 HACH-D63 溶氧测定仪校准步骤。

2. 简要写出溶解氧样品现场固定的步骤。

3. 测定溶解氧所需的硫代硫酸钠的溶液应怎样配置与标定?

4. 碘量法测定水中溶解氧的原理是什么?

任务二　化学需氧量测定

【任务描述】

化学需氧量是在规定条件下,水中还原性物质被重铬酸钾氧化时所消耗的氧化剂的量换算成相当于氧的量,它包括碳水、蛋白、油脂、腐殖质。化学需氧量可以间接评价有机污染状况。

本任务通过学习化学需氧量的实验室及在线监测方法,使学员认识污废水中化学需氧量的相关定义及监测意义,同时,了解污废水中化学需氧量的处理方法的原理,熟练运用不同方法检测污废水中的化学需氧量。

【相关知识】

一、定义

化学需氧量(Chemical Oxygen Demand,COD_{Cr})是指在一定条件下,经重铬酸钾氧化处理时,水样中的溶解性物质和悬浮物所消耗的重铬酸盐相对应的氧的质量浓度,以 mg/L 表示。

化学需氧量反映了水中受还原性物质污染的程度,这些物质包括有机物、亚硝酸盐、亚铁盐、硫化物等,但一般水及废水中无机还原性物质的数量相对不大,而有机物污染却很普遍。COD_{Cr}可作为有机物质相对含量的一项综合性指标,但只能反映能被氧化的有机污染,不能反映多环芳烃、多氯联苯、二噁英类等的污染状况。

COD_{Cr}是我国实施排放总量控制的指标之一,是为了了解水中的污染物将要消耗多少氧。这个指标从字面上讲,它不是问水体中的有机物是多少,也不是问有毒物是多少,只是问进入水体的污染物将要消耗多少氧。

阅读有益

污染物进入水体会自行消解成简单的结构,这一过程需消耗氧气来完成。水中的氧气含量不足,会使水中生物大量死亡。若水中氧被消耗完,则水体发臭。溶解氧的消失会破坏环境和生物群落的平衡并带来不良影响,从而引起水体恶化。

YUEDUYOUYI

二、水样的采集与保存

采集水样的体积不得少于 100 mL。采集的水样应置于玻璃瓶中,并尽快分析。如不能立即分析时,应加入浓硫酸至 pH 小于 2,置于 4 ℃下保存,保存时间不超过 5 d。

【任务实施】

一、实验室方法测量水样中的化学需氧量

操作准备→样品预处理→样品测定→计算结果→书写报告。

水中化学需氧量的测定方法主要有重铬酸钾法、密封管法、光度法、氧化还原滴定法。其中,常用的是重铬酸钾法。

1. 操作准备

(1)仪器及设备

①回流装置:磨口 250 mL 锥形瓶的全玻璃回流装置,可选用水冷或风冷全玻璃回流装置,其他等效冷凝回流装置也可。

②加热装置:电炉或其他等效消解装置。

③分析天平:感量为 0.0001 g。

④酸式滴定管:25 mL 或 50 mL。

(2)试剂

除非另有说明,实验时所用试剂均为符合国家标准的分析纯试剂,实验用水均为新制备的超纯水、蒸馏水或同等纯度的水。

①重铬酸钾标准溶液,$c_{1/6K_2Cr_2O_7} = 0.250$ mol/L。准确称取 12.258 g 重铬酸钾溶于水中,定容至 1 000 mL。

②重铬酸钾标准溶液,$c_{1/6K_2Cr_2O_7} = 0.0250$ mol/L。将重铬酸钾标准溶液稀释 10 倍。

③硫酸银-硫酸溶液。称取 10 g 硫酸银,加到 1 L 浓硫酸中,放置 1~2 d 使之溶解,并摇匀,使用前小心摇动。

④硫酸汞溶液,$\rho = 100$ g/L。称取 10 g 硫酸汞,溶于 100 mL 硫酸溶液[1 + 9(V/V)]中,混匀。

⑤试亚铁灵指示液。溶解 0.7 g 七水合硫酸亚铁于 50 mL 水中,加入 1.5 g 1,10-菲绕啉,搅拌至溶解,稀释至 100 mL。

⑥硫酸亚铁铵标准溶液,$c_{(NH_4)_2FeSO_4 \cdot 6H_2O} \approx 0.05$ mol/L。称取 19.5 g 硫酸亚铁铵溶解于水中,加入 10 mL 浓硫酸,待溶液冷却后稀释至 1 000 mL。每日临用前,必须用重铬酸钾标准溶液[$c_{1/6K_2Cr_2O_7} = 0.0250$ mol/L]准确标定硫酸亚铁铵溶液($c_{(NH_4)_2FeSO_4 \cdot 6H_2O} \approx 0.05$ mol/L)的浓度;标定时应作平行双样。

取 5.00 mL 重铬酸钾标准溶液[$c_{1/6K_2Cr_2O_7} = 0.250$ mol/L]置于锥形瓶中,用水稀释至约 50 mL,缓慢加入 15 mL 浓硫酸,混匀,冷却后加入 3 滴(约 0.15 mL)试亚铁灵指示剂,用硫酸亚铁铵滴定,溶液的颜色由黄色经蓝绿色变为红褐色即为终点,记录下硫酸亚铁铵的消耗量 V(mL)。

硫酸亚铁铵标准滴定溶液浓度按下式计算:

$$C = \frac{1.25}{V}$$

式中 V——滴定时消耗硫酸亚铁铵溶液的体积，mL。

⑦硫酸亚铁铵标准溶液，$c_{(NH_4)_2FeSO_4 \cdot 6H_2O} \approx 0.005$ mol/L。将（$c_{(NH_4)_2FeSO_4 \cdot 6H_2O} \approx 0.05$ mol/L）中的溶液稀释 10 倍，用重铬酸钾标准溶液（$c_{1/6K_2Cr_2O_7} = 0.0250$ mol/L）标定，其滴定步骤及浓度计算同上。每日临用前标定。

2. 操作步骤

（1）COD_{Cr} 浓度 ≤50 mg/L 的样品

1）样品测定

取 10.0 mL 水样于锥形瓶中，依次加入硫酸汞溶液、重铬酸钾标准溶液（$c_{1/6K_2Cr_2O_7} = 0.0250$ mol/L） 5.00 mL 和几颗防爆沸玻璃珠，摇匀。硫酸汞溶液按质量比 $m[HgSO_4]$: $m[Cl^-] \geqslant 20:1$ 的比例加入，最大加入量为 2 mL。

将锥形瓶连接到回流装置冷凝管下端，从冷凝管上端缓慢加入 15 mL 硫酸银-硫酸溶液，以防止低沸点有机物逸出，不断旋动锥形瓶使之混合均匀。自溶液开始沸腾起保持微沸回流 2 h。若为水冷装置，应在加入硫酸银-硫酸溶液之前，通入冷凝水。

回流冷却后，自冷凝管上端加入 45 mL 水冲洗冷凝管，使溶液体积为 70 mL 左右，取下锥形瓶。

溶液冷却至室温后，加入 3 滴试亚铁灵指示剂溶液，用硫酸亚铁铵标准溶液（$c_{(NH_4)_2FeSO_4 \cdot 6H_2O} \approx 0.005$ mol/L）滴定，溶液的颜色由黄色经蓝绿色变为红褐色即为终点。记下硫酸亚铁铵标准溶液的消耗体积 V_1。

注：样品浓度低时，取样体积可适当增加。

2）空白试验

按相同步骤以 10.0 mL 试剂水代替水样进行空白试验，记录下空白滴定时消耗硫酸亚铁铵标准溶液的体积 V_0。

注：空白试验中硫酸银-硫酸溶液和硫酸汞溶液的用量应与样品中的用量保持一致。

（2）COD_{Cr} 浓度 >50 mg/L 的样品

1）样品测定

取 10.0 mL 水样于锥形瓶中，依次加入硫酸汞溶液、重铬酸钾标准溶液（$c_{1/6K_2Cr_2O_7} = 0.0250$ mol/L） 5.00mL 和几颗防爆沸玻璃珠，摇匀。其他操作与上述相同。

待溶液冷却至室温后，加入 3 滴试亚铁灵指示剂溶液，用硫酸亚铁铵标准滴定溶液（$c_{(NH_4)_2FeSO_4 \cdot 6H_2O} \approx 0.05$ mol/L）滴定，溶液的颜色由黄色经蓝绿色变为红褐色即为终点。记录硫酸亚铁铵标准滴定溶液的消耗体积 V_1。

注：对浓度较高的水样，可选取所需体积 1/10 的水样放入硬质玻璃管中，加入试剂，摇匀后加热至沸腾数分钟，观察溶液是否变成蓝绿色。如呈蓝绿色，应再适当少取水样，直至溶液不变蓝绿色为止，从而可以确定待测水样的稀释倍数。

2）空白试验

按相同步骤以试剂水代替水样进行空白试验。

（3）结果计算

$$\text{COD}_{\text{Cr}}(\text{O}_2,\text{mg/L}) = \frac{(V_0 - V_1) \times C \times 8\ 000}{V} \times f$$

式中 C——硫酸亚铁铵标准溶液的浓度,(mol/L);

V_0——滴定空白时硫酸亚铁铵标准溶液的用量,mL;

V_1——滴定水样时硫酸亚铁标准溶液的用量,mL;

V——水样的体积,mL;

f——样品稀释倍数;

8000——$\frac{1}{4}$O$_2$ 的摩尔质量,以 mg/L 为单位的换算值。

（4）结果表示

当 COD$_{\text{Cr}}$ 测定结果小于 100 mg/L 时保留至整数位;当测定结果大于或等于 100 mg/L 时,保留 3 位有效数字。

 小提示

①本方法的主要干扰物为氯化物,可加入硫酸汞溶液去除。经回流后,氯离子可与硫酸汞结合成可溶性的氯汞配合物。硫酸汞溶液的用量可根据水样中氯离子的含量,按质量比 $m[\text{HgSO}_4]:m[\text{Cl}^-] \geq 20:1$ 的比例加入,最大加入量为 2 mL。

②消解时应使溶液缓慢沸腾,不宜爆沸。如出现爆沸,说明溶液中出现局部过热,会导致测定结果有误。爆沸的原因可能是加热过于激烈,或是防爆沸玻璃珠的效果不好。

③试亚铁灵指示剂的加入量虽然不影响临界点,但应该尽量一致。当溶液的颜色先变为蓝绿色再变到红褐色即达到终点,几分钟后可能还会重现蓝绿色。

④回流冷凝管不能用软质乳胶管,否则容易老化、变形、冷却水不通畅。

⑤用手摸冷却水时不能有温感,否则测定结果偏低。

⑥滴定时不能激烈摇动锥形瓶,瓶内试液不能溅出水花,否则影响测定结果。

⑦水样加热回流后,溶液中重铬酸钾剩余量应是加入量的1/5～4/5为宜。

⑧用邻苯二甲酸氢钾标准溶液检查试剂的质量和操作技术时,由于每克邻苯二甲酸氢钾的理论 COD$_{\text{Cr}}$ 为 1.176 g,所以溶解 0.4251 g 邻苯二甲酸氢钾(KOOCC$_6$H$_4$COOH)于重蒸馏水稀释至标线,使之成为 500 mg/L 的 COD$_{\text{Cr}}$ 标准溶液,用时新配。

阅读有益

1. 原理

在水样中加入已知量的重铬酸钾溶液,并在强酸介质下以银盐作催化剂,经沸腾回流后,以试亚铁灵为指示剂,用硫酸亚铁铵滴定水样中未被还原的重铬酸钾,由消耗的重铬酸钾的量计算出消耗氧的质量浓度。

2. 适用范围

本方法适用于地表水、生活污水和工业废水中化学需氧量的测定。本方法不适用于含氯化物浓度大于 1 000 mg/L(稀释后)的水中化学需氧量的测定。

当取样体积为 10.0 mL 时,本方法的检出限为 4 mg/L,测定下限为 16 mg/L。未经稀释的水样测定上限为 700 mg/L,超过此限时需稀释后测定。

二、在线监测化学需氧量

化学需氧量的在线监测方法根据氧化方式不同分为 3 类:重铬酸钾法、电化学氧化法和相关系数法。

(一)重铬酸钾法

在强酸性和加热条件下,水样中有机物和无机还原性物质被重铬酸钾氧化,通过测量消耗重铬酸钾的量来计算 COD 浓度。测量过程中一般采用硫酸银作为催化剂,采用硫酸汞掩蔽氯离子干扰。

COD 在线自动监测仪由液体输送系统、溶液输送系统、计量、加热回流、冷却、光度测定(或滴定)、自动控制、数据采集、数据显示、数据打印等部分组成。根据检测方法的不同可分为光度比色法、库仑滴定法和氧化还原滴定法等。

1. 光度比色法

在强酸性介质中,水样中的还原性物质被重铬酸钾氧化后,根据朗伯-比尔定律进行比色分析。采用该分析方法的仪器有北京环科环保技术公司、南京德林环保仪器有限公司、河北先河科技发展有限公司、HACH 公司、力合科技发展有限公司、广州怡文科技有限公司、山东胜利油田龙发工贸有限公司的 COD 在线自动监测仪等。

光度比色法的仪器可分为程序式和流动注射分析式两类。

(1)程序式

仪器工作原理是:在微机的控制下,将水样与重铬酸钾溶液和浓硫酸混合,加入硫酸银作为催化剂,硫酸汞络合溶液中的氯离子。混合液在 165 ℃条件下经过一定时间的回流,水中的还原性物质与氧化剂发生反应。氧化剂中的 Cr^{6+} 被还原为 Cr^{3+},这时混合液的颜色会发生变化。通过光电比色把 Cr^{3+} 的增加量转换为电压变化量。通过测量变化了的电压量,并通过曲线查找计算得出 COD 值。程序式 COD 分析流程如图 4-2-1 所示,分析仪构造如图 4-2-2 所示。

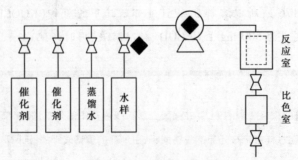

图 4-2-1　程序式 COD 分析流程

主要性能指标如下:

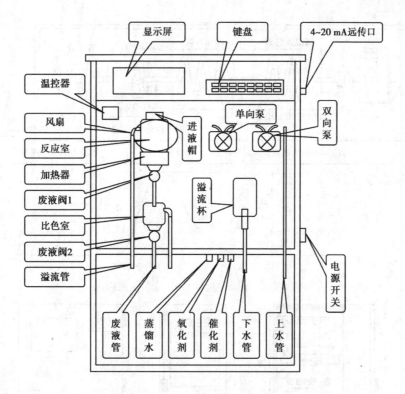

图 4-2-2　程序式 COD 分析仪构造图

①量程:10 ~ 200 mg/L、10 ~ 500 mg/L、10 ~ 1 000 mg/L、10 ~ 2 000 mg/L、10 ~ 3 000 mg/L、10 ~ 5 000 mg/L(可选)。

② 测量误差;±5% F·S。

③重现性误差;3%(量程值80%处)。

④ 最小测量周期;30 min。

(2)流动注射分析式

基本原理是试剂连续进入直径为 1 mm 的毛细管中,水样定量注入载流液中,在流动过程中完成混合、加热、反应和测量。

仪器工作原理是:反应试剂[含重铬酸钾的硫酸(6:4)]由陶瓷恒流泵以恒定流速向前推进,通过注样阀将定量水样切换进流路后,在推进的过程中水样与载流液相互混合,在180 ℃恒温加热反应后溶液进入检测系统,测定标准系列和水样在 380 nm 波长时的透光率,从而计算出水样的 COD 值(图 4-2-3)。流动注射分析式测量 COD 的分析方法是相对比较法。只要测定样品时的测量条件和标定时的测量条件一致,都可得到准确的测量结果。该分析技术运用于水样中 COD 值的测定,分析速度快、频率高、进样量少、精密度高,并且载流液可以循环利用,避免了二次污染。

流动注射式 COD 分析仪结构如图 4-2-4 所示。

该仪器还可适应高氯离子含量(>15 000 mg/L 氯离子)的水样测定,也可选择加硫酸银或不加硫酸银,加硫酸汞或不加硫酸汞,以节省运行费用。

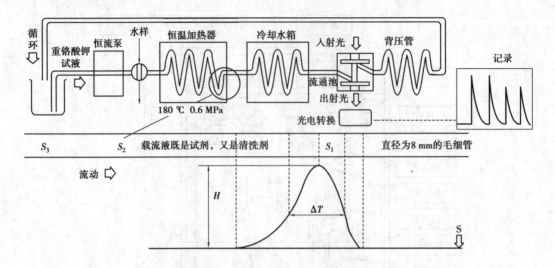

图 4-2-3　流动注射式 COD 分析仪原理

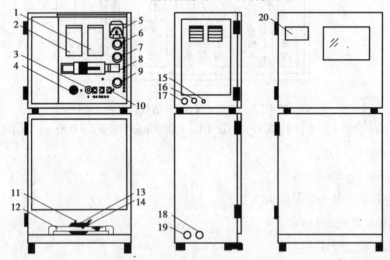

图 4-2-4　流动注射式 COD 分析仪结构

1—恒温反应器;2—冷却箱;3—压力传感器;4—流通式光电比色计;5—取样蠕动泵;

6—试剂注入阀;7—注入阀;8—陶瓷恒流泵;9—单向阀;10—水样、标样电磁阀;

11—废液管;12—免维护取样器;13—固液分离器;14—水样管;15—通信接口;

16—水泵电源;17—仪器电源;18—取水进水口;19—溢流口;20—触摸屏

仪器主要技术指标见表4-2-1。

表 4-2-1　仪器主要技术参数

技术参数		技术参数	
测量范围	4 ~ 500 000 mg/L	准确度	<5% F·S
检出限	3.5 mg/L	相关系数	0.999 6
精度	<2% F·S	最短测量周期	7 min
稳定度	<8% F·S		

2. 库仑滴定法

在水样中加入已知过量的重铬酸钾标准溶液,在强酸加热环境下将水样中还原性物质氧化后,用硫酸亚铁铵标准溶液返滴定过量的重铬酸钾,通过电位滴定进行滴定判终,根据硫酸亚铁铵标准溶液的消耗量进行计算。

(1)仪器的工作过程

程序启动→加入重铬酸钾到计量杯→排入消解池→加入水样到计量杯→排到消解池→注入硫酸＋硫酸银→加热消解→冷却→排入滴定池→加蒸馏水稀释→搅拌冷却→加硫酸亚铁铵滴定→排泄→计算打印结果。库仑滴定法 COD 分析仪工作原理如图 4-2-5 所示。

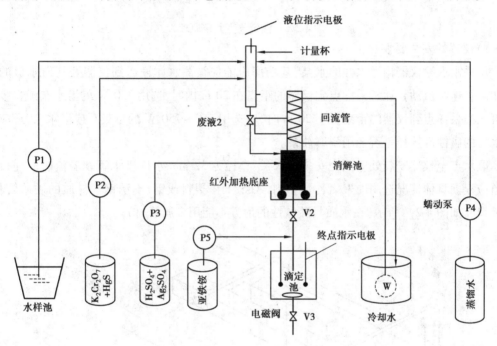

图 4-2-5　库仑滴定法 COD 分析仪工作原理

(2)主要性能指标

①测量方法:重铬酸钾加硫酸亚铁铵滴定法,双铂电极电位法指示滴定终点。

②测量范围:5～10 000 mg/L。

③测量周期:20～70 min(可调)。

④重现性:±10%。

⑤测量误差:±10%(标样),±15%(实际水样)。

滴定终点判定原理如图 4-2-6 所示。

(3)COD 分析仪的操作

操作仪器之前应认真阅读仪器的使用说明书,最好经过生产厂家的认真培训。一般的COD 监测仪操作内容主要包括仪器参数的设定、仪器的校准、仪器的维护和故障处理等。

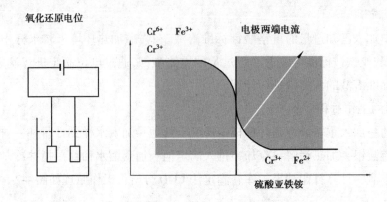

图 4-2-6   滴定终点判定原理

1）仪器的安装要求

从采水点给仪器输送水样的水泵,其功率应能使被测水体输送到仪器处其出水口的液流能满管连续流动。通常采样点到仪器的距离在 20 m 内时,选用 350 W 的潜水泵或自吸泵即可。当采样点到仪器的距离大于 20 m 时,应选用 550～750 W 的自吸泵或潜水泵,还应根据水样的腐蚀性选择是否选用耐腐蚀泵。

取水点至仪器安装处应预先安装好水泵、直径为 32 mm 水样进水管和溢流管。连接的管道应根据具体情况选用硬聚氯乙烯塑料、ABS 工程塑料或钢、不锈钢等材质的硬质管材。安装尺寸如图 4-2-7 所示(在水质具酸碱性的地方不能用金属管材)。

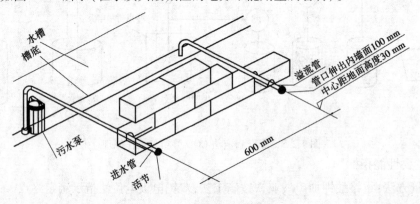

图 4-2-7   管道安装图

通常安装仪器的工作子站如图 4-2-8 所示。

2）仪器的操作和使用

①调试。在安装完成后做好各项准备工作,放置好仪器所需的各种试剂,仪器上电稳定半个小时。调整好测量模块的各级参数,且稳定一段时间后,可进行仪器的标定。再用标准样作为水样进行分析,看是否达到仪器规定的精度要求。如果没有达到,则应进行修改校正,直到达到要求。

②使用。完成安装调试后,在系统配置里设置好仪器的采水时间以及分析周期(或者定点分析次数及时间)。各参数确认无误后,就可用自动方式进行 COD 在线自动监测了。

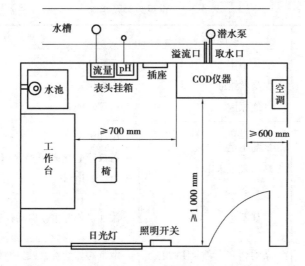

图 4-2-8　COD 监测仪工作子站示意图

3）曲线校准

仪器在使用前需要对工作曲线进行校准,在使用中也需要定期校准。校准前应先配制不同浓度的邻苯二甲酸氢钾标准溶液,可根据仪器的需要进行一点校准或多点校准。使用中的 COD 分析仪应定期校准,一般每 3 个月或半年校准一次,或仪器每日自动标定,并与手工方法进行实际水样对比,保证工作曲线准确。

4）仪器的维护

COD 分析仪在使用中应该严格按照要求定期进行维护,保证仪器长期稳定运行。

一般 COD 分析仪需应定期进行以下维护:

①定期添加试剂,添加频次根据单次试剂用量、分析频次和试剂容器容量来确定。

②定期更换泵管,防止泵管老化而损坏仪器。更换频次每 3 ~ 6 个月一次,与分析频次有关,主要参照使用说明书。

③定期清洗采样头,防止采样头堵塞而采不上水,一般 2 ~ 4 周清洗一次,主要根据水质情况而定,水质越差清洗周期越短。

④定期校准工作曲线,以保证测量结果准确,一般每 3 个月或半年校准一次,主要参照使用说明书和现场水质变化情况来定。对水质变化大的地方,应相应缩短校准周期。

5）故障处理

在大量的仪器运营维护过程中,个别仪器避免不了要出现故障。对一般的故障,运营人员应及时处理,快速恢复仪器运行;对复杂的故障,运营人员应及时与生产厂家联系,及时修复仪器,如不能及时修复的,应提供备用机,保证系统连续运行。

常见故障及排除见表 4-2-2。

铂电阻是众多监测仪用来测量温度的传感器。判断铂电阻是否损坏的方法是:铂电阻在 0 ℃ 的阻值一般为 100 Ω,温度每升高 1 ℃,电阻值升高 0.4 Ω 左右。即若在室温(25 ℃)下用万用表电阻挡测其阻值,其值应为 110 Ω 左右。符合上述规律,说明铂电阻是好的;不符合,说明铂电阻已损坏。测量时请将铂电阻的一端拆下。

表 4-2-2   常见故障及排除

故障现象	故障原因	排除方法
仪器上电无显示	插头不牢 保险丝熔断 其他原因	重插插头 更换保险丝 与厂家联系
试剂无法导入	试剂不足 蠕动泵不采水	添加试剂 若泵管老化则更换泵管,若属电路问题需检查电机和电压
在加完各种试剂后,准备加热时显示故障	试剂不足	添加试剂并重新启动仪器
阀体动作不到位	杂物堵塞或者卡住阀芯 电路故障	取下阀体清洗(注意原样装好,勿丢失弹簧) 检查电路部分,阀体供电线路是否连接无误
消解器温度过高或过低	铂电阻坏 温控仪坏	检查后进行更换 检查接触件是否接触良好,若无问题,需请专业人员维修
电压异常	可调电阻器未调节好 发光二极管坏或老化 光敏二极管坏 AD 模块坏	需请专业人员维修

3. 氧化还原滴定法

水样进入仪器反应室后,加入过量的重铬酸钾标准溶液,用浓硫酸酸化后,在150 ℃条件下回流 30 min,反应结束后,以试亚铁灵为指示剂,用硫酸亚铁铵滴定剩余的六价 Cr,由消耗的重铬酸钾量换算成氧的质量浓度,得到 COD 值。

(二)电化学氧化法

电化学氧化法基本原理是利用氢氧基作为氧化剂,用工作电极测量氧化时消耗的工作电流,然后计算水样中的 COD 值。

其工作原理是:利用过氧化铅涂层在过电压条件下,有过氧化铅镀层的工作电极将发生电解反应产生氢氧基。氢氧基的氧化电位比其他氧化剂(如 O_2 或 $KCrO_4$)高,可以氧化难以氧化的水中组分。

待测溶液中的有机物消耗电极周围的氢氧基,新氢氧基的形成将在电极系统中产生电流。氧化电极(工作电极)的电位保持恒定,每秒电负荷与有机物浓度和它们在氧化电极的氧化剂消耗量相关。

1. 工作流程

电化学氧化法 COD 分析仪工作流程及化学反应原理如图 4-2-9、图 4-2-10 所示,样品预处理单元如图 4-2-11 所示。

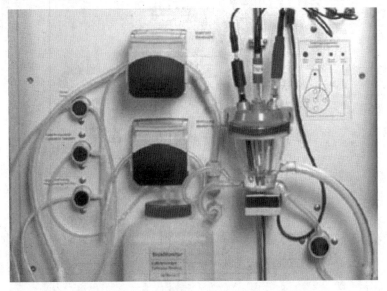

图 4-2-9 电化学氧化法 COD 分析仪工作流程

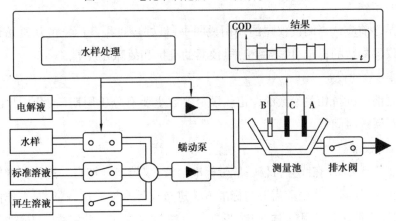

图 4-2-10 电化学氧化法 COD 分析仪化学反应原理

A—工作电极(氧化);B—参比电极;C—负极

电化学氧化法 COD 分析仪采用了反重力的取样方法,样品是从样品流中间反方向抽取,可以排除大的颗粒,采集到更小的固体颗粒,保证了样品的代表性。较大的管道尺寸避免了管路的堵塞。

2. 主要性能指标

①测量类型:电化学氧化法测量 COD 值。

②测量范围:从 1 ~ 100 mg/L 到 1 ~ 100 000 mg/L,可设置。

③准确度:5%。

④复现性:5%。

⑤反应时间:30 s。

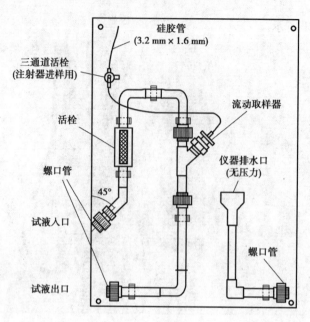

图 4-2-11　电化学氧化法 COD 分析仪样品预处理单元

3. 设备的操作

操作仪器之前应认真阅读仪器的使用说明书,最好经过生产厂家的认真培训。操作内容主要包括仪器参数的设定、仪器的校准、仪器的维护和故障处理等。

(1)仪器参数的设定

在使用之前应进行相关参数的设定。设定参数主要有分析周期(或分析频次)、测量范围、报警限值、系统时间等。

(2)仪器的校准

电化学氧化法 COD 在线分析仪一般带标准溶液,仪器能定期自动进行标准样校准。使用非标准方法时,仪器在使用前需要与标准方法进行实际水样对比,然后对工作曲线进行校准,在使用中要定期进行实际水样对比、校准。方法是仪器和实验室手工方法同步取样,进行多点对比,以确保实际水样分析的准确性。

(3)仪器的维护

仪器应按照说明书要求定期进行现场维护,以确保仪器长期稳定工作。正常条件下,电化学法 COD 分析仪每年必须更换阀管组件和工作电极,一般维护内容如下:

①添加试剂,每周 1 次。

②检查泵、阀(目测),每周 1 次。

③保养参考电极,每周 1 次。

④校正分析仪,每周 1 次。

⑤清洗测量槽,每月 1 次。

⑥更换泵管和阀门管道,每月 1 次。

⑦清洗取水系统,每季度 1 次。

⑧更换取水系统管道,每季度 1 次。

4. 故障处理

在大量的仪器运营维护过程中,个别仪器避免不了要出现故障。对一般的故障,运营人员应及时处理,快速恢复仪器运行;对复杂的故障,运营人员应及时与生产厂家联系,及时修复仪器,如不能及时修复的,应提供备用机,保证系统连续运行。

运营人员应能快速判断故障位置,并对故障部件进行更换处理,运营单位应备有足够的维修用备件。

(三)相关系数法

相关系数法系是指利用水样的其他物理、化学性质与 COD 含量之间的相关性,通过检测如吸光度、TOC(总有机碳)等指标,间接测量水样的 COD。常见的有 UV 法、TOC 法等。

相关系数法的基础在于其测量指标与 COD 之间的相关性,一旦水样成分等发生较大变化时,其相关性发生变化,则分析结果易出现较大的偏差。该方法多见于实验室研究或某些行业水质监测研究中,仪器多为紫外可见分光光度计或 TOC 仪。

【任务评价】

任务二 化学需氧量测定评价明细表

序号	考核内容	评分标准	分值	小组评	教师评
1	理论知识 (25分)	化学需氧量的定义	5		
		重铬酸钾法测定化学需氧量的原理	10		
		重铬酸钾法测定化学需氧量的计算方法	5		
		重铬酸钾法测定化学需氧量的适用范围	5		
2	基本技能 (65分)	实验试剂的配制	5		
		重铬酸钾法测定化学需氧量的操作步骤	20		
		在线光度比色法测定化学需氧量的操作步骤	10		
		在线库仑滴定法测定化学需氧量的操作步骤	10		
		在线氧化还原滴定法测定化学需氧量的操作步骤	10		
		电化学氧化法 COD 分析仪的操作步骤	10		
3	环保安全 文明素养 (10分)	环保意识	4		
		安全意识	4		
		文明习惯	2		
4	扣分清单	迟到、早退	1分/次		
		旷课	2分/节		
		作业或报告未完成	5分/次		
		安全环保责任	一票否决		
考核结果					

【任务检测】

一、选择题

1. COD 是指示水体中( )的主要污染指标,主要表示有机物污染程度。

A. 氧含量   B. 含营养物质量

C. 含有机物及还原性无机物量   D. 无机物

2. 重铬酸钾法测定水中 COD 时,加入硫酸银的作用是( )。

A. 催化剂   B. 氧化剂   C. 还原剂   D. 掩蔽剂

3. 测定水中化学需氧量时加入硫酸汞的作用是( )。

A. 防止生成沉淀   B. 络合水中的氯离子

C. 控制水中的 pH   D. 抑制苯酚菌的分解活动

4. 关于 COD 测定,不正确的描述是( )。

A. 试亚铁灵为指示剂   B. 加 $HgSO_4$ 络合掩蔽 Cl^-

C. Ag_2SO_4 为催化剂   D. 消耗的氧化剂为 O_2

5. 测定水中 CODcr 时,用于检查试剂质量和操作技术的试剂应是( )。

A. 硫酸亚铁铵标准溶液   B. 葡萄糖 - 谷氨酸标准混合液

C. 重铬酸钾标准溶液   D. 邻苯二甲酸氢钾标准溶液

6. 重铬酸钾法测定水中化学需氧量过程中,用硫酸亚铁铵回滴时,溶液的颜色由黄色经蓝绿色至( )即为终点。

A. 棕褐色   B. 红褐色   C. 黄绿色   D. 无色

7. 测定工业废水中的化学需氧量时,常采用的标准测定方法是( )。

A. 碘量法   B. 纳氏试剂分光光度法

C. 重铬酸钾法   D. 稀释与接种法

二、判断题

1. 化学需氧量测定时需用重铬酸钾标准溶液标定硫酸亚铁铵溶液的浓度。   ( )

2. 在重铬酸钾法测定化学需氧量的回流过程中,若溶液颜色变绿,说明水样的化学需氧量适中,可以继续做实验。   ( )

3. 对化学需氧量小于 50 mg/L 的水样,应改用 0.0250 mol/L 重铬酸钾标准溶液,回滴时用 0.01 mol/L 硫酸亚铁铵标准溶液。   ( )

4. 每次实验时应对硫酸亚铁铵标准滴定溶液进行标定,室温较高时尤其应注意其浓度变化。   ( )

5. 化学需氧量是一个条件性指标,其测定结果随所用氧化剂的种类、浓度、反应温度和时间、反应液的酸度及催化剂有无等的变化而不同,必须严格按要求操作,测得结果才有可比性。   ( )

三、问答题

1. 解释 COD 的含义。

2. 简述重铬酸钾法测定化学需氧量的方法原理。

任务三 高锰酸盐指数测定

【任务描述】

高锰酸盐指数(OC)也称为化学需氧量的高锰酸钾法,常常作为地表水体受有机物和还原性无机物质污染程度的综合指标。

本任务通过学习高锰酸盐指数的实验室及在线监测方法,使学员认识水中高锰酸盐指数相关的定义及监测意义,同时,了解水中高锰酸盐指数处理方法的原理,熟练运用不同方法检测水中的高锰酸盐指数。

【相关知识】

一、定义

高锰酸盐指数(OC),是指在酸性或碱性介质中,用高锰酸钾氧化水样中的某些有机物及无机还原性物质,由消耗的高锰酸钾量计算相当的氧量,以氧的 mg/L 来表示。水中的亚硝酸盐、亚铁盐、硫化物等还原性无机物和在此条件下可被氧化的有机物,均可消耗高锰酸钾。

由于在规定条件下,水中有机物只能部分被氧化,易挥发的有机物不包含在测定值之内,因此高锰酸盐指数并不是理论上的需氧量,也不是反映水体中总有机物含量的尺度。用高锰酸盐指数这一术语作为水质的一项指标,以有别于重铬酸钾法的化学需氧量(应用于工业废水),更符合客观实际。

为了避免 Cr(Ⅵ)的二次污染,日本、德国等用高锰酸盐作为氧化剂测定废水中的化学需氧量,但其相应的排放标准偏严。

二、水样的采集与保存

采样后要加入硫酸(1+3),使样品 pH 为 1~2,并尽快分析。如保存时间超过 6 h,则需置暗处,0~5 ℃下保存,不得超过 2 d。

【任务实施】

一、实验室方法测量水样中的化学需氧量

操作准备→样品预处理→样品测定→计算结果→书写报告。

水中高锰酸盐指数的测定方法主要有酸性高锰酸钾氧化法和碱性高锰酸钾氧化法。水

中氯离子含量不超过 300 mg/L 时,采用酸性高锰酸钾法;水中氯离子含量超过 300 mg/L 时,采用碱性高锰酸钾法。

（一）酸性高锰酸钾氧化法

1. 操作准备

（1）仪器及设备

沸水浴装置;250 mL 锥形瓶;50 mL 酸式滴定管;定时钟。

（2）试剂

①高锰酸钾储备液（$1/5KMnO_4 = 0.1$ mol/L） 称取 3.2 g 高锰酸钾溶于 1.2 L 水中,加热煮沸,使体积减小到约 1 L,在暗处放置过夜,用 G3 玻璃砂芯漏斗过滤后,滤液储于棕色瓶中保存。使用前用 0.1000 mol/L 草酸钠标准储备液标定,求得实际浓度。

②高锰酸钾使用液（$1/5KMnO_4 = 0.01$ mol/L） 吸取 100 mL 0.1 mol/L 高锰酸钾液于 1 000 mL 容量瓶中,用水稀释至标线,混匀。此溶液在暗处可保存几个月,使用当天标定其浓度。

③（1 + 3）硫酸 配制时趁热滴加高锰酸钾溶液至呈微红色。

④草酸钠标准储备液（$1/2Na_2C_2O_4 = 0.1000$ mol/L） 称取 0.6705 g 在 120 ℃ 烘干 2 h 并冷却的草酸钠溶于水,移入 100 mL 容量瓶中,用水稀释至标线,混匀,置 4 ℃ 保存。

⑤草酸钠标准使用液（$1/2Na_2C_2O_4 = 0.0100$ mol/L） 吸取 100 mL 上述草酸钠溶液并移入 1 000 mL 容量瓶中,用水稀释至标线,混匀。

2. 操作步骤

（1）样品测定

①分取 100 mL 混匀水样（如高锰酸盐指数高于 10 mg/L,则酌情少取,并用水稀释于 100 mL）于 250 mL 锥形瓶中。加入 5 mL（1 + 3）硫酸,混匀。加入 10.00 mL 0.01 mol/L 高锰酸钾溶液,摇匀,立即放入沸水浴中加热 30 min（从水浴重新沸腾起计时）。沸水浴液面高于反应溶液的液面。

②取出后用滴定管加入 10.00 mL 0.01 mol/L 草酸钠标准溶液至溶液变为无色。趁热用 0.01 mol/L 高锰酸钾溶液滴定至刚出现粉红色,并保持 30 s 不退。记录消耗的高锰酸钾溶液体积。

③空白试验:用 100 mL 水代替样品,按照步骤测定,记录回滴的高锰酸钾溶液体积。

④高锰酸钾溶液浓度的标定:向空白试验滴定后的溶液中加入 10.00 mL 草酸钠标准溶液（0.0100 mol/L）,如果需要将溶液加热到 80 ℃,用 0.01 mol/L 高锰酸钾溶液继续滴定至刚出现微红色,并保持 30 s 不退。记录消耗锰酸钾溶液的体积,按下式求得高锰酸钾溶液的校正系数（K）。

$$K = \frac{10.00}{V}$$

式中 V——高锰酸钾溶液消耗量,mL。

若水样经稀释时,应同时另取 100 mL 水,同水样操作步骤进行空白试验。

（2）结果计算

1）水样不经稀释

$$高锰酸盐指数(O_2,mg/L) = \frac{\left[(10+V_1)K-10\right] \times M \times 8 \times 1\,000}{100}$$

式中　V_1——滴定水样时,高锰酸钾溶液的消耗量,mL;

　　　　K——校正系数;

　　　　M——草酸钠溶液浓度,mol/L;

　　　　8——1/2 氧(O)摩尔质量。

2）水样经稀释

$$高锰酸盐指数(O_2,mg/L) = \frac{\left\{\left[(10+V_1)K-10\right] - \left[(10+V_0)K-10\right] \times C\right\} \times M \times 8 \times 1\,000}{V_2}$$

式中　V_0——空白试验中高锰酸钾溶液消耗量,mL;

　　　　V_2——分取水样量,mL;

　　　　C——稀释的水样中含水的比值,例如,10.0 mL 水样,加 90 mL 水稀释至 100 mL,则 $C=0.90$。

 小提示

①配制较稳定的高锰酸钾溶液。高锰酸钾溶液浓度的高低将影响最终测定的结果,应尽量调节至约 0.0100 mol/L。

②反应体系的酸度维持。采用酸性高锰酸钾氧化法时,反应体系的酸度对整个反应的速度和方向有较大的影响,要求水样的酸度为 0.5～1.0 mol/L,否则将会导致测定结果出现偏差。

③加热时间对测定结果的影响。反应时间的长短将影响反应进行的程度。采用酸性高锰酸钾氧化法测定高锰酸盐指数,只是测得规定时间内高锰酸钾所氧化水样中的还原性物质的量,反应时间将直接影响最终测定的结果。

④严格控制测定条件。高锰酸盐指数是一个相对的条件性指标,是在一定条件下的测定结果。其测定结果与溶液的酸度、高锰酸盐浓度、加热温度和时间有关。测定时必须严格遵守操作规定,使结果具有可比性。

阅读有益

1. 原理

样品中加入已知量的高锰酸钾和硫酸,在沸水浴中加热 30 min,高锰酸钾将样品中的某些有机物和无机还原性物质氧化,反应后加入过量的草酸钠还原剩余的高锰酸钾,再用高锰酸钾标准溶液回滴过量的草酸钠。通过计算求出高锰酸盐指数值。

2. 适用范围

适用于饮用水、水源水和地面水中氯离子含量不超过 300 mg/L 的水样。当水样的高锰酸盐指数值超过 10 mg/L 时,则酌情分取少量试样,并用水稀释后再行测定。

（二）碱性高锰酸钾氧化法

1. 操作准备

（1）仪器及设备

沸水浴装置;250 mL 锥形瓶;50 mL 酸式滴定管;定时钟。

（2）试剂

①高锰酸钾储备液（1/5KMnO$_4$ = 0.1 mol/L）　称取 3.2 g 高锰酸钾溶于 1.2 L 水中,加热煮沸,使体积减小到约 1 L,在暗处放置过夜,用 G3 玻璃砂芯漏斗过滤后,滤液储于棕色瓶中保存。使用前用 0.1000 mol/L 的草酸钠标准储备液标定,求得实际浓度。

②高锰酸钾使用液（1/5KMnO$_4$ = 0.01 mol/L）　吸取 100 mL 0.1 mol/L 高锰酸钾液于 1 000 mL 容量瓶中,用水稀释至标线,混匀。此溶液在暗处可保存几个月,使用当天标定其浓度。

③（1 + 3）硫酸　配制时趁热滴加高锰酸钾溶液至呈微红色。

④草酸钠标准储备液（1/2Na$_2$C$_2$O$_4$ = 0.100 0 mol/L）　称取 0.6705 g 在 120 ℃烘干 2 h 并冷却的草酸钠溶于水,移入 100 mL 容量瓶中,用水稀释至标线,混匀,置 4 ℃保存。

⑤草酸钠标准使用液（1/2Na$_2$C$_2$O$_4$ = 0.010 0 mol/L）　吸取 100 mL 上述草酸钠溶液并移入 1 000 mL 容量瓶中,用水稀释至标线,混匀。

⑥50% 氢氧化钠溶液。

2. 样品测定操作步骤

①分取 100.0 mL 混匀水样（或酌情少取,用水稀释至 100 mL）置于 250 mL 锥形瓶中,加入 0.5 mL 50% 氢氧化钠溶液,摇匀。用滴定管加入 10.00 mL 0.001 mol/L 高锰酸钾溶液。将锥形瓶放入沸水浴中加热 30 min ± 2 min（从水浴重新沸腾起计时）,沸水浴的液面要高于反应液的液面。

②取出后,加入 10 mL ± 0.5 mL（1 + 3）硫酸并摇匀,保证溶液呈酸性,加入 0.0100 mol/L 草酸钠溶液 10.00 mL,摇匀。趁热用 0.01 mol/L 高锰酸钾溶液滴定至刚出现粉红色,并保持 30 s 不退。记录消耗的高锰酸钾溶液体积。

③空白试验:用 100 mL 水代替样品,按照步骤测定,记录回滴的高锰酸钾溶液体积。

④高锰酸钾溶液浓度的标定:向空白试验滴定后的溶液中加入 10.00 mL 草酸钠标准溶液（0.0100 mol/L）,如果需要将溶液加热到 80 ℃,用 0.01 mol/L 高锰酸钾溶液继续滴定至刚出现微红色,并保持 30 s 不退。记录消耗锰酸钾溶液的体积,按下式求得高锰酸钾溶液的校正系数（K）。

$$K = \frac{10.00}{V}$$

式中　V——高锰酸钾溶液消耗量,mL。

若水样经稀释时,应同时另取 100 mL 水,同水样操作步骤进行空白试验。

3. 结果计算

1）水样不经稀释

$$高锰酸盐指数(O_2,mg/L) = \frac{[(10+V_1)K-10] \times M \times 8 \times 1\,000}{100}$$

式中　V_1——滴定水样时,高锰酸钾溶液的消耗量,mL;

　　　K——校正系数;

　　　M——草酸钠溶液浓度,(mol/L);

　　　8——1/2 氧(O)摩尔质量。

2）水样经稀释

$$高锰酸盐指数(O_2,mg/L) = \frac{\{[(10+V_1)K-10]-[(10+V_0)K-10] \times C\} \times M \times 8 \times 1\,000}{V_2}$$

式中　V_0——空白试验中高锰酸钾溶液消耗量,mL;

　　　V_2——分取水样量,mL;

　　　C——稀释的水样中含水的比值,例如,10.0 mL 水样,加 90 mL 水稀释至 100 mL,则 $C=0.90$。

阅读有益

1. 原理

在碱性溶液中,加一定量高锰酸钾溶液于水样中,加热一定时间以氧化水中的还原性无机物和部分有机物。加酸酸化后,用草酸钠溶液还原剩余的高锰酸钾并加入过量,再以高锰酸钾溶液滴定至微红色。

2. 适用范围

适用于氯离子浓度高于 300 mg/L 的水样。

YUEDUYOUYI

二、在线监测方法

高锰酸盐指数在线分析仪监测方法主要有化学测量法和电流/电位滴定法。从分析性能上讲,目前的高锰酸盐指数在线分析仪仅能满足地表水在线自动监测的需要。

1. 仪器原理及方法

定量的水样中加入已知量的高锰酸钾和硫酸,在 5 min 内将消解器中的液体升温到 95 ℃(此温度可以根据海拔高度进行调整),升到此温度后液体在消解器中消解 20 min,其间高锰酸钾将水样中的某些有机物和无机可氧化物质氧化,反应后加入过量的草酸钠还原剩余的高锰酸钾,再用高锰酸钾标准溶液回滴过量的草酸钠。通过计算得到水样中的高锰酸盐指数。

2. 操作方法

(1)仪器初始化

①在仪器初始运行、试剂更换后试剂浓度波动较大或是仪器异常后、仪器检修后,任意一路进样管管内没有试剂时,一般要执行此操作。在仪器停运时间多于 3 d 时,建议把所有试剂的进样管插入蒸馏水中,启动此操作对仪器进行冲洗。

②在仪器待机状态，进入设置界面后，选择"初始装液"按钮，即刻完成。

③在待机状态，点击"滴定量标定"按钮，完成滴定系统进液。

（2）空白校准

①在仪器初始运行并执行完仪器初始化操作后，或是在设定的空白校准周期内。

②在仪器待机状态，进入设置界面后，点击"空白样标定"，按"即刻测量"键，完成空白样标定；在仪器待机状态，仪器时钟到达设定的标定周期，也可以启动校准程序。

（3）参数设置

参考参数设定，将试剂浓度"c"设置成与所配滴定液浓度相同。

（4）测量

①在仪器进行测量运行前，请确保仪器已经执行上述（1）—（3）操作。

②在仪器待机状态，进入设置界面后，点击"即刻测量"可以即刻启动测量程序；在仪器待机状态，仪器时钟到达设定的采样测量时刻，也可以启动测量程序。

（5）日常维护

①定期检查并补充各试剂。

②定期检查废液瓶内废液存量，并及时处理排除，切勿造成废液溢流。

③定期检查潜水泵进出水口，并确保顺畅。

④定期检查计量管洁净程度，当计量高位或低位信号任意一路信号低于 600 时，请执行"即刻清洗"，如清洗结束后，计量管仍然无法清除干净，请关机后把计量管拆下手动刷洗。

⑤配置试剂时，一定要按照说明书的配置方法进行，否则有可能在加热器内产生黑色不溶结晶，严重时会造成设备管路堵塞。

 小提示

仪器在异常时会蜂鸣报警，并中断所有正在运行的程序，直到排除仪器故障后进行复位操作，仪器才能恢复正常运行。常见故障及排除见表4-3-1。

表4-3-1　常见故障及排除

异常信息	原因	措施
加热器上限报警	热电偶损坏 热电偶连接松动 加热管漏液	联系客户维修部门
泵 1 抽取液体故障	试剂瓶无相应的样品 管路堵塞 计量管光电异常	按下"确认"键检查对应的样品量是否充足 检查水泵的两个出水口是否畅通 补充试剂，检查计量管有无异物挡住光源 联系客户维修部门
滴定溢出故障	滴定液配置的浓度偏低 水样待测浓度太高，超出测量范围 测量光电异常	重新配置滴定液 联系客户维修部门

续表

异常信息	原因	措施
光电报警	标定单元故障 计量控制单元故障 测量单元故障 光电系统损坏	检查每个单元的光电位置有无异物挡住光源 检查测量光源连接线是否松动 光源损坏 联系客户维修部门
加热器故障	加热丝损坏 温控损坏	联系客户维修部门

【任务评价】

任务三 高锰酸盐指数测定评价明细表

序号	考核内容	评分标准	分值	小组评	教师评
1	理论知识 （35分）	高锰酸盐指数的定义	5		
		酸性高锰酸钾氧化法的测定原理	10		
		酸性高锰酸钾氧化法的适用范围	10		
		碱性高锰酸钾氧化法的测定原理	5		
		碱性高锰酸钾氧化法的适用范围	5		
2	基本技能 （55分）	实验试剂的配制	5		
		酸性高锰酸钾氧化法的操作步骤	15		
		碱性高锰酸钾氧化法的操作步骤	10		
		高锰酸盐指数在线分析仪的操作步骤	15		
		高锰酸盐指数在线分析仪的常见故障及排除	10		
3	环保安全 文明素养 （10分）	环保意识	4		
		安全意识	4		
		文明习惯	2		
4	扣分清单	迟到、早退	1分/次		
		旷课	2分/节		
		作业或报告未完成	5分/次		
		安全环保责任	一票否决		
考核结果					

【任务检测】

一、判断题

1. 高锰酸盐指数适用于表征工业废水中的有机污染物和还原性无机物污染。 （　　）

2. 酸性高锰酸钾氧化法适合盐水中有机物含量的测定。 （　　）

二、选择题

1. 酸性高锰酸钾氧化法适用于氯离子质量浓度不超过(　　)mg/L 的水样。

A. 600　　　　　　　　B. 500　　　　　　　　C. 1000　　　　　　　　D. 300

2. 对同一水样，下列关系正确的是(　　)。

A. $COD_{Mn} > CODcr$　　　　　　　　　　B. $CODcr > COD_{Mn}$

C. $COD_{Mn} = CODcr$　　　　　　　　　　D. B、C 都有可能

3. 盛高锰酸钾溶液的试剂瓶中产生的棕色污垢可以用(　　)洗涤。

A. 稀硝酸　　　　　　　B. 草酸　　　　　　　C. 碱性乙醇　　　　　　D. 铬酸洗液

4. 配制高锰酸钾溶液加热煮沸主要是为了(　　)。

A. 将溶液中还原物质转化　　　　　　　　B. 助溶

C. 杀灭细菌　　　　　　　　　　　　　　D. 析出沉淀

三、简答题

什么是高锰酸盐指数？适用于哪些水的测定？

任务四　TOC 测定

【任务描述】

总有机碳是反映水质受到有机物污染的替代水质指标之一，与其他水质替代指标一样，它不反映水质中那些具体的有机物的特性，而是反映各个污染物中所含碳的量，其数量越高，表明水受到的有机物污染越多。在日常检测中，一般水体的总有机碳或溶解性有机碳变化不会太大，一旦有突发性的增加，表明水质受到意外的污染。

本任务通过学习总有机碳的实验室及在线监测方法，使学员认识污废水中总有机碳的相关定义及监测意义，同时，了解污废水中总有机碳的处理方法的原理，熟练运用不同方法检测污废水中的总有机碳。

【相关知识】

一、定义

总有机碳(TOC)，是以碳的含量表示水体中有机物质总量的综合指标。TOC 的测定采

用燃烧法,能将有机物全部氧化,它比 BOD_5 或 COD 更能直接表示有机物的总量,常常被用来评价水体中有机物污染的程度。

TOC 是将水样中有机物中的碳通过燃烧或化学氧化转化成二氧化碳,通过红外吸收测定二氧化碳的量,从而测定有机物中的总有机碳。总有机碳包含了水中悬浮的或吸附于悬浮物上的有机物中的碳和溶解于水中的有机物的碳,后者称为溶解性有机碳(DOC)。

国家标准对测定总有机碳的燃烧氧化-非分散红外吸收法进行了规定。

二、水样的采集与保存

水样采集后,必须储存于棕色玻璃瓶中。常温下水样可保存 24 h,如不能及时分析,水样可加硫酸使其 pH 值调至≤2,并在 4 ℃冷藏,可保存 7 d。

【任务实施】

一、实验室方法测量水样中的总有机碳

近年来,国内外已研制成各种类型的 TOC 分析仪。按工作原理不同,TOC 测定方法可分为非分散红外吸收法、电导法、气相色谱法等。其中,非分散红外吸收法流程简单、重现性好、灵敏度高,这种 TOC 分析仪广为国内外所采用。

我国标准分析方法 TOC 的测定为非分散红外吸收法,按测定 TOC 值的方法原理可分差减法和直接法。

1. 操作准备

(1)仪器及设备

非分散红外吸收 TOC 分析仪。工作条件如下:

①环境温度:5 ~ 35 ℃。

②工作电压:仪器额定电压,交流电。

③总碳燃烧管温度及无机碳反应管温度选定:按仪器说明书规定的仪器条件设定。

④载气流量:150 ~ 180 mL/min,按仪器说明书规定的仪器条件设定。

(2)试剂

除另有说明外,均为分析纯试剂,所用水均为无二氧化碳蒸馏水。

①无二氧化碳蒸馏水 将重蒸馏水在烧杯中煮沸蒸发(蒸发量10%)稍冷,装入插有碱石灰管的下口瓶中备用。

②邻苯二甲酸氢钾($KHC_8H_4O_4$) 优级纯。

③无水碳酸钠(Na_2CO_3) 优级纯。

④碳酸氢钠($NaHCO_3$) 优级纯,存放于干燥器中。

⑤有机碳标准储备溶液, $c = 400$ mg/L 称取邻苯二甲酸氢钾(预先在 110 ~ 120 ℃干燥2 h,置于干燥器中冷却至室温)0.850 0 g,溶解于水中,移入 1 000 mL 容量瓶内,用水稀释至标线,混匀。在低温(4 ℃)冷藏条件下可保存 48 d。

⑥有机碳标准溶液, $c = 100$ mg/L 准确吸取 25.00 mL 有机碳标准储备溶液,置于 100

mL 容量瓶内，用水稀释至标线，混匀。此溶液用时现配。

⑦无机碳标准储备溶液，$c = 400$ mg/L　称取碳酸氢钠（预先在干燥器中干燥）1.400 g 和无水碳酸钠（预先在 270 ℃下干燥 2 h，置于干燥器中，冷却至室温）1.770 g 溶解于水中，转入 1 000 mL 容量瓶内，稀释至标线，混匀。

⑧无机碳标准溶液，$c = 100$ mg/L　准确吸取 25.00 mL 无机碳标准储备溶液，置于 100 mL 容量瓶中，用水稀释至标线，混匀。此溶液用时现配。

2. 操作步骤

1) 仪器的调试

按说明书调试 TOC 分析仪及记录仪或微机数据读取系统。选择好灵敏度、测量范围挡、总碳燃烧管温度及载气流量，仪器通电预热 2 h，至红外线分析仪的输出、记录仪上的基线趋于稳定。

2) 干扰的排除

水样中常见共存离子含量超过干扰允许值时，会影响红外线的吸收。这种情况下，必须用无二氧化碳蒸馏水稀释水样，至各共存离子含量低于其干扰允许浓度后，再行分析。

3) 进样

①差减测定法　经酸化的水样，在测定前以氢氧化钠溶液中和至中性，用 50.00 μL 微量注射器分别准确吸取混匀的水样 20.0 μL，依次注入总碳燃烧管和无机碳反应管，测定记录仪上出现的相应的吸收峰峰高或峰面积，下同。

②直接测定法　将用硫酸已酸化至 pH≤2 的约 25 mL 水样移入 50 mL 烧杯中［加酸量为每 100 mL 水样中加 0.04 mL 硫酸(1 + 1)］，已酸化的水样可不再加，在磁力搅拌器上剧烈搅拌几分钟或向烧杯中通入无二氧化碳的氮气，以除去无机碳。吸取 20.0 μL 经除去无机碳的水样注入总碳燃烧管，测量记录仪上出现的吸收峰峰高。

4) 空白试验

按 3) 中①或②所述步骤进行空白试验，用 20.0 μL 无二氧化碳水代替试样。

5) 校准曲线的绘制

在每组 6 个 50 mL 具塞比色管中，分别加入 0、2.50、5.00、10.00、20.00、50.00 mL 有机碳标准溶液、无机碳标准溶液，用蒸馏水稀释至标线，混匀配制成 0、5.0、10.0、20.0、40.0、100.0 mg/L 的有机碳和无机碳标准系列溶液。然后按 3) 的步骤操作。从测得的标准系列溶液吸收峰峰高，减去空白试验吸收峰峰高，得校正吸收峰峰高，由标准系列溶液浓度与对应的校正吸收峰峰高分别绘制有机碳和无机碳校准曲线。也可按线性回归方程的方法，计算出校准曲线的直线回归方程。

 小提示

①检测水样含有不溶性微粒时必须使用过滤器，过滤器的滤膜孔径应小于等于 60 μm。

②长期不使用仪器，则将进样管用封口膜封住，防止污染。

③仪器内部管路中有气泡时，检测数据会受到干扰。若观测到透明的 Teflon 管中有气

泡时应用纯水冲洗管路直到气泡完全排出。

④仪器正常运行时排液管应有水滴出。若排液管不能正常出水,说明管路堵塞或管路内含有较多气泡,应逐步检测管路。可连接注射器将管路中气泡或堵塞物抽出,使管路通畅。

阅读有益

1. 原理

(1) 差减法测定总有机碳

将试样连同净化空气(干燥并除去二氧化碳)分别导入高温燃烧管中,经高温燃烧管的水样受高温催化氧化,使有机化合物和无机碳酸盐均转化成为二氧化碳,经低温反应管的水样受酸化而使无机碳酸盐分解成二氧化碳,其所生成的二氧化碳依次引入非分散红外线检测器。因一定波长的红外线被二氧化碳选择吸收,在一定浓度范围内二氧化碳对红外线吸收的强度与二氧化碳的浓度成正比,故可对水样总碳(TC)和无机碳(IC)进行定量测定。总碳与无机碳的差值,即为总有机碳。

(2) 直接法测定总有机碳

将水样酸化后曝气,将无机碳酸盐分解生成二氧化碳去除,再注入高温燃烧管中,可直接测定总有机碳。在曝气过程中会造成水中挥发性有机物的损失而产生测定误差,其测定结果只是不可吹出的有机碳,而不是 TOC。

2. 适用范围

燃烧氧化-非分散红外吸收法适用于工业废水、生活污水及地表水中总有机碳的测定,测定浓度范围为 0.5 ~ 100 mg/L,高浓度样品可进行稀释测定,检测下限为 0.5 mg/L。

二、在线监测 TOC

TOC 分析仪一般分为干法和湿法两种。

1. 干法

(1) TOC 仪工作流程

仪器工作时样品通过八通阀、注射器泵注射到燃烧管中,供给纯氮气并以 680 ℃ 的温度燃烧氧化,生成二氧化碳和水,导入电子冷凝器分离出水分,二氧化碳则送入 NDIR(non-dispersive infrared radiation) 检测器中检测 CO_2 的量。根据 Lambert-Beer's 定律,CO_2 吸收红外线之量与其浓度成正比,测量 CO_2 吸收红外线的量即可得知 CO_2 的浓度。NDIR 是以非散布法(non-dispersive method)来测量红外线的吸收,即其光源所发出的红外线并非如光谱般散布,而是两道平行的光线,一道通过样品池,称为测量光径;另一道通过参比池,称为参比光径。样品池内的气体来自样品气体,红外线通过时会被样品气体中的 CO_2 吸收;而参比池内的气体为 N_2,红外线可完全通过不被吸收。监测器以金属隔板分成两室。光源所发出的两道光线通过样品池及参比池后,分别进入监测器内的两室,监测器内的 CO_2 吸收红外线并转为热能,两室热能不同而有温度差或压力差,此压力差会使金属隔板产生变形而改变电容器[由金属隔板及抗电极(opposing electrode)所组成]的电容,进而改变电压,电压经增幅器(amplifier)予以增幅、整流,再将信号传至 CPU,TOC 分析仪工作流程及样品采样单元如图

4-4-1、图4-4-2所示。

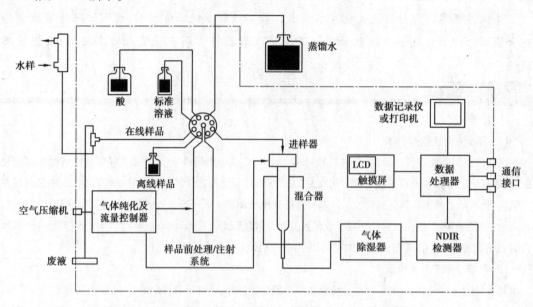

图 4-4-1　TOC 分析仪工作流程

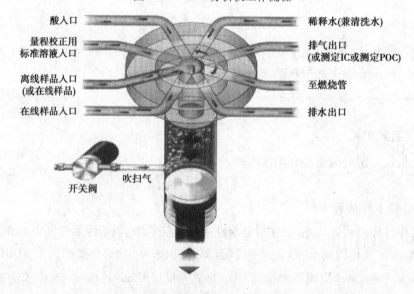

图 4-4-2　TOC 分析仪样品采样单元

（2）操作步骤

操作 TOC 分析仪之前应认真阅读说明书，掌握仪器的操作方法和注意事项，对拆卸、更换设备部件的操作则需要经过厂家的认真培训才能操作。一般对 TOC 的操作主要包括仪器参数的设定、仪器的校准、仪器的维护和故障处理等。

 小提示

TOC 分析仪故障处理见表 4-4-1。

表 4-4-1 TOC 分析仪故障处理

相关项目	标准	维护方法
CO₂ 吸收器 1（载气精制用）	若载气为压缩空气,约 2 个月更换一次	到期及时更换新的
	若载气为氮气,约 1 年更换一次	
CO₂ 吸收器 2（光学系清扫用）	约 1 年更换一次	到期及时更换新的
蒸馏水	一标准桶(10 L)约用 40 d(与用量有关)	剩水不多时,更换新的
盐酸	一标准桶(2 L)约用一年(与用量有关)	剩下不多时,及时加入
标准溶液	一标准桶(500 L)约用 30 d(与用量有关)	剩下不多时或已超过 30 d 后,更换新的
加湿器	里边的蒸馏水应保持在上、下标线之间	若蒸馏水面低于下标线,须补充蒸馏水至上标线
B 型卤素洗涤器	里边的蒸馏水应保持在将进气管底端浸入水中	若蒸馏水水面低于进气管底端,须加入蒸馏水到将进气管底端浸入水中同时水面应低于出气管口
卤素洗涤器	内部的吸收剂不能完全变黑	若内部的吸收剂从入口发黑变色到出口,则须更换新的
冷凝水容器	里边的蒸馏水应保持在溢流管口的近处约 10 mm 以内	若蒸馏水面较低时,须补充蒸馏水至溢流管口位置
白金催化剂	不能发白或破碎	若催化剂发白或破碎,须清洗或更换
燃烧管	透明,不漏气	若只透明,但不漏气,则清洗即可。若漏气须更换
载气精制管(L 型)	不能破碎或有裂缝漏气	若破碎或有裂缝漏气须更换
注射器的柱塞头	不能因磨损产生裂缝而导致泄漏	若吸入试样时在柱塞头附近产生气泡或送出试样时从筒的下部泄漏试样,须更换新的
滑动式试样注入部的垫圈	不能漏气	若漏气时两个垫圈(一个白色的、一个黑色的)一起更换
需经常关注的项目	试样水是不是能正常取到	检查管道是否堵塞、泵抽水与取样是否匹配等
	载气气源供应是否正常	如是钢瓶供气,注意气体是否将要用完,气体是否泄漏等
	自来水供应是否正常	注意自来水开关应保持在常开状态等

阅读有益

非分散红外线吸收法的原理

样品通过注射器泵注射到燃烧管中,在催化条件下($680 \sim 900$ ℃)燃烧氧化,生成二氧化碳和水,在载气推动下导入电子冷凝器分离出水分,二氧化碳则送入非分散红外线检测器(NDIR)中检测二氧化碳的量,从而换算水样中 TOC 浓度。该方法测量速度快、试剂用量少。目前采用此方法的厂家较多,主要有日本岛津和日本东力公司等。

2. 湿法

操作湿法 TOC 应认真阅读说明书,掌握仪器的操作方法和注意事项,对拆卸、更换设备部件的操作则需要经过厂家的认真培训才能操作。一般对 TOC 的操作主要包括仪器参数的设定、仪器的校准、仪器的维护和故障处理等。

①仪器参数的设定　在使用 TOC 分析仪之前应进行相关参数的设定。设定参数主要有分析周期(或分析频次)、测量范围、报警限值、系统时间等,设定方法参照说明书。

②仪器的校准　TOC 分析仪在使用前需要对工作曲线进行校准,在使用中需要定期校准。校准时将标准溶液从水样进样口导入,并按照说明书逐点进行校准。TOC 分析仪用于测量 COD 时是非标准方法,在使用前和使用中需要与标准方法进行大量对比,确保测量结果准确。

③仪器的维护　TOC 分析仪在使用中应严格按照说明书要求定期维护,以保证仪器正常工作,一般 TOC 分析仪应定期进行以下维护:

a. 定期添加试剂,约 30 d 一次,根据单次用量、分析频次确定。

b. 定期清洗采水系统,约每周一次。

c. 定期进行校准。

④故障处理　在 TOC 分析仪仪器运营维护过程中,个别仪器可能要出现故障。对一般的故障,运营人员应及时处理,快速恢复仪器运行;对复杂的故障,运营人员应及时与生产厂家联系,及时修复仪器,如不能及时修复的,应提供备用机,保证系统连续运行。

阅读有益

湿法原理

在仪器控制下水样被导入反应池,在紫外光照射下,水样中的有机物被催化(催化剂为 TiO_2 悬浊液)氧化(过硫酸盐)成二氧化碳和水,生成的气体通过冷却并除去水蒸气后进入双光束非分散红外检测器(NDDIR),氧化反应完成后,系统中的 CO_2 达到平衡,根据 CO_2 的含量换算成水样的 TOC。湿法 TOC 无高温部件,相对干法 TOC 故障率低,但灵敏度较低。

【任务评价】

任务四　TOC测定评价明细表

序号	考核内容	评分标准	分值	小组评	教师评
1	理论知识 （30分）	TOC的定义	5		
		差减法的测定原理	10		
		直接法的测定原理	10		
		燃烧氧化-非分散红外吸收法测定TOC的适用范围	5		
2	基本技能 （60分）	实验试剂的配制	5		
		差减法的操作步骤	15		
		直接法的操作步骤	15		
		干法TOC分析仪的操作步骤	10		
		干法TOC分析仪故障处理	5		
		湿法TOC分析仪的操作步骤	10		
3	环保安全 文明素养 （10分）	环保意识	4		
		安全意识	4		
		文明习惯	2		
4	扣分清单	迟到、早退	1分/次		
		旷课	2分/节		
		作业或报告未完成	5分/次		
		安全环保责任	一票否决		
	考核结果				

【任务检测】

一、判断题

1. 我国标准分析方法TOC的测定非分散红外吸收法，测定浓度范围为 $0.5 \sim 60$ mg/L，检测下限为 0.5 mg/L。　　　　　　　　（　　）

2. 当分析含高浓度阴离子的水样时，不影响红外吸收，对测定结果无影响。　（　　）

3. 非分散红外吸收法的有机碳和无机碳的标准储备液由邻苯二甲酸氢钾和无水硫酸钠配制而成。　　　　　　　　　　　　　　（　　）

二、简答题

1. 简述我国标准分析方法非分散红外线吸收法中差减法测定总有机碳的原理。

2. 简述我国标准分析方法非分散红外线吸收法中直接法测定总有机碳的原理。

3. 直接法测定总有机碳方法即将水样酸化曝气,测定结果是否是全部有机碳? 为什么?

任务五　水中石油类测定

【任务描述】

2011 年 6 月,中海油与美国康菲合作开发的渤海蓬莱 19 - 3 油田发生溢油事件,这是近年来中国第一起大规模海底油井溢油事件。据康菲石油中国有限公司统计,共有约 700 桶原油渗漏至渤海海面,另有约 2 500 桶矿物油油基泥浆渗漏并沉积到海床。国家海洋局表示,这次事故造成 5 500 km² 海水受污染,大致相当于渤海面积的 7%。其中,840 km² 海域海水受到严重污染,石油类含量劣于第四类海水水质标准;海水中石油类含量最高为 1 280 μg/L,超背景值高达 53 倍。除了对海洋环境造成严重污染,溢油事故对沿海的渔民和养殖户造成了毁灭性打击。污染发生后,山东、河北、天津附近海域养殖的扇贝出现大面积死亡,经历了多年绝收,有的养殖户为此倾家荡产。

本任务通过学习水中油的实验室及在线监测方法,使学员认识污废水中油的相关定义及监测意义,了解污废水中油的处理方法的原理,熟练运用不同方法检测污废水中油。

【相关知识】

水中石油类的定义

环境水中石油类来自工业废水和生活污水的污染。工业废水中石油类(各种烃类的混合物)污染物主要来自原油的开采、加工、运输以及各种炼制油的使用等行业。石油类碳氢化合物漂浮于水体表面,将影响空气与水体界面氧的交换。分散于水中以及吸附于悬浮微粒上或以乳化状态存在于水中的油,被微生物氧化分解,将消耗水中的溶解氧,使水质恶化。

石油类中所含的芳烃类虽较烷烃类少,但其毒性大得多。

阅读有益

本任务所述的石油类是指在规定条件下能被特定溶剂萃取并被测量的所有物质,包括被溶剂从酸化的样品中萃取并在试验过程中不挥发的所有物质。随测定方法不同,矿物油中被测定的组分也不同。

质量法是常用的分析方法,它不受油品种限制,但操作繁杂,灵敏度低,只适于测定 10 mg/L 以上的含油水样。其精密度随操作条件和熟练程度的不同差别很大。

红外分光光度法适用于 0.01 mgL 以上的含油水样,该方法不受油的种类的影响,能比较准确地反映水中石油类的污染程度。

非分散红外法适用于测定 0.02 mg/L 以上的含油水样,当油品的比吸光系数较为接近时,测定结果的可比性较好。油品相差较大,测定的误差也较大,尤其当油样中含芳烃时误差要更大些,此时要与红外分光光度法相比较。同时要注意消除其他非烃类有机物的干扰。

【任务实施】

一、实验室方法测量水中油

(一)质量法

1.操作准备

(1)仪器

①分析天平。

②恒温箱。

③恒温水浴锅。

④1 000 mL 分液漏斗。

⑤干燥器。

⑥直径 11 cm 中速定性滤纸。

(2)试剂

①石油醚:将石油醚(沸程 30~60 ℃)重蒸馏后使用。100 mL 石油醚的蒸下残渣不应大于 0.2 mg。

②无水硫酸钠,在 300 ℃马福炉中烘 1 h,冷却后装瓶备用。

③(1+1)硫酸。

④氯化钠。

2.操作步骤

①在采样瓶上作一容量记号后(以便测量水样体积),将所收集的大约 1 L 经酸化的水样(pH<2),全部转移至 1 000 mL 分液漏斗中,加入氯化钠,其量约为水样量的 8%。用 25 mL石油醚洗涤采样瓶并转入分液漏斗中,充分振摇 3 min,静置分层并将水层放入原采样瓶内,石油醚层转入 100 mL 锥形瓶中。用石油醚重复萃取水样两次,每次用量 25 mL,合并 3 次萃取液于锥形瓶中。

②向石油醚萃取液中加入适量无水硫酸钠(加入至不再结块为止),加盖后,放置 0.5 h 以上,以便脱水。

③用预先以石油醚洗涤过的定性滤纸过滤,收集滤液于 100 mL 已烘干至恒重的烧杯中,用少量石油醚洗涤锥形瓶、硫酸钠和滤纸,洗涤液并入烧杯中。

④将烧杯置于 65 ℃ ±5 ℃水浴上,蒸出石油醚。近干后再置于 65 ℃ ±5 ℃恒温箱内烘干 1 h,然后放入干燥器中冷却 30 min,称量。

3.计算

$$油(mg/L) = \frac{(m_1 - m_2) \times 10^6}{V}$$

式中　m_1——烧杯加油总质量,g;

　　　m_2——烧杯质量,g;

V——水样体积,mL。

水中石油类测定原理

以盐酸酸化水样,用石油醚萃取矿物油,蒸除石油醚后,称其质量。

【知识拓展】

一、红外分光光度法测定水中石油类

1. 方法原理

用四氯化碳萃取水中的油类物质,测定总萃取物,然后将萃取液用硅酸镁吸附,去除动、植物油等极性物质后,测定石油类。总萃取物和石油类的含量均由波数分别为 2 930 cm^{-1}(CH$_2$ 基团中 C-H 键的伸缩振动)、2 960 cm^{-1}(CH$_3$ 基团中 C-H 键的伸缩振动)和3 030 cm^{-1}(芳香环中 C-H 键的伸缩振动)谱带处的吸光度 A_{2930}、A_{2960} 和 A_{3030} 进行计算。动、植物油的含量为总萃取物与石油类含量之差。

2. 干扰及消除

本方法不受油品的影响。

3. 方法的适用范围

本方法适用于地表水、地下水、生活污水和工业废水中石油类和动、植物油的测定。样品体积为500 mL,使用光程为 4 cm 的比色皿时,方法的检出限为0.1 mg/L;样品体积为 5 L 时,其检出限为 0.01 mg/L。

4. 测定

以四氯化碳作参比溶液,使用适当光程的比色皿,从 3 200 ~ 2 700 cm^{-1} 分别对标准油使用液、萃取液和硅酸镁吸附后滤出液进行扫描,在扫描区域内划一直线作基线,测量在 2 930 cm^{-1} 处的最大吸收峰值,并用此吸光度减去该点基线的吸光度。以标准油使用液的吸光度为纵坐标、浓度为横坐标,绘制校准曲线。从校准曲线上分别查得萃取液和硅酸镁吸附后滤出液中总萃取物和石油类的含量,按总萃取物与石油类含量之差计算动、植物油的含量。

二、非分散红外光度法测定水中石油类

1. 方法原理

本方法利用油类物质的甲基(-CH$_3$)和亚甲基(-CH$_2$)在近红外区(2 930 cm^{-1}或3.4 μm)的特征吸收进行测定。标准油为污染源油(受污染地点水样的溶剂萃取物),或将正十六烷、异辛烷和苯按65∶25∶10 的比例配制。

2. 干扰

本方法有一定的选择性,所有含甲基、亚甲基的有机物都将引起干扰。对动、植物性油脂以及脂肪酸物质引起的干扰,可采用预分离方法去除,但要加以说明。

当水样中石油类正构烷烃、异构烷烃和芳香烃的比例含量与标准油相差较大时,测定误

差也较大,这时要采用红外分光光度法测定。

3. 方法的适用范围

本方法适用于地表水、地下水、生活污水和工业废水中石油类和动、植物油的测定,水样体积为 0.5~5 L 时,测定范围为 0.02~1 000 mg/L。

当水样中含有大量芳烃及其衍生物时,需与红外分光光度法进行对比试验。

4. 测定

按仪器规定调整校正仪器,根据仪器的测量步骤,分别测定萃取液和硅酸镁吸附后的滤出液中总萃取物石油类的含量,按总萃取物与石油类含量之差计算动、植物油的含量。

三、在线监测水中石油类

1. 仪器组成

水中油在线分析仪的电极原理如图4-5-1所示。

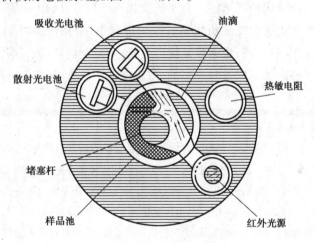

图 4-5-1　电极原理

以美国 ISI 公司 BA – 200 型水中油分析仪为例,仪器采用红外光度法和红外光散射法相结合实现水中油的测定,可以有效消除浊度影响。仪器能自动清洗光学部件。

仪器主要性能指标如下:

①测量范围:2~500 mg/L。

② 测量精度:$\leqslant 100 \times 10^{-6}$, $\pm 2 \times 10^{-6}$; $> 100 \times 10^{-6}$, $\pm 10 \times 10^{-6}$。

③重复性:$\pm 2 \times 10^{-6}$。

④ 重复频率:7 次/min。

⑤样品流速:$0 \sim 11.4 \ m^3/h$。

2. 仪器操作及维护

操作水中油在线分析仪之前应认真阅读仪器的使用说明书,最好经过生产厂家的认真培训。水中油在线分析仪的操作内容主要包括仪器参数的设定、仪器的校准、仪器的维护和故障处理等。

①仪器参数的设定　设定参数主要有分析周期(或分析频次)、测量范围、报警限值、系统时间等,设定方法参照说明书。

②**仪器的校准**　水中油在线分析仪在使用前需要对工作曲线进行校准,在使用中需要定期校准。校准前应先配制不同浓度的标准溶液,可根据仪器的需要进行一点校准或多点校准。校准时将标准溶液从水样进样口导入,并按照说明书逐点进行校准。

③**仪器的维护**　水中油在线分析仪在使用中应严格按照说明书要求定期维护,以保证仪器正常工作,一般水中油在线分析仪需定期进行以下维护:

a.定期添加试剂,添加频次根据单次试剂用量、分析频次和试剂容器容量来确定。

b.定期更换泵管,防止泵管老化而损坏仪器。更换频次每3~6个月一次,与分析频次有关,主要参照使用说明书。

c.定期清洗采样头,防止采样头堵塞而采不上水,一般2~4周清洗一次,主要根据水质情况而定,水质越差清洗周期越短。

d.定期校准工作曲线,以保证测量结果准确,一般每3个月或半年校准一次,主要参照使用说明书和现场水质变化情况来定。对水质变化大的地方,应相应缩短校准周期。

④**故障处理**　在水中油在线分析仪运营维护过程中,个别仪器可能会出现故障。对一般的故障,运营人员应及时处理,快速恢复仪器运行;对复杂的故障,运营人员应及时与生产厂家联系,及时修复仪器,如不能及时修复的,应提供备用机,保证系统连续运行。

阅读有益

水中油在线分析仪工作原理

紫外光度法是借助于油品中含有在紫外区有特征吸收的共轭双键有机化合物,如芳烃化合物,通过测定芳烃的含量来确定相应的油含量。荧光法原理上是通过用特征紫外照射水样,然后油分中的分子会产生荧光,荧光强度与相应的油分有线性关系。非分散红外光度法是利用石油烃中的甲基、次甲基在近红外波长区的特征吸收,作为测量污水中油含量的基础。采用四氯化碳(或三氟三氯乙烷)为溶剂,从水样中富集提取石油烃,并调整油品在四氯化碳中的浓度范围,令它符合比耳定律,然后进行定量测定。

YUEDUYOUYI

【任务评价】

任务五　水中石油类测定评价明细表

序号	考核内容	评分标准	分值	小组评价	教师评价
1	基本知识 (30分)	水中石油类的定义及监测意义	5		
		水中石油类测定原理	15		
		水中石油类监测设备工作原理	10		
2	基本技能 (60分)	水中石油类测定试剂的配制	5		
		水中石油类监测的操作步骤	15		
		水中石油类监测设备的使用	30		
		水中石油类监测设备的维护	10		

序号	考核内容	评分标准		分值	小组评价	教师评价
3	环保安全 文明素养 （10分）	环保意识		4		
		安全意识		4		
		文明习惯		2		
4	扣分清单	迟到、早退		1分/次		
		旷课		2分/节		
		作业或报告未完成		5分/次		
		安全环保责任		一票否决		
考核结果						

【任务检测】

一、选择题

红外光度法所用萃取溶剂为四氯化碳,也可采用低毒的(   )来代替。

A. 三氯甲烷　　　　B. 三氯三氟甲烷　　　　C. 三氯乙烷　　　　D. 三氯三氟乙烷

二、填空题

1. 四氯化碳试剂应在(   )之间扫描。其吸光度应不超过(   )(1 cm 比色皿,空气池作参比)。

2. 红外分光光度法测定石油类和动、植物油的步骤:直接萃取是将一定体积的水样(   )倾入分液漏斗中,加(   )酸化至(   ),用(   )mL 四氯化碳洗涤采样瓶后移入分液漏斗中,加(   )~(   )g 氯化钠,充分振摇(   )~(   )min,并经常排气,静置分层后,经(   )mm 厚度的无水硫酸钠层过滤于容量瓶中,重复一次,定容至标线。

三、判断题

1. 油类物质要单独采样,不允许在实验室内分样。   (   )

2. 无水硫酸钠应在高温炉内 500 ℃ 加热 2 h。   (   )

四、简答题

1. 标准分析方法适用于哪几种水质的石油类和动、植物油的测定?

2. 红外分光光度法测定石油类和动、植物油的原理是什么?

五、计算题

取某工厂废水 500 mL,萃取后定容于 100 mL 容量瓶中,分成各 50 mL 测定总萃取物和石油类,测得 2 930 cm^{-1} 浓度为 24.9 mg/L 和 24.0 mg/L,2 960 cm^{-1} 浓度为 17.6 mg/L 和 17.8 mg/L,3 030 cm^{-1} 未检出,求样品的总萃取物和石油类的含量,并说明该样品符合几级污水排放标准。

任务六　氨氮测定

【任务描述】

氨为无色有强烈刺激臭味的气体,易溶于水、乙醚和乙醇中。氨的水溶液称为氨水。氨对水生物等的毒性由溶解的非离子氨造成,而离子氨则基本无毒。鱼类对非离子氨比较敏感。为保护淡水水生物,水中非离子氨的浓度应低于 0.02 mg/L。

本任务通过学习水中氨氮的实验室及在线监测方法,使学员认识污废水中氨氮及其化合物的相关定义及监测意义,同时,了解污废水中氨氮及其化合物的处理方法,熟练运用不同方法检测污废水中的氨氮。

【相关知识】

一、氨氮的定义

氨氮是以游离态氨(或称非离子氨,NH_3)或离子氨(NH_4^+)形态存在的氮。人们对水和废水中关注的几种形态的氮是硝酸盐氮、亚硝酸盐氮、氨氮和有机氮。通过生物化学作用,它们是可以相互转化的。

当氨溶于水时,其中一部分氨与水反应生成氨离子,一部分形成水合氨(非离子氨),其化学成分平衡可用下列方程简化表示:

$$NH_3(g) + nH_2O \Longrightarrow NH_3 \cdot nH_2O(aq) \Longrightarrow NH_4^+ + OH^- + (n-1)H_2O$$

式中,$NH_3 \cdot nH_2O(aq)$ 表示与水松散结合的非离子化氨分子,以氢键结合的水分子至少多于 3,为方便起见,溶解的非离子氨用 NH_3 表示,离子氨用 NH_4^+ 表示,总氨值指 NH_3 和 NH_4^+ 之总和。

阅读有益

地面水和废水中天然地含有氨。氨以氮肥等形式施入耕地中,随地表径流进入地面水。含氮有机物的分解产物,是氨广泛存在于江河、湖海中的主要原因。但在地下水中它的浓度很低,因为它被吸附到土壤颗粒和黏土上,不容易从土壤中沥滤出来。

氨的工业污染来源于肥料生产、硝酸、炼焦、硝化纤维、人造丝、合成橡胶、碳化钙、染料、清漆、烧碱、电镀及石油开采和石油生产加工过程。

二、水样的采集与保存

水样采集后应尽快分析,并立即破坏余氯,以防止它与氨反应(0.5 mL0.35% 硫代硫酸钠可除去 0.25 mg 余氯）。如需保存，应加硫酸使水样酸化至 pH < 2,2 ~ 5 ℃下可保存 7 d。某些废水样需更浓的硫酸才能达到这个 pH 值。在测定前，要用碱中和。有文献建议每升水加入 20 ~ 40 mgHgCl$_2$ 保存。

三、样品的预处理

为了获得准确的结果，建议将样品预先蒸馏处理。在已调至中性的水样中，加入磷酸盐缓冲溶液，使 pH 保持在 7.4 加热蒸馏。氨呈气态被蒸出，吸收于硫酸(0.01 ~ 0.02 mol/L)或硼酸(2%)溶液中。当用纳氏试剂比色法时或用滴定法时，以硼酸作吸收液较为适宜，使用苯酚-次氯酸盐或氨选择电极法时，则应采用硫酸为吸收液。

水的 pH 对氨的回收影响较大。pH 太高，可使某些含氮的有机化合物转变为氨；pH 太低，氨的回收不完全。一般样品加入规定的缓冲溶液能达到期望的 pH 值。水样偏酸或偏碱，可加 1 mol/L(1/2H$_2$SO$_4$)硫酸溶液调节 pH 至中性。但对某些水样，即使调至中性，再加入缓冲溶液，结果 pH 远远低于期望值。对未知水样，在蒸馏后测一下 pH。若 pH 不在 7.27 ~ 7.6 内，则应增加缓冲液的用量。一般每 250 mg 钙要多加 10 mL 磷酸盐缓冲溶液。国外有推荐用硼酸盐缓冲溶液将水样缓冲至 pH 为 9.5,进行蒸馏，这样可减少氰酸盐和有机氮化合物(如甘氨酸、尿素、谷氨酸和乙酰胺等)的水解作用。这时尿素仅水解约 7%，而氰酸盐约为 5%。也有介绍用氢氧化钠将水样调至中性后，加入少量粉状氧化镁进行蒸馏的。

【任务实施】

一、实验室方法测量水样中氨氮

操作准备→样品预处理→样品测定→计算结果→书写报告。

测定氨常用的方法是纳氏试剂分光光度法、水杨酸分光光度法、电极法和滴定法。氨的测定方法的选择要考虑两个主要因素，即氨的浓度和存在的干扰物。两种比色法仅限于测定清洁饮用水、天然水和高度净化过的废水出水，这些水的色度均应很低。浊度、颜色和镁、钙等能被氢氧根离子沉淀的物质会干扰测定，可用预蒸馏除去。若氨的浓度较高，最好用滴定法。色度和浊度对电极法测定氨没有影响。水样一般不需要进行预处理，且有简便、测量范围宽等优点，但测定受高浓度溶解离子的影响。

(一)纳氏试剂分光光度法测定氨氮

1. 操作准备

(1)仪器和设备

可见分光光度计、氨氮蒸馏装置。

(2)试剂

除非另有说明，分析时所用试剂均使用符合国家标准的分析纯化学试剂，实验用水为无氨水。

①无氨水，在无氨环境中用下述方法之一制备：

　　a. 离子交换法。蒸馏水通过强酸性阳离子交换树脂(氢型)柱,将流出液收集在带有磨口玻璃塞的玻璃瓶内。每升流出液加 10 g 同样的树脂,以利于保存。

　　b. 蒸馏法。在 1 000 mL 蒸馏水中,加 0.1 mL 硫酸($\rho = 1.84$ g/mL),在全玻璃蒸馏器中重蒸馏,弃去前 50 mL 馏出液,然后将约 800 mL 馏出液收集在带有磨口玻璃塞的玻璃瓶内。每升馏出液加 10 g 强酸性阳离子交换树脂(氢型)。

　　c. 纯水器法。用市售纯水器直接制备。

　　②纳氏试剂,可选择下述方法之一配制:

　　a. 二氯化汞-碘化钾-氢氧化钾($HgCl_2$-KI-KOH)溶液

　　称取 5.0 g 碘化钾(KI),溶于 10 mL 水中,一边搅拌,一边将 2.50 g 二氯化汞($HgCl_2$)粉末分多次加入碘化钾溶液中,直到溶液呈深黄色或出现淡红色沉淀溶解缓慢时,充分搅拌混匀,并改为滴加二氯化汞饱和溶液,当出现少量朱红色沉淀不再溶解时,停止滴加。于暗处静置 24 h,倾出上清液,储于聚乙烯瓶内,用橡皮塞或聚乙烯盖子盖紧。

　　一边搅拌,一边将冷却的氢氧化钾溶液缓慢地加入上述二氯化汞和碘化钾的混合液中,并稀释至 100 mL,于暗处静置 24 h,倾出上清液,储于聚乙烯瓶内,用橡皮塞或聚乙烯盖子盖紧,存放暗处,可稳定 1 个月。

　　b. 碘化汞-碘化钾-氢氧化钠(HgI_2-KI-NaOH)溶液

　　称取 16.0 g 氢氧化钠(NaOH),溶于 50 mL 水中,冷至室温。称取 7.0 g 碘化钾(KI)和 10.0 g 碘化汞(HgI_2),溶于水中,搅拌,缓慢加入上述 50 mL 氢氧化钠溶液中,用水稀释至 1 00 mL,储于聚乙烯瓶内,用橡皮塞或聚乙烯盖子盖紧,于暗处存放,有效期 1 年。

　　③氨氮标准储备溶液,$\rho_N = 1 000$ μg/mL。称取 3.8190 g 氯化铵(NH_4Cl,优级纯,在 100 ~ 105 ℃干燥 2 h),溶于水中,移入 1 000 mL 容量瓶中,稀释至标线,可在 2 ~ 5 ℃保存 1 个月。

　　④氨氮标准工作溶液,$\rho_N = 10$ μg/mL。吸取 5.00 mL 氨氮标准储备溶液($\rho_N = 1 000$ μg/mL)于 500 mL 容量瓶中,稀释至刻度。临用前配制。

　　2. 操作步骤

　　(1)校准曲线

　　在 8 个 50 mL 比色管中,分别加入 0、0.50、1.00、2.00、4.00、6.00、8.00 和 10.00 mL 氨氮标准工作溶液,其所对应的氨氮含量分别为 0.0、5.0、10、20.0、40.0、60.0、80 和 100 μg,加水至标线。加入 1.0 mL 酒石酸钾钠溶液,摇匀。再加入纳氏试剂 1.5 mL(Ⅰ)或 1.0 mL (Ⅱ),摇匀。放置 10 min 后,在波长 420 nm 下,用 20 mm 比色皿,以水作参比,测量吸光度。

　　以空白校正后的吸光度为纵坐标,以其对应的氨氮含量(μg)为横坐标,绘线。

　　(2)样品测定

　　①清洁水样　直接取 50 mL,按与校准曲线相同的步骤测量吸光度。

　　②有悬浮物或色度干扰的水样　取经预处理的水样 50 mL(若水样中氨氮浓度超过 2 mg/L,可适当少取水样体积),按与校准曲线相同的步骤测量吸光度。

　　③空白试验　用水代替水样,按与样品相同的步骤进行预处理和测定。

（3）结果计算与表示

水中氨氮的浓度按下列公式计算：

$$\rho_N = \frac{A_s - A_b - a}{b \times V}$$

式中　ρ_N——水样中氨氮的质量浓度，mg/L，以氮计；

　　　A_s——水样的吸光度；

　　　A_b——空白试验的吸光度；

　　　a——校准曲线的截距；

　　　b——校准曲线的斜率；

　　　V——试料体积，mL。

 小提示

1.试剂空白的吸光度

试剂空白的吸光度应不超过 0.030（10 mm 比色皿）。

2.纳氏试剂的配制

为了保证纳氏试剂有良好的显色能力，配制时务必控制 $HgCl_2$ 的加入量，至微量 HgI_2 红色沉淀不再溶解时为止。配制 100 mL 纳氏试剂所需 $HgCl_2$ 与 KI 的用量之比约为 2.3∶5。在配制时为了加快反应速度、节省配制时间，可低温加热进行，防止 HgI_2 红色沉淀提前出现。

3.酒石酸钾钠的配制

分析纯酒石酸钾钠铵盐含量较高时，仅加热煮沸或加纳氏试剂沉淀不能完全除去氨。少量氢氧化钠溶液，煮沸蒸发掉溶液体积的 20%～30%，冷却后用无氨水稀释至原体积。

4.滤纸

滤纸中含有一定量的可溶性铵盐，定量滤纸中含量高于定性滤纸，建议采用定性滤纸过滤，过滤前用无氨水少量多次淋洗（一般为 100 mL）。这样可减少或避免滤纸引入的测量误差。

5.水样的预蒸馏

蒸馏过程中，某些有机物很可能与氨同时馏出，对测定有干扰，其中有些物质（如甲醛）可以在酸性条件（pH＜1）下煮沸除去。在蒸馏刚开始时，氨气蒸出速度较快，加热不能过快，否则造成水样暴沸，馏出液温度升高，氨吸收不完全。馏出液速率应保持在 10 mL/min 左右。

6.蒸馏器清洗

向蒸馏烧瓶中加入 350 mL 水，加数粒玻璃珠，装好仪器，蒸馏到至少收集了 100 mL 水，将馏出液及瓶内残留液弃去。

阅读有益

1. 原理

以游离态的氨或铵离子等形式存在的氨氮与纳氏试剂反应生成淡红棕色络合物,该络合物的吸光度与氨氮含量成正比,于波长 420 nm 处测量吸光度。

2. 适用范围

本方法适用于地表水、地下水、生活污水和工业废水中氨氮的测定。当水样体积为 50 mL,使用 20 mm 比色皿时,本方法的检出限为 0.025 mg/L,测定下限为 0.10 mg/L,测定上限为 2.0 mg/L(均以 N 计)。

【知识拓展】

人体如果吸入浓度 140×10^{-6}(0.1 mg/L)的氨气时就感到有轻度刺激;吸入 350×10^{-6}(0.25 mg/L)时就有非常不愉快的感觉,但能忍耐 1 h。当浓度为 $(200 \sim 330) \times 10^{-6}$(0.15 ~ 0.25 mg/L)时,只有 12.5% 从肺部排出,吸入 30 min 时就强烈地刺激眼睛、鼻腔,并进一步产生喷嚏、流涎、恶心、头痛、出汗、脸面充血、胸部痛、尿频等。在高浓度情况下,有在 3 ~ 7 d 后发生肺气肿而死亡者。当眼睛与喷出的氨气直接接触时,有产生持续性角膜浑浊症及失明者。在更高浓度如 $2\,500 \times 10^{-6}$(1.75 mg/L)以上者,有急性致死的危险。如果饮咽浓度为 25% 的氨 20 ~ 30 mL,就可以致命。

(二)水杨酸分光光度法测定氨氮

1. 操作准备

(1)仪器和设备

①可见分光光度计:10 ~ 30 mm 比色皿。

②氨氮蒸馏装置:由 500 mL 凯式烧瓶、氮球、直形冷凝管和导管组成,冷凝管末端可连接一段适当长度的滴管,使出口尖端浸入吸收液液面下。也可使用蒸馏烧瓶。

③实验室常用玻璃器皿:所有玻璃器皿均应用清洗溶液仔细清洗,然后用水冲洗干净。

(2)试剂

除非另有说明,分析时所用试剂均使用符合国家标准的分析纯化学试剂,实验用水为无氨水。

①无氨水,在无氨环境中用下述方法之一制备:

a. 离子交换法。蒸馏水通过强酸性阳离子交换树脂(氢型)柱,将流出液收集在带有磨口玻璃塞的玻璃瓶内。每升流出液加 10 g 同样的树脂,以利于保存。

b. 蒸馏法。在 1 000 mL 蒸馏水中,加 0.10 mL 浓硫酸,在全玻璃蒸馏器中重蒸馏,弃去前 50 mL 馏出液,然后将约 800 mL 馏出液收集在带有磨口玻璃塞的玻璃瓶内。每升馏出液加 10 g 强酸性阳离子交换树脂(氢型)。

c. 纯水器法。用市售纯水器临用前制备。

②显色剂(水杨酸－酒石酸钾钠溶液)。称取 50 g 水杨酸$[C_6H_4(OH)COOH]$,加入约

100 mL 水,再加入 160 mL 2 mol/L 氢氧化钠溶液,搅拌使之完全溶解;再称取 50 g 酒石酸钾钠($KNaC_4H_6O_6 \cdot 4H_2O$),溶于水中,与上述溶液合并移入 1 000 mL 容量瓶中,加水稀释至标线。储存于加橡胶塞的棕色玻璃瓶中,此溶液可稳定 1 个月。

③次氯酸钠使用液,ρ(有效氯)= 3.5 g/L,c(游离碱)= 0.75 mol/L。取经标定的次氯酸钠,用水和 2 mol/L 氢氧化钠溶液稀释成含有效氯浓度 3.5 g/L,游离碱浓度 0.75 mol/L(以 NaOH 计)的次氯酸钠使用液,存放于棕色滴瓶内,本试剂可稳定 1 个月。

④亚硝基铁氰化钠溶液,ρ = 10 g/L。称取 0.1 g 亚硝基铁氰化钠{$Na_2[Fe(CN)_5NO] \cdot 2H_2O$}置于 10 mL 具塞比色管中,加水至标线。本试剂可稳定 1 个月。

⑤ 清洗溶液。将 100 g 氢氧化钾溶于 100 mL 水中,溶液冷却后加 900 mL 乙醇,储存于聚乙烯瓶内。

⑥溴百里酚蓝指示剂,ρ = 0.5 g/L。称取 0.05 g 溴百里酚蓝溶于 50 mL 水中,加入 10 mL 乙醇(4.2),用水稀释至 100 mL。

⑦氨氮标准储备液,ρ_N = 1 000 μg/mL。称取 3.8190 g 氯化铵(NH_4Cl,优级纯,在 100 ~ 105 ℃干燥 2 h),溶于水中,移入 1 000 mL 容量瓶中,稀释至标线。此溶液可稳定 1 个月。

⑧氨氮标准中间液,ρ_N = 100 μg/mL。吸取 10.00 mL 氨氮标准储备液于 100 mL 容量瓶中,稀释至标线。此溶液可稳定 1 周。

⑨氨氮标准使用液,ρ_N = 1 μg/mL。吸取 10.00 mL 氨氮标准中间液于 1 000 mL 容量瓶中,稀释至标线。临用现配。

2. 操作步骤

(1)样品预处理

将 50 mL 0.01 mol/L 的硫酸吸收液移入接收瓶内,确保冷凝管出口在硫酸溶液液面之下。分取 250 mL 水样(如氨氮含量高,可适当少取,加水至 250 mL)移入烧瓶中,加几滴溴百里酚蓝指示剂,必要时,用 2 mol/L 氢氧化钠溶液或 0.01 mol/L 硫酸溶液调整 pH 至 6.0(指示剂呈黄色)~ 7.4(指示剂呈蓝色),加入 0.25 g 轻质氧化镁及数粒玻璃珠,立即连接氮球和冷凝管。加热蒸馏,使馏出液速率约为 10 mL/min,待馏出液达 200 mL 时,停止蒸馏,加水定容至 250 mL。

(2)样品测定

1)校准曲线

用 10 mm 比色皿测定时,按表 4-6-1 制备标准系列。

表 4-6-1 标准系列(10 mm 比色皿)

管号	0	1	2	3	4	5
标准溶液(1 μg/mL)/mL	0.00	1.00	2.00	4.00	6.00	8.00
氨氮含量/μg	0.00	1.00	2.00	4.00	6.00	8.00

用 30 mm 比色皿测定时,按表 4-6-2 制备标准系列。

表 4-6-2　标准系列（30 mm 比色皿）

管号	0	1	2	3	4	5
标准溶液（1 μg/mL）/mL	0.00	0.40	0.80	1.20	1.60	2.00
氨氮含量/μg	0.00	0.40	0.80	1.20	1.60	2.00

根据表 4-6-1 或表 4-6-2，取 6 支 10 mL 比色管，分别加入上述 1 μg/mL 氨氮标准使用液，用水稀释至 8.00 mL，按水样测定步骤测量吸光度。以扣除空白的吸光度为纵坐标，以其对应的氨氮含量（μg）为横坐标绘制校准曲线。

2）水样测定

取水样或经过预蒸馏的试料 8.00 mL（当水样中氨氮质量浓度高于 1.0 mg/L 时，可适当稀释后取样）于 10 mL 比色管中。加入 1.00 mL 显色剂和两滴亚硝基铁氰化钠，混匀。再滴入两滴次氯酸钠使用液并混匀，加水稀释至标线，充分混匀。

显色 60 min 后，在 697 nm 波长处，用 10 mm 或 30 mm 比色皿，以水为参比测量吸光度。

3）空白试验

以水代替水样，按与样品分析相同的步骤进行预处理和测定。

（3）计算

水样中氨氮的质量浓度按下式计算：

$$\rho_{\mathrm{N}} = \frac{A_{\mathrm{s}} - A_{\mathrm{b}} - a}{b \times V} \times D$$

式中　ρ_{N}——水样中氨氮的质量浓度（以 N 计），mg/L；

　　　A_{s}——样品的吸光度；

　　　A_{b}——空白试验的吸光度；

　　　a——校准曲线的截距；

　　　b——校准曲线的斜率；

　　　V——所取水样的体积，mL；

　　　D——水样的稀释倍数。

 小提示

1. 试剂空白的吸光度

试剂空白的吸光度应不超过 0.030（光程 10 mm 比色皿）。

2. 水样的预蒸馏

蒸馏过程中，某些有机物很可能与氨同时馏出，对测定有干扰，其中有些物质（如甲醛）可以在酸性条件（pH<1）下煮沸除去。在蒸馏刚开始时，氨气蒸出速度较快，加热不能过快，否则造成水样暴沸，馏出液温度升高，氨吸收不完全。馏出液速率应保持在 10 mL/min 左右。

部分工业废水，可加入石蜡碎片等作防沫剂。

3. 蒸馏器的清洗

向蒸馏烧瓶中加入 350 mL 水,加数粒玻璃珠,装好仪器,蒸馏到至少收集了 100 mL 水,将馏出液及瓶内残留液弃去。

4. 显色剂的配制

若水杨酸未能全部溶解,可再加入数毫升 2 mol/L 氢氧化钠溶液,直至完全溶解为止,并用 1 mol/L 的硫酸调节溶液的 pH 值为 6.0~6.5。

阅读有益

1. 方法原理

在碱性介质(pH = 11.7)和亚硝基铁氰化钠存在下,水中的氨、铵离子与水杨酸盐和次氯酸离子反应生成蓝色化合物,在 697 nm 处用分光光度计测量吸光度。

2. 适用范围

本方法适用于地下水、地表水、生活污水和工业废水中氨氮的测定。

当取样体积为 8.0 mL,使用 10 mm 比色皿时,检出限为 0.01 mg/L,测定下限为 0.04 mg/L,测定上限为 1.0 mg/L(均以 N 计)。

当取样体积为 8.0 mL,使用 30 mm 比色皿时,检出限为 0.004 mg/L,测定下限为 0.016 mg/L,测定上限为 0.25 mg/L(均以 N 计)。

二、在线监测方法

氨氮在线监测方法主要有比色法、电极法、滴定法。

(一)比色法

氨氮的比色法一般分为纳氏试剂比色法与水杨酸比色法等。

1. 纳氏试剂比色法

水样经过预处理(蒸馏、过滤、吹脱)后,在碱性条件下,水中离子态铵转换为游离态氨,然后加入一定量的纳氏试剂,游离态氨与纳氏试剂反应生成淡红棕色络合物。分析仪器在 420 nm 波长处测定反应液吸光度 A,由 A 查询标准工作曲线,计算氨氮含量。

纳氏试剂比色法稳定性好、重现性好,试剂储存时间长。目前使用纳氏试剂比色法的氨氮分析仪主要有美国 HACH、北京环科环保、江苏绿叶、湖南力合等公司的在线氨氮分析仪。

(1)仪器工作原理

在线氨氮分析仪通过嵌入式工业计算机系统的控制,自动完成水样采集。水样进入反应室,经掩蔽剂消除干扰后,水样中以游离态氨或铵离子(NH_4^+)等形式存在的氨氮与反应液充分反应生成淡红棕色络合物,该络合物的色度与氨氮的含量成正比。反应后的混合液进入比色室,运用光电比色法检测到与色度相关的电压,通过信号放大器放大后,传输给嵌入式工业计算机。嵌入式工业计算机经过数据处理后,显示氨氮浓度值并进行数据存储、处理与传输(图 4-6-1)。本仪器适用于生活污水、工业污染源、地表水中氨氮含量的测量。

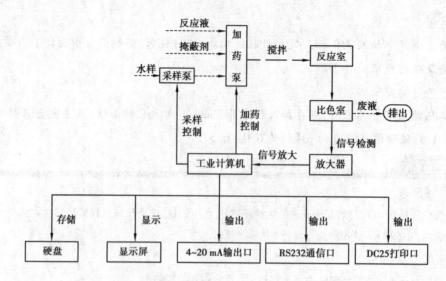

图 4-6-1　纳氏试剂比色法在线氨氮分析仪工作原理

（2）主要性能指标

①测量范围:0.1～20 mg/L、0.5～100 mg/L(可选)。

②测量误差: ±5%F·S。

③重复性误差:3%(量程值80%处)。

④零点漂移: ±5%F·S/24 h 内。

⑤量程漂移: ±5%F·S/24 h 内。

⑥直线性: ±5%F·S。

⑦最小测量周期:20 min。

2.水杨酸比色法

在硝普钠盐的存在下,样品中游离态氨、铵离子与水杨酸盐以及次氯酸根离子反应生成蓝色化合物,在约 670 nm 处测定吸光度 A,由 A 查询标准工作曲线,计算氨氮含量。水杨酸比色法具有灵敏、稳定等优点,干扰情况和消除方法与纳氏试剂比色法相同,但试剂存放时间较短。目前使用水杨酸比色法的氨氮分析仪有美国 HACH、江苏江分公司的在线氨氮分析仪。

（1）仪器工作原理

废水被导入一个样品池,与定量的 NaOH 混合,样品中所有的铵盐转换成为气态氨,气态氨扩散到一个装有定量指示剂(水杨酸)的比色池中,氨气再被溶解,生成 NH_4^+。加入 NH_4^+ 在强碱性介质中,与水杨酸盐和次氯酸离子反应,在亚硝基五氰络铁(Ⅲ)酸钠(俗称"硝普钠")的催化下,生成水溶性的蓝色化合物,仪器内置双光束、双滤光片比色计,测量溶液颜色的改变(测定波长为 670 nm),从而得到氨氮的浓度。加入酒石酸钾掩蔽可除去阳离子(特别是钙、镁离子)的干扰。

（2）主要性能指标

①测量范围:0.2～120 mg/L NH_3-N。

②精度:测量值的 +2.5% 或者 0.2 mg/L。两者中的较大者。

③测量下限:0.2 mg/L。

④循环时间:13 min、15 min、20 min 或者 30 min(可选)。

⑤一点校正:每8 h、12 h 或者 24 h(可选)。

3.流动注射比色法在线分析仪

(1)工作原理

仪器的蠕动泵输送释放液(稀 NaOH 溶液)作载流液,注样阀转动注入样品,形成 NaOH 溶液和水样间隔混合,切换阀转至循环富集态后,当混合带经过气液分离器的分离室时,释放出样品中的氨气,氨气透过气液分离膜后被接收液(BTB 酸碱指示剂溶液)接收并使溶液颜色发生变化。经过循环氨富集后,接收液被输送到比色计的流通池内,测量其光电压变化值,通过其峰高,可求得样品中的氨氮(NH₃ - N)含量(图 4-6-2)。仪器每天自动作一次标定。

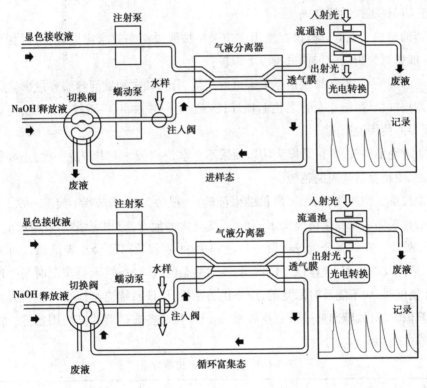

图 4-6-2 流动注射比色法氨氮全自动在线分析仪工作原理

特殊的气液分离器,加深了样品流过的沟槽,不使样品和透气膜接触,解决了水样和透气膜的接触使透气膜寿命短这一问题。带来的副作用是测量时间延长 1 min,作为清除记忆效应的时间。

(2)技术指标和功能

①测量范围:0.005 ~ 1 000 mg/L。

②运行费用低(0.006 元/次),试剂无毒,无二次污染。

③最短测量周期为 10 min。样品和透气膜非接触式的气液分离器,使样品摒弃了烦琐和高价的预处理装置,使仪器大为简化。

④可设定自动富集和自动稀释功能,以便分析更低或更高浓度含量的 NH_3-N 样品。

(3)仪器设备的操作

操作氨氮分析仪之前应认真阅读仪器的使用说明书,最好经过生产厂家的认真培训。氨氮分析仪的操作内容主要包括仪器参数的设定、仪器的校准、仪器的维护和故障处理等。

①仪器参数的设定 在使用氨氮分析仪之前应进行相关参数的设定。设定参数主要有分析周期(或分析频次)、测量范围、报警限值、系统时间等,设定方法参照说明书。

②仪器的校准 氨氮分析仪在使用前需要对工作曲线进行校准,在使用中需要定期校准。校准前应先配制不同浓度的氯化铵标准溶液,可根据仪器的需要进行一点校准或多点校准,校准时将标准溶液从水样进样口导入,并按照说明书逐点进行校准。

使用中的氨氮分析仪应定期校准,一般每 3 个月或半年校准一次,并与手工方法进行实际水样对比,保证工作曲线准确。

③仪器的维护 氨氮分析仪在使用中应严格按照说明书要求定期维护,以保证仪器正常工作,一般氨氮分析仪应定期进行以下维护:

a.定期添加试剂,添加频次根据单次试剂用量、分析频次和试剂容器容量来确定。

b.定期更换泵管,防止泵管老化而损坏仪器。更换频次每 3~6 个月一次,与分析频次有关,主要参照使用说明书。

c.定期清洗采样头,防止采样头堵塞而采不上水,一般 2~4 周清洗一次,主要根据水质情况而定,水质越差清洗周期越短。

d.定期校准工作曲线,以保证测量结果准确,一般每 3 个月或半年校准一次,主要参照使用说明书和现场水质变化情况来定,对水质变化大的地方,应相应缩短校准周期。

④故障处理 在氨氮分析仪运营维护过程中,个别仪器可能会出现故障。对一般的故障,运营人员应及时处理,快速恢复仪器运行;对复杂的故障,运营人员应及时与生产厂家联系,及时修复仪器,如不能及时修复的,应提供备用机,保证系统连续运行。运营人员应能快速判断故障位置,对故障部件进行更换处理,运营单位应备有足够的维修用备件。常见故障及排除方法见表4-6-3。

表 4-6-3 常见故障及排除方法

故障	排除方法
抽水泵故障	检查抽水泵是否转动,不转动则断电后拆除过滤网罩手动转几下叶轮,再插电,若还是不动,换泵 若抽水泵为自吸泵,检查自吸泵是否需重新灌注水。灌注水后,仍是不吸水,应换泵 继电器若不动作,检查电路

故障	排除方法
固液分离器故障	检查分离器流路的调节阀是否被关闭,再检查流量是否太大或太小,引起分离器内的液流形成空腔,调节四氟取样管在分离器内插入的深度,使毛细管端口插入无气空腔的水柱中,观察毛细管内吸入的液体无气泡混入即可
标准溶液配制错误或标准溶液过期	检查标准溶液是否过期:标准溶液配制如已超过 1 个月,则不应再使用,应更换 检查标准溶液配制错误的方法:用国标分析方法测量标准溶液,检验是否符合其标准溶液标示的数值 纠正方法:重配标准溶液
设 t 标液值错误	设置标液值时,输入了与标样实际浓度不一致的数值 纠正方法:重新设置正确的数值
泵、阀及连接管堵塞接头翻气	若确定阀内堵塞应换阀。取样管堵塞,则应判断管头密封处是否因被收紧,变为细颈状而致不畅通,若是,应用刀片切去细颈部分,重新连接。如是管内有异物堵塞,则换管。故障排除后,应开机检查,取样量≥10 mL/min,同时观察各管接口处有无气泡流动,若有应拆除相应接头,重新安装密封带,调至不漏气
标准溶液放置错误	检查是否将标 1、标 2、标 3 吸样管插入相应的标样瓶中,维护界面的 A 值出现标 1A 值大于标 2A 值(低浓度)、标 2A 值大于标 3A 值(高浓度)的现象 纠正方法:将标样管放入对应的标样瓶中
抽水泵取水口有大片膜状异物包裹	检查取水口是否有大片膜状异物包裹,若有,除去即可

(二)滴定法

滴定法是指水样中的氨在碱性条件下被逐出,吸收于弱酸溶液中,利用盐酸滴定吸收液,用电极判断滴定终点,通过滴入盐酸的量计算水样氨氮的方法。

1. 仪器工作原理

测试样品在综合试剂存在(碱性)条件下,经加热蒸馏、吹脱,样品(水样)中的 NH_4^+ 转化为 NH_3,被冷凝吸收于硼酸溶液中。利用盐酸标准溶液自动进行电位滴定,利用滴定中溶液电位的突跃判定终点。根据滴定中盐酸标准溶液的用量(体积),计算出氨氮的含量。仪器自动显示、存储、打印出结果,并通过网络实现数据远传。滴定法氨氮分析仪系统流程如图 4-6-3 所示。

2. 主要性能指标

①测量范围:0.1～2 000 mg/L(量程自动切换)。

②测量相对误差:±5%。

③重复误差:±3%。

④电压稳定性:±5%(测量误差)。

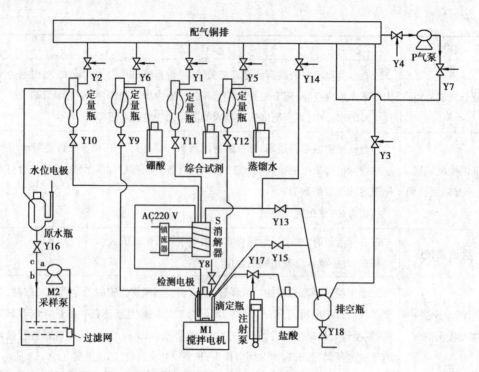

图 4-6-3 滴定法氨氮分析仪系统流程图

⑤绝缘阻抗:50 MΩ 以上。

⑥测量周期:≤20 min。

3. 操作步骤

仪器的操作内容主要包括仪器参数的设定、仪器的校准、仪器的维护和故障处理等。

(1)仪器参数的设定

参数设置分为工作参数设置、报警参数设置和系统参数设置。

工作参数设置:设置系统的蒸馏时间、盐酸浓度、定时启动设置和复位程序。报警参数设置:设置系统的上限、下限报警值,根据需要设置的上限、下限报警值,在安装报警装置的情况下,当检测出的氨氮值超出所设置的上下限值时发出声光报警。设置的方法同"蒸馏时间设置"。系统参数设置:此键供专业技术人员使用,非专业技术人员禁止使用。

(2)仪器的维护

①仪器在运行状态时,请勿打开仪器前、后门,避免发生意外。

②根据水质情况不定期清洗原水限位电极(不锈钢触针)。

③若仪器长期不使用,请在最后一次使用完毕后断开电源。

④仪器不必用标准样修正曲线,但可用标准样品定期考核仪器的检测精度。

⑤定期观察仪器的运行情况,检查各种试剂的实际存量。如有异常请参照使用说明书判断正确后进行处理。

⑥不定期清洗仪器外壳,使仪器保持清洁。

小提示

故障排除见表4-6-4。

表4-6-4 滴定法氨氮分析仪常见故障排除

故障名称	故障解释	故障原因	故障排除法
采原水故障	15 min 内检测不到水位电极信号	仪器长期停运后水泵锈蚀不转动	拆开水泵塑料后宜用手或工具帮助转动叶轮
		水位低,采样进水口露出水面	检查水位或加长取水管道
		水泵故障或泵体内缺水	检查水泵、加水,或检查线路
		管路堵塞	疏通管路
		原水阀故障	检查原水阀及其线路
		采水系统循环压力不足	清洗采样过滤器或加装出水限制阀门,增加采水循环系统压力
		水位电极失灵	清洗电极
试剂即将用尽	试剂即将用尽,必须及时添加试剂	仪器所用试剂有一种存量已经低于报警余量设置值,报警余量设置值是根据用户需要按一定余量设置的,主要是为了提醒用户能够及时添加试剂	及时添加试剂并更新试剂设置值,如不及时更新,仪器仍然会报警
试剂用尽	试剂用尽必须添加试剂	仪器所用试剂有一种存量已经低于报警停机设置值,报警停机设置值是为了保护仪器因没有试剂工作而造成不必要的损坏	及时添加试剂并更新试剂设置值,如不及时更新,仪器仍然会报警

(三)电极法

常用的电极法分为氨气敏电极法和电导法等,其中氨气敏电极法技术比较成熟,应用较广。

1.氨气敏电极法

(1)工作原理

将水样导入测量池中,加入氢氧化钠使水样中离子态铵转换为游离态氨,游离态氨透过氨气敏电极的憎水膜进入电极内部缓冲液,改变缓冲液的 pH 值,仪器通过测量 pH 值变化即可测量水样中的氨浓度。

氨气敏电极法结构简单、试剂用量少、测量范围宽,但电极稳定性较差,膜电极容易受污染,对环境温度要求较高。目前采用氨气敏电极法的氨氮分析仪主要有德国 WTW、河北先河等公司的产品。

仪器采用氨气敏电极对水中的氨氮进行测试。氨气敏电极包括平头的 pH 玻璃电极和银/氯化银电极,两支电极通过含有氨离子的内充液被组装在一起,作为 pH 值测量电对。内充液是 0.1mol/L 的氯化氨溶液,通过气透膜与样品隔开。当把电极浸入加有试剂的待测液中时,待测液中的离子态铵变为游离态氨,随同待测液中的游离态氨一同通过气透膜进入内充液,使内充液的 pH 值发生变化,并产生与样品浓度的对数成正比的电压变化信号。

监测仪由进样系统(两位三通阀、双通道蠕动泵)、控制系统(工控机等)、测试系统(氨气敏电极、模数转换)、显示系统(液晶显示屏)及附件等组成。

(2)主要技术指标

①测量范围:0.05～1000mg/L。

②重现性:≤3%。

③零点漂移:±0.5 mg/L。

④量程漂移:±4%F·S。

⑤响应时间:<4 min。

⑥示值误差:相对误差小于±10%。

(3)仪器的操作和维护保养

一般两周检查一次,在特殊情况下可以缩短或延长检查周期:

①管路的检查:检查有无泄露,特别是进样管路和废水管路的接头处。

②检查试剂、校准溶液、清洗液的液位。

③检查气透膜上是否有气泡:仔细观察流通池内的电极,观察电极与流通池相接触的地方是否有气泡。

④检查电极内充液的液位。

定期保养:

①一般情况下,保养周期为 4 周,但根据具体的使用情况和被测水样状况,保养周期可缩短或延长。

②检查所有管线和流通池是否有泄露或损坏,以及有无固体沉积物积累的征兆。

③若有明显的藻类积累,清洗仪器管路。

④更换电极内充液,检查气透膜,操作方法参看电极的使用。

⑤倒掉旧的试剂、校准溶液、清洗液,并彻底清洗容器,添加新的溶液,检查废水排放情况,确保废水排放流畅,不应有堵塞。

 小提示

故障处理见表4-6-5。

表 4-6-5　故障处理

故障	可能的原因	排除方法
测定值偏高	配制的校准溶液不准确或时间太长	重新配制校准溶液
	气透膜有气泡	用手轻轻向下按电极,排除气泡
	气透膜玷污	清洗气透膜
	电极故障	维护或更换电极
	气透膜老化或损坏	更换气透膜
测定值偏低	配制的校准溶液不准确	重新配制校准溶液
	试剂用完	添加试剂
	电极响应缓慢	换内充液重装电极
	气透膜老化	更换气透膜
	电极故障	维护或更换电极
	气透膜玷污	清洗气透膜
校准无效	配制的校准溶液不准确	重新配制校准溶液
	电极响应缓慢	换内充液重装电极
	气透膜玷污	清洗气透膜
	校准溶液用光	配制校准溶液
	气透膜老化	更换气透膜
	电极故障	电极维护或更换电极
流通池温度异常	温度传感器出现故障	销售商或直接与厂家联系维修
	环境温度超出仪器环境温度范围	检查室内空调运行情况

2. 电导法

电导法是指利用酸性吸收液吸收氨的量与吸收液的电导率成比例的关系,从而测定氨的浓度。采用电导法的氨氮分析仪主要是山东恒大公司的 SHZ－5 型氨氮分析仪。

(1)工作原理

仪器采用吹脱－电导法,即在碱性条件下用空气将氨从水样中吹出,气流中的氨被吸收液吸收引起吸收液的电导变化,电导变化值与吹出的氮量和水样中氨氮含量成正比,用简单的电导法完成测定,从而消除了监测过程中常见因素的干扰,大大缩短了监测时间,提高了监测准确度和灵敏度。SHZ－5 型氨氮总量在线监测将氨氮在线监测、流量等比例采样与流量测量三者组成一体,在同一单片机的控制下协调运行,直接监测并显示污水流量、氨氮浓度、氨氮排放总量。

(2)主要技术指标

①量程:0～2 mg/L,0～20 mg/L,0～50 mg/L。

②准确度:±10%(浓度<1 mg/L 时)、±5%(浓度>1 mg/L 时)。

③重复性：±5%（浓度≥1 mg/L 时）。

④检出限：0.1 mg/L。

⑤测量周期：30 min。

（3）仪器维护

1）日常维护

①该仪器无须特殊维护，各参数均在安装调试正常后设定，一般不作变化。如更换泵或泵管，须进行泵标定；如更换试剂须进行量程标定。

②如发现管路有破损，应立即停机并用滤纸擦干漏液，更换破损管。

③如发现仪器工作异常，应立即停机，待排除故障后再开机。如遇疑难或重大故障应立即通知厂家，由厂家派技术人员维修。

④检查各试剂瓶（桶）中的试剂量，液面应高于瓶（桶）底 30 mm。

⑤当仪器发出更换泵管、试剂报警时应及时更换，并于更换后清除相应报警。

2）定期维护

①泵管标定。由于泵管长期受压，其弹性将随时间而变化。为了保证各试剂加量准确，需定期（1 个月）对泵进行标定且需定期更换泵管，更换周期为 3 个月。

②采样圈数。由于采样点水面与仪器泵头存在高度差，为保证溢流杯内采集到足够的水样，需对蠕动泵采样泵头的转动圈数进行测定。

③工作量程标定。更换试剂、蠕动泵或泵管后，均需进行工作标定，并根据屏幕提示确定是否进行全量程标定。

④采样过滤器维护。每周清洗一次采样过滤器，打开过滤器上盖，取出过滤器内部不锈钢网筛，用毛刷仔细清洗筛网上的附着物，清洗并安装后正确放入水面下。每周检查一次各管路及阀门工作是否正常，保证进样畅通。

⑤电磁阀的维护。因水中有时会有悬浮物和颗粒，如这些物质进入阀体内很可能堵住阀孔或卡住阀头，造成阀堵或密封差，致使泵所加试剂量不准，造成检验结果不准。此时应用蒸馏水管插入被堵阀的接口，在仪器调试状态下开启被堵阀进行冲洗或用硫酸多次冲洗。阀与玻璃器皿连接封闭不好会造成渗漏，渗漏量大时会直接影响测量结果。应及时用试纸对接口处进行检查，如有渗漏就应检查各密封接头，对其进行紧固，如无效就应更换阀附件和密封件。

 小提示

常见故障处理见表 4-6-6。

表 4-6-6 SHZ-5 型氨氮分析仪常见故障处理

故障	原因	处理
仪器不上电	电源线路故障	检查电源插座及保险丝是否接触良好，保险丝是否烧断。若保险丝烧断，则应检查外电源(220 V)电压过高及后级是否短路 测 24 V 开关电源输出是否正常，无输出或输出过低时应更换
采样水量不足或不采样	采样比例设置过大或控制线不通；泵管断裂；采样头过滤网堵塞	重新设置采样比例；检查控制线接触是否良好；更换采样泵管；清洗滤网
无法通信	适配器与电话线连接有误；电话线不畅；适配器偶然死机	检查电话线路(用话机通话试机)及适配器与电话线的连接状态，若适配器死机，则将适配器断开 5 s 后重新上电
加热过快或过慢报警	泵管破裂、两通阀阻塞或加热器坏	应观察仪器状态，检查确认故障部件，并停机更换相应部件
存储器报警	存储芯片坏	更换存储芯片
测量值误差较大(>10%)，但重复性较好	该浓度范围回归曲线参数的相关性不好	选择合适的量程，按现场的浓度范围，选择 6 种浓度重新标定曲线

若非上述常见故障应由厂家技术人员检修。

【任务评价】

任务六　氨氮测定评价明细表

序号	考核内容	评分标准	分值	小组评	教师评
1	理论知识 （25 分）	氨氮的定义	5		
		纳氏试剂分光光度法的测定原理	5		
		纳氏试剂分光光度法的适用范围	5		
		水杨酸分光光度法的测定原理	5		
		水杨酸分光光度法的适用范围	5		
2	基本技能 （65 分）	实验试剂的配制	5		
		纳氏试剂分光光度法的操作步骤	10		
		水杨酸分光光度法的操作步骤	10		
		纳氏比色法在线氨氮分析仪的操作步骤	5		
		水杨酸比色法在线氨氮分析仪的操作步骤	5		

续表

序号	考核内容	评分标准	分值	小组评	教师评
2	基本技能 （65分）	流动注射比色法在线分析仪的操作步骤	5		
		滴定法氨氮分析仪的操作步骤	10		
		氨气敏电极法的操作步骤	10		
		电导法氨氮分析仪的操作步骤	5		
3	环保安全 文明素养 （10分）	环保意识	4		
		安全意识	4		
		文明习惯	2		
4	扣分清单	迟到、早退	1分/次		
		旷课	2分/节		
		作业或报告未完成	5分/次		
		安全环保责任	一票否决		
考核结果					

【任务检测】

一、判断题

1. 水中存在的 NH_3 或 NH_4^+ 两者的组成比取决于水的 pH 值。当 pH 偏高时,游离态氨的比例较高;反之,则铵盐的比例较高。 （   ）

2. 通常所称的氨氮是指游离态氨及有机氨化合物。 （   ）

3. 通常所称的氨氮是指有机氨化合物、铵离子和游离态氨。 （   ）

二、选择题

1. 测氨水样经蒸馏后得到的馏出液,分取适量于 50 mL 比色管中,加入适量（   ）,以中和硼酸。

A. H_2SO_3 B. NaOH

C. HCl   D. NaOH 或 H_2SO_3

2. 用比色法测定氨氮时,如水样浑浊,可于水样中加入适量（   ）。

A. $ZnSO_4$ 和 HCl   B. $ZnSO_4$ 和 NaOH 溶液

C. $SnCl_2$ 和 NaOH 溶液   D. Na_2SO_4 和 NaOH 溶液

3. 纳氏试剂分光光度法测定水中氨氮,在显色前加入酒石酸钾钠的作用是（   ）。

A. 使显色完全   B. 调节 pH 值

C. 消除金属离子的干扰   D. 消除色度的干扰

4.配制纳氏试剂时,在搅拌下将二氯化汞溶液分次少量地加入碘化钾溶液中,应加到( )。

A.产生大量朱红色沉淀为止 B.溶液变黄为止

C.微量朱红色沉淀不再溶解时为止 D.将配好的氯化汞溶液加完为止

三、问答题

1.水样中的余氯为什么会干扰氨氮测定? 如何消除?

2.测定氨氮的水样如何保存?

任务七 亚硝酸盐氮测定

【任务描述】

亚硝酸盐氮是水体中含氮有机物进一步氧化,在变成硝酸盐过程中的中间产物。亚硝酸盐能使血液中正常携氧的低铁血红蛋白氧化成高铁血红蛋白,失去携氧能力而引起组织缺氧。亚硝酸盐是剧毒物质,成人摄入 $0.2 \sim 0.5$ g 即可引起中毒,摄入 3 g 即可致死。亚硝酸盐还是一种致癌物质,据研究,食道癌与患者摄入的亚硝酸盐量呈正相关性,亚硝酸盐的致癌机理是:在胃酸等环境下亚硝酸盐与食物中的仲胺、叔胺和酰胺等反应生成强致癌物 N – 亚硝胺。亚硝胺能够透过胎盘进入胎儿体内,对胎儿有致畸作用。

本任务通过学习水中亚硝酸盐氮的实验室及在线监测方法,使学员认识污废水中亚硝酸盐氮的相关定义及监测意义,同时了解污废水中亚硝酸盐氮的水样处理方法的原理,熟练运用不同方法检测污废水中的亚硝酸盐氮。

【相关知识】

硫化物的定义

亚硝酸盐(NO_2—N)是氮循环的中间产物,不稳定。根据水环境条件,可被氧化成硝酸盐,也可被还原成氨。亚硝酸盐可使人体正常的血红蛋白(低铁血红蛋白)氧化成高铁血红蛋白,发生高铁血红蛋白症,失去血红蛋白在体内输送氧的能力,出现组织缺氧的症状。亚硝酸盐可与仲胺类反应生成具致癌性的亚硝胺类物质,在 pH 值较低的酸性条件下,有利于亚硝胺类物质的形成。

亚硝酸盐在水中可受微生物等作用而很不稳定,采集后应尽快进行分析,必要时冷藏以抑制微生物的影响。

阅读有益

水中硝酸盐的测定方法颇多,常用的有酚二磺酸光度法、镉柱还原法、戴氏合金还原法、离子色谱法、紫外法和电极法等。

水中亚硝酸盐的测定方法通常采用重氮-偶联反应,方法灵敏、选择性强。所用重氮和偶联试剂种类较多,常用的,前者为对氨基苯磺酰胺和对氨基苯磺酸,后者为 N-(1-萘基)乙二胺和 α-萘胺。此外,还有目前国内外普遍使用的离子色谱法和新开发的气相分子吸收法。这两种方法虽然需要使用专用仪器,但方法简便、快速,干扰较少。

【任务实施】

一、实验室方法测量水样中亚硝酸盐氮

(一)N-(1-萘基)乙二胺光度法

1. 操作准备

(1)仪器及设备

分光光度计。

(2)试剂

①实验用水均为不含亚硝酸盐的水。

②无亚硝酸盐的水:于蒸馏水中加入少许高锰酸钾晶体,使溶液呈红色,再加氢氧化钡(或氢氧化钙)使其呈碱性。置于全玻璃蒸馏器中蒸馏,弃去 50 mL 初馏液,收集中间约 70% 不含锰的馏出液。也可于每升蒸馏水中加 1 mL 浓硫酸和 0.2 mL 硫酸锰溶液(每 100 mL 水中含 36.4 g $MnSO_4 \cdot H_2O$),加入 1~3 mL 0.04% 高锰酸钾溶液至呈红色,重蒸馏。

③磷酸,$\rho = 1.70$ g/mL。

④显色剂:于 500 mL 烧杯内,加入 250 mL 水和 50 mL 磷酸,加入 20.0 g 对氨基苯磺酰胺,再将 1.00 g N-(1-萘基)乙二胺二盐酸盐溶于上述溶液中,转移至 500 mL 容量瓶中,用水稀释至标线,混匀。

⑤亚硝酸盐氮标准储备液:称取 1.232 g 亚硝酸钠溶于 150 mL 水中,转移至 1 000 mL 容量瓶中,用水稀释至标线,每毫升含约 0.25 mg 亚硝酸盐氮。

本溶液储于棕色瓶中,加入 1 mL 三氯甲烷,保存温度 2~5 ℃,至少稳定 1 个月。储备液的标定如下:

a. 在 300 mL 具塞锥形瓶中,加入 50.00 mL 0.050 mol/L 高锰酸钾标准溶液、5 mL 浓硫酸,用 50 mL 无分度吸管,使下端插入高锰酸钾溶液面下,加入 50.00 mL 亚硝酸盐氮标准储备液,轻轻摇匀。置于水浴上加热至 70~80 ℃,按每次 10.00 mL 的量加入足够的草酸钠标准溶液,使红色推去并过量,记录草酸钠标准溶液用量(V_2)。然后用高锰酸钾标准溶液滴定过量草酸钠至溶液呈微红色,记录高锰酸钾标准溶液总含量(V_1)。

b. 以 50 mL 水代替亚硝酸盐氮标准储备液,如上操作,用草酸钠标准溶液标定高锰酸钾溶液的浓度(C_1)。按下式计算高锰酸钾标准溶液的浓度:

$$C(1/5KMnO_4) = \frac{0.0500 \times V_4}{V_3}$$

按下式计算亚硝酸盐氮标准储备液的浓度:

$$亚硝酸盐氮(N,mg/L) = \frac{(V_1C_1 - 0.0500 \times V_2) \times 7.00 \times 1000}{50.00}$$

$$= 140V_1C_1 - 7.00 \times V_2$$

式中　C_1——经标定的高锰酸钾标准溶液的浓度,(mol/L);

　　　V_1——滴定亚硝酸盐氮标准储备液时,加入高锰酸钾标准溶液总量,mL;

　　　V_2——滴定亚硝酸盐氮标准储备液时,加入草酸钠标准溶液量,mL;

　　　V_3——滴定水时,加入高锰酸钾标准溶液总量,mL;

　　　V_4——滴定空白时,加入草酸钠标准溶液总量,mL;

　　　7.00——亚硝酸盐氮(1/2N)的摩尔质量,(g/mol);

　　　50.00——亚硝酸盐标准储备液取用量,mL;

　　　0.0500——草酸钠标准溶液浓度(1/2$Na_2C_2O_4$),(mol/L)。

⑥亚硝酸盐氮标准中间液:分取 50.00 mL 亚硝酸盐标准贮备液(使含 12.5 mg 亚硝酸盐氮),置于 250 mL 容量瓶中,用水稀释至标线。此溶液每毫升含 50.0 μg 亚硝酸盐氮。

中间液贮于棕色瓶内,保存温度 2~5 ℃,可稳定 1 周。

⑦亚硝酸盐氮标准使用液:取 10.00 mL 亚硝酸盐标准中间液。置于 500 mL 容量瓶中,用水稀释至标线。每毫升含 1.00 μg 亚硝酸盐氮。此溶液使用时,当天配制。

⑧氢氧化铝悬浮液:溶解 125 g 硫酸铝钾或硫酸铝铵于 1 000 mL 水中,加热至 60 ℃,在不断搅拌下,徐徐加入 55 mL 浓氨水,放置约 1 h 后,移入 1 000 mL 量筒内,用水反复洗涤沉淀,最后至洗涤液中不含亚硝酸盐为止。澄清后,把上清液尽量全部倾出,只留稠的悬浮物,最后加入 100 mL 水,使用前应振荡均匀。

⑨高锰酸钾标准溶液(1/5$KMnO_4$) = 0.050 mol/L:溶解 1.6 g 高锰酸钾于 1 200 mL 水中,煮沸 0.5~1 h,使体积减小到 1 000 mL 左右,放置过夜。用 G3 号玻璃砂芯滤器过滤后,滤液储存于棕色试剂瓶中避光保存,按上述方法标定。

⑩草酸钠标准溶液(1/2$Na_2C_2O_4$) = 0.0500 mol/L:溶解经 105 ℃烘干 2 h 的优级纯无水草酸钠 3.350 g 于 750 mL 水中,移入 1 000 mL 容量瓶中,稀释至标线。

2. 操作步骤

(1)校准曲线的绘制

在一组 6 支 50 mL 比色管中,分别加入 0、1.00、3.00、5.00、7.00 和 10.0 mL 亚硝酸盐氮标准使用液,用水稀释至标线。加入 1.0 mL 显色剂,密塞,混匀。静置 20 min 后,任 2 h 以内,于波长 540 nm 处,用光程长 10 mm 的比色皿,以水为参比,测量吸光度。

从测得的吸光度,减去零浓度空白管的吸光度后,获得校正吸光度,绘制以氮含量(μg)对校正吸光度的校准曲线。

(2)水样的测定

当水样 pH≥11 时,可加入 1 滴酚酞指示液,边搅拌边逐滴加入(1 +9)磷酸溶液至红色刚消失。

水样如有颜色和悬浮物,可向每 100 mL 水中加入 2 mL 氢氧化铝悬浮液,搅拌、静置、过滤,弃去 25 mL 初滤液。

分取经预处理的水样于 50 mL 比色管中(如含量较高,则分取适量,用水稀释至标线),加 1.0 mL 显色剂,然后按校准曲线绘制的相同步骤操作,测量吸光度。经空白校正后,从校准曲线上查得亚硝酸盐氮量。

(3)空白试验

用水代替水样,按相同步骤进行测定。

(4)计算

$$亚硝酸盐氮(N,mg/L) = \frac{m}{v}$$

式中　　m——由水样测得的校正吸光度,从校准曲线上查得相应的亚硝酸盐氮的含量,μg;

　　　　v——水样的体积,mL。

 小提示

①水样经预处理后,如还有颜色,则分取两份体积相同的经预处理的水样,一份加 1.0 mL 显色剂,另一份改如 1 mL(1 + 9)磷酸溶液。由加显色剂的水样测得的吸光度,减去空白试验测得的吸光度,再减去改加磷酸溶液的水样所测得的吸光度后,获得校正吸光度,以进行色度校正。

②显色试剂除以混合液加入外,也可分别配制和依次加入,具体方法如下:

a. 对氨基苯磺酰胺溶液:称取 5 g 对氨基苯磺酰胺(磺胺),溶于 50 mL 浓盐酸和约 350 mL 水的混合液中,稀释至 500 mL。此溶液稳定。

b. N-(1-萘基)乙二胺二盐酸盐溶液:称取 500 mg N-(1-萘基)乙二胺二盐酸盐溶于 500 mL 水中,储于棕色瓶内,置冰箱中保存。当色泽明显加深时,应重新配制。如有沉淀,则过滤。

c. 于 50 mL 水样(或标准管)中,加入 1.0 mL 对氨基苯磺酰胺溶液,混匀。放置 2 ~ 8 min,加入 1.0 mL N-(1-萘基)乙二胺二盐酸盐溶液,混匀。放置 10 min 后,在 540 nm 波长测量吸光度。

阅读有益

1. 原理

在磷酸介质中,pH 值为 18 ± 0.3 时,亚硝酸盐与对氨基苯磺酰胺反应,生成重氮盐,再与 N-(1-萘基)乙二胺二盐酸盐偶联生成红色染料。在 540 nm 波长处有最大吸收。

2. 适用范围

本法适用于饮用水、地表水、地下水、生活污水和工业废水中亚硝酸盐的测定。最低检出浓度为 0.003 mg/L,测定上限为 0.20 mg/L 亚硝酸盐氮。

(二)气相分子吸收光谱法

1. 操作准备

(1)仪器及装置

①气相分子吸收光谱仪(或原子吸收的燃烧器部位附加吸收管)。

②锌空心阴极灯(原子吸收用)。

③气液分离吸收装置,如图4-7-1所示(清洗时,连入3)。

④工作条件。灯电流:灯的阴极直径 <2 mm 时用 5 mA;灯的阴极直径为 2~3 mm 时用 8~10 mA,工作波长 213.9 nm。测定方式:峰高,准备时间 0 s,测定时间 15 s,读数 5 位。

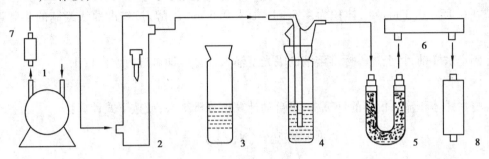

图 4-7-1　气液分离吸收装置示意图

1—空气泵;2—流量计;3—清洗瓶;4—反应瓶;5—干燥管;6—吸光管;7—净化器;8—收集器

(2)试剂

①本法用水,均为电导率≤0.7 μS/cm 的去离子水。

②0.3 mol/L 柠檬酸溶液:称取优级纯柠檬酸 32 g 溶解于去离子水,定容至 500 mL。

③无水乙醇,分析纯。

④亚硝酸盐氮标准储备液:称取预先在 105~110 ℃ 干燥过 4 h 的优级纯亚硝酸钠($NaNO_2$)2.463 g,溶解于水中,于 1 000 mL 容量瓶中定容,摇匀。此溶液每毫升含 0.500 mg 亚硝酸盐氮。

⑤亚硝酸盐氮标准使用液:吸取 0.500 mg/L 亚硝酸盐氮标准储备液,用水逐级稀释成 2.00 μg/mL 的标准使用液。

2.操作步骤

(1)装置的安装与测定的准备

如图 4-7-1 所示,在干燥管中装入固体大颗粒的高氯酸镁 $Mg(ClO_4)_2$,净化器及收集器中装入活性炭,然后将各部分用聚氯乙烯软管连接好。

锌灯装在工作灯架上,点灯并设定灯电流,待预热稳定后,调节仪器,使仪器能量保持在 110% 左右。

(2)校准曲线的绘制

用键盘输入 1.00、2.00、3.00、4.00、5.00 μg 的标准。将反应瓶盖插入含有 3 mL 水和数滴乙醇的清洗瓶中,启动空气泵,设定流量为 0.7 L/min,清洗管路。洗净样品反应瓶,加入 4.5 mL 0.3 mol/L 柠檬酸溶液,将反应瓶盖从清洗瓶中取出,关闭空气泵,向样品反应瓶中加入 0.5 mL 乙醇,立即密闭反应瓶盖。按下自动调零按钮,调至零点,再次启动空气泵,按下读数按钮。待 20 s 倒计时到 0 时,屏幕上即显示出零标准溶液的吸光度。然后取出反应瓶盖,用水洗涤上盖磨口及砂芯后,将其放入清洗瓶中,清洗管路。洗净样品反应瓶,再按顺序吸取 0.00、0.50、1.00、1.50、2.00、2.50 mL 亚硝酸盐氮标准使用液。

分别加入 0.3 mo/L 柠檬酸溶液,使浓度为 0.15 ~ 0.30 mol/L,体积为 4.5 mL。按照零标准溶液的测定步骤依次测定各标准溶液的吸光度,绘制出校准曲线。

(3)水样的测定

根据水样中亚硝酸盐氮的含量,吸取不超过 2 mL 的水样,加入 0.3 mol/L 柠檬酸,浓度保持在 0.15 ~ 0.3 mol/L,体积为 4.5 mL,加入 0.5 mL 乙醇,按校准曲线绘制的步骤进行测定。

测定水样前,将上述零标准溶液的吸光度输入计算机即可进行空白校正。

(4)计算

将水样体积输入仪器的计算机,可自动计算出分析结果,或按下式计算:

$$亚硝酸盐氮(N,mg/L) = \frac{m}{v}$$

式中　　m——根据校准曲线计算出的亚硝酸盐氮的含量,μg;

　　　　V——水样的体积,mL。

 小提示

①亚硝酸盐氮标准溶液易受空气氧化和微生物作用,浓度发生改变。0.5 mg/mL 的标准溶液于冰箱冷藏室可保存半年。2 μg/mL 标准溶液,常温下应每周重配。

②柠檬酸易发霉产生污垢,应及时更新。

③高氯酸镁应选用颗粒大的试剂,吸收水分后,其变湿部分超过 2/3 应及时更换。新装的高氯酸镁应进行约 10 min 的空白样品通气,待吸光度稳定后方可测定样品。

④锌空心阴极灯 213.9 nm 波长适于测定低浓度亚硝酸盐氮,浓度大于 10 mg/L,应使用其他灯,如铅灯(283.3 nm)等。

⑤测定过程中仪器能量应保持在 110% 左右,超过 120% 时,读数溢出,仪器不能正常工作。

⑥长时间测定高浓度样品后,应使用 10% 磷酸加入少量过氧化氢,清洗吸光管及干燥管并水洗烘干,以除去残留的氮氧化物,必要时可用洗涤剂清洗吸光管。连接在反应瓶出气支管的管路应酌情用经乙醇湿润的棉花清洗,使空白溶液吸光度小于 0.0004,以利于低浓度亚硝酸盐氮的测定。

阅读有益

1. 原理

在 0.15 ~ 0.3 mol/L 柠檬酸介质中,加入无水乙醇将水样中亚硝酸盐迅速分解,生成二氧化氮气体,用空气载入气相分子吸收光谱仪的吸光管中,测定该气体对来自锌空心阴极灯 213.9 nm 波长产生的吸光强度,以校准曲线法直接测定水样中亚硝酸盐氮的含量。

2. 适用范围

本法最低检出浓度为 0.0005 mg/L,测定上限达 2 000 mg/L(用铅灯 283.3 nm 波长)。可用于地表水、地下水、海水、饮用水及某些废水中亚硝酸盐氮的测定。

【知识拓展】

离子色谱法测定水中亚硝酸盐氮

1.方法原理

本法利用离子交换的原理,连续对多种阴离子进行定性和定量分析。水样注入碳酸盐 – 碳酸氢盐溶液并流经系列的离子交换树脂,基于待测阴离子对低容量强碱性阴离子树脂(分离柱)的相对亲和力不同而彼此分开。被分离的阴离子,在流经强酸性阳离子树脂(抑制柱)或抑制膜时,被转换为高电导的酸性,碳酸盐 – 碳酸氢盐则转变成弱电导的碳酸(清除背景电导)。用电导检测器测量被转变为相应酸性的阴离子与标准进行比较,根据保留时间定性,峰高或峰面积定量。

2.方法的适用范围

本法可以连续测定饮用水,地表水,地下水,雨中水的 F^-、Cl^-、Br^-、NO_2^-、NO_3^-、PO_4^{3-} 和 SO_4^{2-}。

本法的测定下限一般为 0.1 mg/L,当进样量为 100 μL,用 10 μS 满刻度电导检测器时,F^- 为 0.02 mg/L(以下均用 mg/L)。Cl^- 为 0.04、NO_2^- 为 0.05、NO_3^- 为 0.10、Br^- 为 0.15、PO_4^{3-} 为 0.20、SO_4^{2-} 为 0.10。

3.操作步骤

仪器操作按仪器的使用说明书进行。

(1)样品保存及预处理

样品采集后均经孔径 0.45 μm 微孔滤膜过滤,保存于聚乙烯瓶,置于冰箱中,使用前将样品和淋洗储备液按(99 + 1)体积混合,以除去负峰干扰。

(2)校准曲线

分别取 2.00、5.00、10.00、50.00 mL 混合标准溶液于 100 mL 容量瓶中,再分别加 1.00 mL 淋洗备液,用水稀释到标线,摇匀。用测定样品相同的条件进行测定,绘制校准曲线。

(3)样品测定

①色谱条件:淋洗使用液流速为 2.5 mL/min,进样量为 100 μL,电导检测器灵敏度根据仪器情况选择。

②定性分析:根据各离子的出峰保留时间确定离子种类。

③定量分析:测定未知样的峰高,从校准曲线查得其浓度。

二、在线监测亚硝酸盐氮

操作亚硝酸盐氮在线分析仪之前应认真阅读仪器的使用说明书,最好经过生产厂家的认真培训。亚硝酸盐氮在线分析仪的操作内容主要包括仪器参数的设定、仪器的校准、仪器的维护和故障处理等。

①仪器参数的设定　设定参数主要有分析周期(或分析频次)、测量范围、报警限值、系统时间等,设定方法参照说明书。

②仪器的校准　亚硝酸盐氮在线分析仪在使用前需要对工作曲线进行校准,在使用中需要定期校准。校准前应先配制不同浓度的标准溶液,可根据仪器的需要进行一点校准或多点校准,校准时将标准溶液从水样进样口导入,并按照说明书逐点进行校准。

③仪器的维护　亚硝酸盐氮在线分析仪在使用中应严格按照说明书要求定期维护,以保证仪器正常工作,一般亚硝酸盐氮在线分析仪需定期进行以下维护:

a. 定期添加试剂,添加频次根据单次试剂用量、分析频次和试剂容器容量确定。

b. 定期更换泵管,防止泵管老化而损坏仪器。更换频次每 3～6 个月一次,与分析频次有关,主要参照使用说明书。

c. 定期清洗采样头,防止采样头堵塞而采不上水,一般 2～4 周清洗一次,主要根据水质情况而定,水质越差清洗周期越短。

d. 定期校准工作曲线,以保证测量结果准确,一般每 3 个月或半年校准一次,主要参照使用说明书和现场水质变化情况来定,对水质变化大的地方,应相应缩短校准周期。

④故障处理　在亚硝酸盐氮在线分析仪运营维护过程中,个别仪器可能会出现故障。对一般的故障,运营人员应及时处理,快速恢复仪器运行;对复杂的故障,运营人员应及时与生产厂家联系,及时修复仪器,如不能及时修复的,应提供备用机,保证系统连续运行。

阅读有益

亚硝酸盐氮在线分析仪工作原理

光度法:水样中的亚硝酸根离子与磺胺生成重氮盐,再与 N-(1-萘基)乙二胺二盐酸盐偶联生成红色染料,在波长 540 nm 处测定吸光度 A,由 A 值查询标准工作曲线,计算亚硝酸盐氮的浓度。

YUEDUYOUYI

【任务评价】

任务七　亚硝酸盐氮测定评价明细表

序号	考核内容	评分标准	分值	小组评价	教师评价
1	基本知识 (30 分)	亚硝酸盐氮的定义及监测意义	5		
		亚硝酸盐氮测定原理	15		
		亚硝酸盐氮监测设备工作原理	10		
2	基本技能 (60 分)	亚硝酸盐氮测定试剂的配制	5		
		亚硝酸盐氮监测的操作步骤	15		
		亚硝酸盐氮监测设备的使用	30		
		亚硝酸盐氮监测设备的维护	10		
3	环保安全 文明素养 (10 分)	环保意识	4		
		安全意识	4		
		文明习惯	2		

序号	考核内容	评分标准	分值	小组评价	教师评价
4	扣分清单	迟到、早退	1分/次		
		旷课	2分/节		
		作业或报告未完成	5分/次		
		安全环保责任	一票否决		
考核结果					

【任务检测】

一、选择题

1.用以下哪种方法可配制亚硝酸盐氮储备液?(   )

A. 准确称量 $NaNO$ 加水定容至一定体积

B. 称取定量 $NaNO$ 加水溶解,用 $KMnO_4$ 溶液和 NaC_2C_4 溶液标定

C. 称取定量 $NaNO$ 加水溶解,用 $KMnO_4$ 溶液标定

D. 称取定量 $NaNO$ 加水溶解,用已知浓度的 $KMnO_4$ 溶液标定

2.分光光度法测定水样中亚硝酸盐氮时,加入显色剂后,应(   )再测定。

A. 密塞静置 30 min   B. 摇匀   C. 立即测定   D. 密塞摇匀,静置 20 min

二、填空题

1.水中亚硝酸盐是_____分解过程的_____产物,极不稳定,可被进一步_____成_____,也可被_____成_____,采样后应_____。

2.亚硝酸盐氮样品应该用_____或_____采集,样品采集后_____分析,不要超过_____ h。若需短期保存 1 ~ 2 d,可以在每升实验样品中加入_____,并保存于_____。

三、简答题

氢氧化铝悬浮液如何制备?

任务八   总氮测定

【任务描述】

大量的生活污水、农田排水或含氮工业废水排入天然水体中,使水中有机氮和各种无机氮化物的含量增加,生物和微生物大量繁殖,消耗水中的溶解氧,使水体质量恶化。若湖泊、

水库中的氮含量超标,会造成浮游植物繁殖旺盛,出现水体富营养化状态。总氮是衡量水质的重要指标之一。

本任务通过学习对水中总氮的实验室及在线监测方法,使学员认识污废水中总氮及其化合物的相关定义及监测意义,同时了解污废水中总氮及其化合物的处理方法的原理,熟练运用不同方法检测污废水中总氮。

【相关知识】

总氮(Total Nitrogen,TN)是指在 HJ 636—2012《水质总氮的测定 碱性过硫酸钾消解等外部光光度法》规定的条件下,能测定的样品中溶解态氮及悬浮物中氮的总和,包括亚硝酸盐氮、硝酸盐氮、无机铵盐、溶解态氨及大部分有机含氮化合物中的氮。

【任务实施】

一、实验室方法测量水样中总氮

操作准备→样品预处理→样品测定→计算结果→书写报告。

总氮的国家标准测定方法是碱性过硫酸钾消解-紫外分光光度法。

二、样品的采集和保存

在水样采集后立即放入冰箱中或低于 4 ℃的条件下保存,但不得超过 24 h。

水样放置时间较长时,用浓硫酸调节 pH 值至 1 ~ 2,常温下可保存 7 d。储存在聚乙烯瓶中,–20 ℃冷冻,可保存 1 个月。

三、试样的制备

取适量样品用氢氧化钠溶液或硫酸溶液调节 pH 值至 5 ~ 9,待测。

1. 操作准备

(1)仪器和设备

①紫外分光光度计:具 10 mm 石英比色皿。

②高压蒸汽灭菌器:最高工作压力不低于 1.1 ~ 1.4 kg/cm²;最高工作温度不低于 120 ~ 124 ℃。

③具塞磨口玻璃比色管:25 mL。

(2)试剂

①无氨水 按下述方法之一制备:

a. 离子交换法:将蒸馏水通过一个强酸型阳离子交换树脂(氢型)柱,流出液收集在带有密封玻璃盖的玻璃瓶中。

b. 蒸馏法:在 1 000 mL 蒸馏水中加入 0.10 mL 硫酸($\rho = 1.84$ g/mL),并在全玻璃蒸馏器中重蒸馏,弃去前 50 mL 馏出液,然后将馏出液收集在带有玻璃塞的玻璃瓶中。

②氢氧化钠溶液,200 g/L 称取 20 g 氢氧化钠(NaOH),溶于无氨水中,稀释至 1 000 mL,溶液存放在聚乙烯瓶中,最长可储存 1 周。

③硝酸钾标准储备液, $\rho_N = 100$ mg/L　硝酸钾(KNO_3)在 105～110 ℃烘箱中干燥 3 h, 在干燥器中冷却后,称取 0.721 8 g,溶于无氨水中,移至 1 000 mL 容量瓶中,用水稀释至标线,在 0～10 ℃暗处保存,或加入 1～2 mL 三氯甲烷保存,可稳定 6 个月。

④硝酸钾标准使用液, $\rho_N = 10$ mg/L　将储备液用水稀释 10 倍而得。使用时配制。

⑤碱性过硫酸钾溶液　称取 40 g 过硫酸钾($K_2S_2O_8$),另称取 15 g 氢氧化钠(NaOH), 溶于无氨水中,稀释至 1 000 mL,溶液存放在聚乙烯瓶内,最长可储存 1 周。

2. 操作步骤

1)校准曲线的绘制

分别量取 0、0.20、0.50、1.00、3.00 和 7.00 mL 硝酸钾标准使用液于 25 mL 具塞磨口玻璃比色管中,其对应的总氮(以 N 计)含量分别为 0、2.00、5.00、10.0、30.0 和 70.0 μg。加水稀释至 10.00 mL,再加入 5.00 mL 碱性过硫酸钾溶液,塞紧管塞,用纱布和线绳扎紧管塞,以防弹出。将比色管置于高压蒸汽灭菌器中,加热至顶压阀吹气,关阀,继续加热至 120 ℃开始计时,保持温度为 120～124 ℃ 30 min。自然冷却、开阀放气,移去外盖,取出比色管冷却至室温,按住管塞将比色管中的液体颠倒混匀 2～3 次。

每个比色管分别加入 1.0 mL 1＋9 盐酸溶液,用水稀释至 25 mL 标线,盖塞混匀。使用 10 mm 石英比色皿,在紫外分光光度计上,以水作参比,分别于波长 220 nm 和 275 nm 处测定吸光度。零浓度的校正吸光度 A_b、其他标准系列的校正吸光度 A_s 及其差值 A_r 按下列公式进行计算。以总氮(以 N 计)含量(μg)为横坐标,对应的 A_r 值为纵坐标,绘制校准曲线。

$$A_b = A_{b220} - 2A_{b275}$$

$$A_s = A_{s220} - 2A_{s275}$$

$$A_r = A_s - A_b$$

式中　A_b——零浓度(空白)溶液的校正吸光度;

A_{b220}——零浓度(空白)溶液于波长 220 nm 处的吸光度;

A_{b275}——零浓度(空白)溶液于波长 275 nm 处的吸光度;

A_s——标准溶液的校正吸光度;

A_{s220}——标准溶液于波长 220 nm 处的吸光度;

A_{s275}——标准溶液于波长 275 nm 处的吸光度;

A_r——标准溶液校正吸光度与零浓度(空白)溶液校正吸光度的差。

2)测定

量取 10.00 mL 试样于 25 mL 具塞磨口玻璃比色管中,按照标准曲线步骤进行测定。

3)空白试验

用 10.00 mL 水代替试样,按照测定步骤进行测定。

3. 结果计算与表示

1)结果计算

参照上述公式计算试样校正吸光度和空白试验校正吸光度差值 A_r,样品中总氮的质量浓度 ρ(mg/L)按下列公式进行计算:

$$\rho = \frac{(A_r - a) \times f}{bV}$$

式中　ρ——样品中总氮(以 N 计)的质量浓度,(mg/L);

　　　A_r——试样的校正吸光度与空白试验校正吸光度的差值;

　　　a——校准曲线的截距;

　　　b——校准曲线的斜率;

　　　V——试样体积,mL;

　　　f——稀释倍数。

2)结果表示

当测定结果小于 1.00 mg/L 时,保留到小数点后两位;当测定结果不小于 1.00 mg/L 时,保留 3 位有效数字。

 小提示

①某些含氮有机物在 HJ636—2012《水质　总氮的测定　碱性过硫酸钾消解等外分光光度法》规定的测定条件下不能完全转化为硝酸盐。

②测定应在无氨的实验室环境中进行,避免环境交叉污染对测定结果产生影响。

③实验所用的器皿和高压蒸汽灭菌器等均应无氮污染。实验中所用的玻璃器皿应用盐酸溶液(1 +9)或硫酸溶液(1 +35)浸泡,用自来水冲洗后再用无氨水冲洗数次,洗净后立即使用。高压蒸汽灭菌器应每周清洗。

④在碱性过硫酸钾溶液配制过程中,温度过高会导致过硫酸钾分解失效,要控制水浴温度在 60 ℃以下,而且应待氢氧化钠溶液温度冷却至室温后,再将其与过硫酸钾溶液混合、定容。

⑤使用高压蒸汽灭菌器时,应定期检定压力表,并检查橡胶密封圈密封情况,避免因漏气而减压。

阅读有益

1. 原理

在 120 ~ 124 ℃下,碱性过硫酸钾溶液使样品中含氮化合物的氮转化为硝酸盐,采用紫外分光光度法于波长 220 nm 和 275 nm 处,分别测定吸光度 A_{220} 和 A_{275},按下列公式计算校正吸光度 A,总氮(以 N 计)含量与校正吸光度 A 成正比。

$$A = A_{220} - 2A_{275}$$

2. 适用范围

本法适用于地表水、地下水的测定,可测定水中亚硝酸盐氮、硝酸盐氮、无机氨盐、溶解态氨及大部分有机含氮化合物中氮的总和。

当样品量为 10 mL 时,该方法的检出限为 0.05 mg/L,测定范围为 0.20 ~ 7.00 mg/L。

四、在线监测方法

1. 碱性过硫酸钾消解-紫外分光光度法

碱性过硫酸钾消解等外分光光度法是指在水样中加过硫酸钾并高温消解,然后在220 nm 紫外光处测量吸光度,通过吸光度计算总氮浓度的方法。以岛津的总磷/总氮分析仪为例,仪器的原理是:样品通过两个八通阀、注射器泵抽取到注射器中,添加 NaOH 和过硫酸钾混合均匀后,送到消解池,在 UV 光照射 +70 ℃加热消解 15 min,生成 NO_3^-,然后抽取试剂回到注射器,并添加 HCl 去除水中的 CO_2 和 CO_3^{2-},最后送到检测池在 220 nm 处测试样品的吸光度,并与满量程 TN 标准溶液及蒸馏水(零点)的吸光度比较,计算后得出样品的 TN 浓度。总磷/总氮分析仪及其工作原理如图 4-8-1、图 4-8-2 所示。

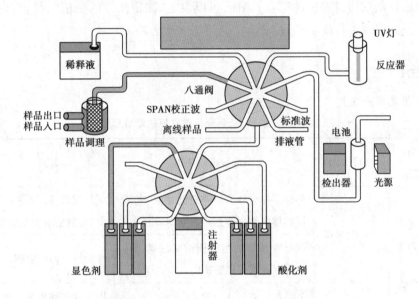

图 4-8-1　总磷/总氮分析仪及其工作原理

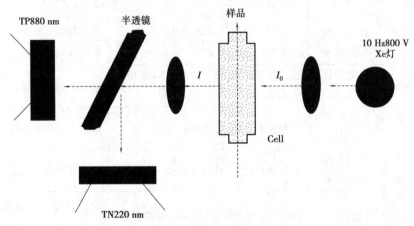

图 4-8-2　总磷/总氮分析仪监测器原理

TNP4110 的检测器主要由光源、单色器、样品池、光电流检测器等部分组成光源为 Xe灯;样品池为 20 mm 石英比色皿;半透镜只能通过 880 nm 波长的光。光电流检测器的光电管装有一个阴极和一个阳极,阴极是用对光敏感的金属(多为碱土金属的氧化物)做成,当光射到阴极且达到一定能量时,金属原子中电子发射出来。

2. 操作步骤

操作总磷/总氮分析仪之前应认真阅读仪器的使用说明书,最好经过生产厂家的认真培训。仪器的操作主要包括开关机、在线测定、离线测定、曲线校准和维护保养等。

仪器的开机、关机

首先将各试剂放置在仪器内的试剂托架上,并将各条管路插至瓶底,然后确认供电电压是否为 - 110 V,如不是则必须加装稳压电源,确认后即可上电,此时仪器开始初始化动作,检验各机械、传感器是否正常。

仪器初始化结束后,按进入[菜单]画面,可以设定"测定条件的登记"、校正、在线测量、离线测量以及对仪器进行维护检查。

 小提示

故障处理见表4-8-1。

表 4-8-1　总磷/总氮分析仪常见故障处理

用肉眼可以看到的故障情况	直接原因	引起故障的原因	对策	备注
「TNP 的情况」显示测试值为零	采不到水样	外部采样泵坏或采样管路堵塞、前置调整槽内被固体悬浮污染物堵塞	更换采样泵,疏通采样管路,清洁前置调整槽	○
		预处理装置的电磁阀故障。样品不能保存在前置调整槽内	修理或更换电磁阀	
「TNP 的情况」显示测定值为零	采不到水样	2 # 在线取样管路堵塞	用细铁丝和棉花疏通 2 # 取样管	○
	注射器采样不充分	长时间运转后注射器松动漏气	重新旋紧注射器	○
		注射器尖端磨损漏气	更换注射器活塞尖端	
TP 测试值为 0	试剂吸收不充分	试剂软管浮出,没有吸收抗坏血酸或者钼酸	适当调整试剂软管	○
校正时 Zero 值反复漂移	试剂吸收不充分	试剂软管弯曲,无法汲取试剂	适当调整试剂软管	○
与手工相比,测定值极低接近零	样品中混入清洗水	清洗水阀故障,导致清洗水一直流淌	修理或更换清洗水阀	
TN 显示为零或者异常低的值	仪器调整的问题	纯水不良的情况下,用调整器调整 Xe 灯的光强	在没有导入可信的纯水时不能调整 I/O 板上的调整器	○
测定值超量程	校正不良	试剂用完、满量程标准溶液用完,实施校正,结果没有被采用	设定警报范围,校正结果异常时防止覆盖	○

续表

用肉眼可以看到的故障情况	直接原因	引起故障的原因	对策	备注
TN 测定值与手工值相比较低	TN 零点校正值高	注射器拧得过紧,注射器与八通阀之间的垫片变形,注射器内部 TP 测定的试剂剩余,影响 TN 零点	继续旋紧注射器1/4圈 更换垫片 重新安装注射器	○ ○ ○
TN 值偏高	稀释水不纯		更换高纯度的稀释水	○
TN 校正 Zero 的 Abs 偏高	消解不充分	UV 灯光强衰弱,能量下降	切去 UV 灯保护套约 1 cm	
重线性差	UV 灯不亮	UV 灯电源坏	更换 UV 灯	
		试剂浓度偏高	准确配制试剂	○
	CO_2 干扰	没有加入盐酸	调整试剂软管位置	○
		纯水质量不好	更换高质量纯水	○
		CELL、注射器、仪器内管路被污染	用「维修画面」中的「清洗」功能多次清洗	○
	测试值不稳定	UV 灯污染,表面脏污,能量减弱	清洗 UV 灯、切去 1 cm 保护套,更换	○
八通阀错误报警	光电传感器信号检测不到	传感器表面脏污,挡住光路	吹扫光电传感器的表面	○

注:○为可能有仪器外的原因。

【任务评价】

任务八 总氮测定评价明细表

序号	考核内容	评分标准	分值	小组评	教师评
1	理论知识 (25 分)	总氮的定义	5		
		碱性过硫酸钾消解-紫外分光光度法的测定原理	10		
		碱性过硫酸钾消解-紫外分光光度法的适用范围	10		
2	基本技能 (65 分)	实验试剂的配制	5		
		碱性过硫酸钾消解-紫外分光光度法的操作步骤	25		
		碱性过硫酸钾消解-紫外分光光度法在线总氮分析仪的操作步骤	25		
		碱性过硫酸钾消解-紫外分光光度法在线总氮分析仪的故障处理	10		

续表

序号	考核内容	评分标准		分值	小组评	教师评
3	环保安全 文明素养 （10分）	环保意识		4		
		安全意识		4		
		文明习惯		2		
4	扣分清单	迟到、早退		1分/次		
		旷课		2分/节		
		作业或报告未完成		5分/次		
		安全环保责任		一票否决		
考核结果						

【任务检测】

一、判断题

1. 总氮是指可溶性及悬浮颗粒中的含氮量。（　　）

2. 碱性过硫酸钾消解-紫外分光光度法测定水中总氮时，硫酸盐及氯化物对测定有影响。（　　）

3. 碱性过硫酸钾消解-紫外分光光度法测定水中总氮时，在 120～124 ℃ 的碱性介质条件下，用过硫酸钾作氧化剂，不仅可将水中氨氮、亚硝酸盐氮氧化为硝酸盐，同时将水样中大部分有机氮化合物氧化为硝酸盐。（　　）

二、选择题

1. 碱性过硫酸钾消解-紫外分光光度法测定水中总氮时，水样采集后立即用硫酸酸化到 pH＜2，在(　　)h 内测定。

A. 12　　　　　　　　B. 24　　　　　　　　C. 48　　　　　　　　D. 72

2. 碱性过硫酸钾消解-紫外分光光度法测定水中总氮时，配制 1 000 mL 硝酸钾储备液时加入 2 mL(　　)，储备液至少可稳定 6 个月。

A. 三氯甲烷　　　　B. 三乙醇胺　　　　C. 乙醇　　　　D. 丙酮

三、问答题

1. 简述碱性过硫酸钾消解-紫外分光光度法测定总氮的原理。

2. 碱性过硫酸钾消解-紫外分光光度法测定水中总氮时，主要干扰物有哪些？如何消除？

任务九　总磷测定

【任务描述】

磷在自然界中分布很广,与氧化合能力较强。自然界中没有单质磷。磷在地壳中平均含量为 1 050 mg/kg,它以磷酸盐形式存在于矿物中。在天然水和废水中,磷几乎都以各种磷酸盐的形式存在。它们分别为正磷酸盐、缩合磷酸盐(焦磷酸盐、偏磷酸盐和多磷酸盐)和有机结合的磷酸盐,存在于溶液和悬浮物中。在淡水和海水中的平均含量分别为 0.02 mg/L 和 0.088 mg/L。

本任务通过学习水中总磷的实验室及在线监测方法,使学员认识污废水中总磷及其化合物的相关定义及监测意义,同时了解污废水中总磷及其化合物的处理方法的原理,熟练运用不同方法检测污废水中总磷。

【相关知识】

一、总磷的定义

总磷包括溶解的、颗粒的、有机磷和无机磷。

磷和氮是生物生长必需的营养元素,水质中含有适度的营养元素会促进生物和微生物生长,但人为因素使水域中的磷逐渐富集,伴随着藻类异常增殖。使水质恶化的过程称为"富营养化"。在这个过程中,水体藻类大量增殖和腐烂分解损耗水中的溶解氧,不利于鱼类等水生动物的生长,藻类大量增殖逐渐降低水的透明度,并使湖水带有腥味。随着水理化性质的变化,降低了水资源在饮用、游览和养殖等方面的利用价值。浅水湖泊严重的富营养化往往导致湖泊沼泽化,致使湖泊死亡。

为了保护水质,控制危害,在环境监测中总磷已列入正式的监测项目。各国都制订了磷的环境标准和排放标准。

二、水样的采集与保存

磷的水样不稳定,最好采集后立即分析,这样试样变化较小。如果分析不能在采集后立即进行,在 500 mL 水样中加 1 mL 浓硫酸调节样品的 pH 值,使之低于或等于 1,或不加任何试剂于冷处保存。

磷酸盐可能会吸附于塑料瓶壁上,不可用塑料瓶储存,所有玻璃容器都要用稀的热盐酸冲洗,再用蒸馏水冲洗数次。

水样中各种磷酸盐按如图 4-9-1 所示进行预处理,可分别求得总磷、总有机磷、总酸可水解性磷、可滤活性磷、可滤酸可水解性磷、可滤性有机磷、总不可滤性磷、不可滤活性磷、不可滤酸可水解性磷、不可滤性有机磷等。

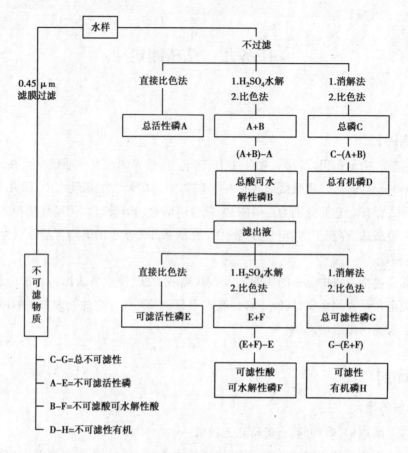

图 4-9-1 各种形态磷酸盐的分析步骤

【任务实施】

一、实验室方法测量水样中总磷

操作准备→样品预处理→样品测定→计算结果→书写报告。

实验室测定总磷分析方法由两个步骤组成。

第一步:可由氧化剂过硫酸钾、硝酸-过氯酸、硝酸-硫酸、硝酸镁或者紫外照射,将水样中不同形态的磷转化成磷酸盐。第二步:测定正磷酸,从而求得总磷含量。磷酸根分析方法基于酸性条件下,磷酸根同钼酸铵(或同时存在酒石酸锑钾)生成磷钼杂多酸。磷钼杂多酸用还原剂抗坏血酸或者氯化亚锡还原成蓝色的络合物(简称磷钼蓝),也可以用碱性染料生成多元有色络合物,直接进行分光光度测定。磷钼杂多酸内磷与钼组成之比为1:2,通过测定钼而间接求得磷钼杂多酸中磷酸根含量能起放大作用,从而提高磷分析的灵敏度。

目前,常用的方法是钼酸铵分光光度法测定水质的总磷。

1. 操作准备

(1)仪器和设备

①医用手提式蒸汽消毒器或一般压力锅($1.1 \sim 1.4 \ kg/cm^3$)。

②50 mL 具塞比色管。

③分光光度计。

（2）试剂

①10%抗坏血酸溶液　溶解 10 g 抗坏血酸于水中，稀释至 100 mL。该溶液储存在棕色玻璃瓶，在约 4 ℃可稳定几周。如颜色变黄，则弃去重配。

②钼酸盐溶液　溶解 13 g 钼酸铵于 100 mL 水中。溶解 0.35 g 酒石酸锑钾于 100 mL 水中。在不断搅拌下，将钼酸铵溶液徐徐加到 300 mL 1 + 1 硫酸中，加酒石酸锑钾溶液并混合均匀，储存在棕色的玻璃瓶中于约 4 ℃保存，至少稳定两个月。

③浊度-色度补偿液　混合两份体积的 1 + 1 硫酸和 1 份体积的 10%抗坏血酸溶液。此溶液当天配制。

④磷酸盐储备溶液　将优级纯磷酸二氢钾于 110 ℃干燥 2 h，在干燥器中放冷。称取 0.2197 g ±0.001 g 溶于水，移入 1 000 mL 容量瓶中。加 1 + 1 硫酸 5 mL，用水稀释至标线。此溶液每毫升含 50.0 μg 磷（以 P 计）。

⑤磷酸盐标准使用液　吸取 10.00 mL 磷酸盐储备液于 250 mL 容量瓶中，用水稀释至标线。此溶液每毫升含 2.00 μg 磷。临用时现配。

2. 操作步骤

（1）样品预处理

吸取 25.0 mL 混匀水样（必要时，酌情少取水样，并加水至 25 mL，使含磷量不超过 30μg）于 50 mL 具塞刻度管中，加过硫酸钾溶液 4 mL，加塞后管口包一小块纱布并用线扎紧，以免加热时玻璃塞冲出。将具塞刻度管放在大烧杯中，置于高压蒸汽消毒器或压力锅中加热，待锅内压力达 1.1 kg/cm² （相应温度为 120 ℃）时，调节电炉温度使保持此压力 30 min 后，停止加热，待压力表指针降至零后取出放冷。如溶液浑浊，则用滤纸过滤，洗涤后定容。

试剂空白和标准溶液系列也经同样的消解操作。

（2）样品测定

①标准曲线的绘制　取数支 50 mL 具塞比色管，分别加入磷酸盐标准使用液 0、0.50、1.00、3.00、5.00、10.0、15.0 mL，加水至 50 mL。

a. 显色：向比色管中加入 1 mL 10%抗坏血酸溶液，混匀，30 s 后加 2 mL 钼酸盐溶液充分混合，放置 15 min。

b. 测量：用 10 mm 或 30 mm 比色皿，于 700 nm 波长处，以零浓度溶液为参比，测量吸光度。

②样品测定　分取适量经滤膜过滤或消解的水样（使含磷量不超过 30 μg）加入 50 mL 比色管中，用水稀释至标线。以下按绘制校准曲线的步骤进行显色和测量。减去空白试验的吸光度，并从校准曲线上查出含磷量。

（3）结果计算与表示

总磷含量以 $C(\text{mg/L})$ 表示，按下式计算：

$$C = \frac{m}{V}$$

式中　m——试样测出含磷量，μg；

　　　V——测定用试样体积，mL。

 小提示

①如试样中色度影响测量吸光度时，需作补偿校正。在 50 mL 比色管中，分取与样品测定相同量的水样，定容后加入 3 mL 浊度补偿液，测量吸光度，然后从水样的吸光度中减去校正吸光度。

②室温低于 13 ℃时，可在 20～30 ℃水浴中显色 15 min。

③操作所用的玻璃器皿可用 1＋1 盐酸浸泡 2 h，或用不含磷酸盐的洗涤剂刷洗。

④比色皿用后应以稀硝酸或铬酸洗液浸泡片刻，以除去吸附的钼蓝有色物。

阅读有益

1. 原理

中性条件下，用过硫酸钾(或硝酸-高氯酸)使试样消解，将所含磷全部氧化为正磷酸盐。在酸性介质中，正磷酸盐与钼酸铵反应，在锑盐存在下生成磷钼杂多酸后，立即被抗坏血酸还原，生成蓝色的络合物。

2. 适用范围

该标准适用于地面水、污水和工业废水。取 25 mL 水样，最低检出浓度为 0.01 mg/L，测定上限为 0.6 mg/L。

二、在线监测方法

中性条件下，水样加入过硫酸盐，在密闭、高温(120～130 ℃)条件下消解，水样中不同形态价态的磷全部氧化为正磷盐。在酸性介质中，正磷酸盐与钼酸铵反应，在锑盐的存在下生成磷钼杂多酸后，立即被抗坏血酸(VC)反应生成磷钼杂多蓝，在波长 700 nm(或 880 nm)下进行吸光度测定，一定范围内，吸光度与正磷酸的浓度有严格的线性关系，从而达到测试水中总磷的目的。

1. 仪器工作原理

(1)光度比色法

仪器工作原理是：该总磷分析仪通过嵌入式工业计算机系统的控制，自动完成水样采集。水样进入反应室，在高温下经强氧化剂的氧化分解，将水样中各种形态的磷转化为正磷酸盐，在酸性条件下，正磷酸盐与钼酸铵、酒石酸锑氧钾反应，生成磷钼杂多酸，被还原剂抗坏血酸还原，生成蓝色络合物，在测定的范围内，该络合物的色度与总磷的含量成正比。反应后的混合液进入比色室，运用光电比色法检测到与色度相关的电压，通过信号放大器放大后，传输给嵌入式工业计算机。嵌入式工业计算机经过数据处理后，显示总磷浓度值并进行数据存储、处理与传输。总磷分析仪工作流程如图 4-9-2 所示。

仪器主要性能指标如下：

①测量范围：0.05～5.0 mg/L、0.05～50.0 mg/f(可选)。

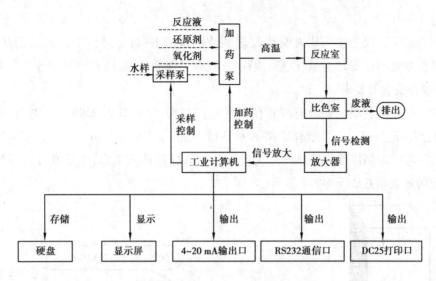

图 4-9-2 总磷分析仪工作流程

②示值误差: ±8%。

③重复性误差: 3%。

④零点漂移: ±3% F·S/24h。

⑤量程漂移: ±5% F·S/24h。

⑥直线性: ±5% F·S。

⑦最小测量周期: 30 min。

（2）流动注射法

如图 4-9-3 所示,载流液由注射泵输送至直径为 0.8 mm 的反应管道中,当注入阀将水样和钼酸盐溶液切入反应管道中后,试样带被载流液推进并在推进过程中渐渐扩散,样品和试剂呈现梯度混合,快速反应,流过流通池,由光电比色计测量并记录液流中的钼蓝对 660 nm 波长光吸收后透过光强度的变化值,获得有相应峰高和峰宽的响应曲线,用峰高经比较计算求得水样中 TP 值的含量。该仪器的主要特征是整个反应和测量过程都在一根毛细管中流动进行。

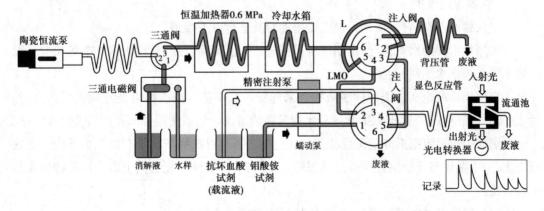

图 4-9-3 流动注射法分析原理

2. 操作步骤

操作总磷分析仪之前应认真阅读仪器的使用说明书,最好经过生产厂家的认真培训。仪器的操作主要包括安装、参数设置、曲线校准、维护保养等,具体操作参见各厂家说明书。

(1)仪器安装及要求

总磷分析仪安装场地要求有放置仪器的监测站房,并且具备220V AC电源、接地电阻 $R \leqslant 10~\Omega$、多功能插座。上水取样距离不大于15 m,落差不大于6 m。下水管路从站房到排口应保持一定的坡降以便排液顺畅。为确保冬季取样及排水正常,上下水管路应具有防冻设施。现场安装示意如图4-9-4所示。

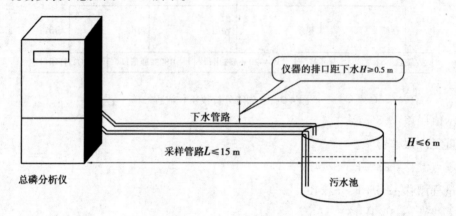

图4-9-4　现场安装示意

(2)使用前准备

①完成仪器安装,放置好仪器所需的各种试剂,仪器上电稳定半个小时。

②调整好测量模块的各级参数,设置好系统各种参数。

③完成工作曲线,在自动运行方式下用标准样品作为水样进行分析,必须达到仪器规定的精度要求,如果没有达到,在曲线校正功能里修改校正,直到达到要求。

(3)参数设定

运行前需设定运行参数、系统时间、报警参数、设置加药量、设置定时表等。

(4)仪器定期维护

为了仪器的正常运行,操作人员需要定期对其进行以下维护:

①视当地水样的水质情况,定期清洗采样过滤头及管路,并经常检查采样头的位置情况以确保采样头采水顺利、通畅。

②视使用情况定期清洗采样溢流杯及采样管。采样管的清洗可以把它插入稀酸里,然后在手动方式里按"1"键提取稀酸进行水样管路的清洗。然后用蒸馏水再次清洗水样管路。

③视使用情况定期拆卸清洗反应室与比色室。拆卸时戴好防护手套以免被反应液等残液烧伤,一手捏住与反应室连接的过渡黑管,一手将反应室轻轻竖直向上取出。拆卸前先排空各管路。

④仪器运行时请关好前后门,不要干烧反应室以免炸裂。

⑤仪器应避免阳光直射,避免强磁场、强烈震荡的环境。

⑥及时补充反应液、氧化剂、还原剂、蒸馏水,并同时在参数设置里修改试剂余量。更换反应液时,小心操作,防止化学烧伤。

⑦仪器的各蠕动泵泵管的有效使用寿命为4个月(6~8次/d),到期需及时更换。更换泵管时应严格遵守泵头和泵管的安装方法,使用泵钥匙,泵管严禁扭曲,不按规定安装泵管将缩短其使用寿命。

⑧根据 GB 8978—1996《污水综合排放标准》中规定的采样频率,工业污水按生产周期确定监测频率。生产周期在8 h 以内的,每2 h 采样一次;生产周期大于8 h 的,每4 h 采样一次。其他污水采样,24 h 不少于两次。建议分析周期为2~8 次/d。

⑨关机或停止使用之前,在手动方式下用蒸馏水多次清洗反应室、比色室,然后向反应室、比色室中加入适量蒸馏水。

【任务评价】

任务九 总磷测定评价明细表

序号	考核内容	评分标准	分值	小组评	教师评
1	理论知识 (25分)	总磷的定义	5		
		钼酸铵分光光度法的测定原理	10		
		钼酸铵分光光度法的适用范围	10		
2	基本技能 (65分)	实验试剂的配制	5		
		钼酸铵分光光度法的操作步骤	25		
		光度比色法总磷分析仪的操作步骤	20		
		流动注射法总磷分析仪的操作步骤	10		
		总磷分析仪的维护	5		
3	环保安全 文明素养 (10分)	环保意识	4		
		安全意识	4		
		文明习惯	2		
4	扣分清单	迟到、早退	1分/次		
		旷课	2分/节		
		作业或报告未完成	5分/次		
		安全环保责任	一票否决		
考核结果					

【任务检测】

一、判断题

1. 钼酸铵分光光度法测定水中总磷时,如试样浑浊或有色度,需配制一个空白试样(消解后用水稀释至标线),然后向试样中加入 3 mL 浊度－色度补偿溶液,还需加入抗坏血酸和钼酸盐溶液,然后作吸光度扣除。 (　　)

2. 钼酸铵分光光度法测定水中总磷,如显色时室温低于 13 ℃,可在 20～30 ℃ 水浴上显色 30 min。 (　　)

3. 钼酸铵光度法测定水中总磷时,为防止水中含磷化合物的变化,水样要在微碱性条件下保存。 (　　)

4. 含磷量较少的水样,要用塑料瓶采样。 (　　)

二、选择题

1. 用钼酸铵分光光度法测定水中总磷,采样时取 500 mL 水样后加入(　　)mL 硫酸调节样品的 pH 值,使之低于或等于 1,或者不加任何试剂于冷处保存。

A. 0.1　　　　　　　　B. 0.5　　　　　　　　C. 1　　　　　　　　D. 2

2. 比色皿使用时,下列错误的一项是(　　)。

A. 比色皿外表面分毛面和光面,操作时用手拿哪面都可以。

B. 比色皿应以待测溶液润洗至少 3 遍方可装样,样液装入 2/3～3/4 满即可。

C. 溶液装好后,用镜头纸擦干外周水滴,使光面洁净。

D. 比色皿放入比色皿架内时,应注意放正位置,测完后及时倒掉有色溶液并冲洗干净。

3. 用分光光度法测定样品时,吸光度读数最佳范围应为(　　)。

A. 0～3.0　　　　　　B. 0.2～0.8　　　　　C. 0～1.0　　　　　D. 0.2～1.1

4. 用钼酸铵分光光度法测定水中总磷时,入射光波长应为(　　)。

A. 500 nm　　　　　　B. 700 nm　　　　　　C. 780 nm　　　　　D. 630 nm

项目五 污废水中金属及其化合物监测

日本熊本县水俣湾外围的"不知火海"是被九州本土和天草诸岛围起来的内海,那里海产丰富,是渔民们赖以生存的主要渔场。水俣镇是水俣湾东部的一个小镇,有4万多人居住,周围的村庄还居住着1万多农民和渔民。1956年,水俣湾附近发现了一种奇怪的病。这种病症最初出现在猫身上,被称为"猫舞蹈症"。病猫步态不稳,抽搐、麻痹,甚至跳海死去,被称为"自杀猫"。随后不久,此地发现了患这种病症的人。患者脑中枢神经和末梢神经被侵害,症状如上。当时这种病由于病因不明而被称为"怪病"。这种"怪病"就是日后轰动世界的"水俣病",是最早出现的由工业废水排放污染造成的公害病。水俣病是直接由汞对海洋环境污染造成的公害,迄今已在很多地方发现类似的污染中毒事件,同时还发现其他一些重金属如镉、钴、铜、锌、铬等,以及非金属砷,它们的许多化学性质与汞相近,这不能不引起人们的警惕,而另一种"骨痛病"的发生,经长期跟踪调查研究,最终确认是重金属镉污染所致。

【项目目标】

知识目标

- 认识污废水中金属及其化合物的相关定义及监测意义。
- 了解污废水中金属及其化合物的处理方法。
- 掌握实验室检测污废水中金属及其化合物的原理及方法。
- 掌握在线监测污废水中金属及其化合物的原理及方法。

技能目标

- 能通过阅读及查阅方案完成监测任务。
- 能撰写监测报告。

情感目标

- 培养学员团结协作的能力。
- 培养学员的职业素养。

任务一 铜、锌、镉、铅测定

【任务描述】

铜是动植物所必需的微量元素。人体缺铜会造成贫血、腹泻等症状,但过量的铜对人和动植物都有害。人体吸入过量的铜,表现为威尔逊氏症,这是一种染色体隐性疾病,可能是由体内重要脏器如肝、肾、脑沉积过量的铜而引起的。主要表现是胆汁排泄铜的功能紊乱,引起铜在组织中储留。对水体中铜的浓度进行定期的监测,将为环境质量评价,健全和贯彻环境保护法律法规提供科学依据。

20 世纪 80 年代中期对南方某省镉污染水灌溉导致的污染地区所作的研究表明,大米镉含量超标率为 71.69% ,肉禽蛋类未超限量。2005—2009 年对南方某省食品镉污染情况进行的调查,镉的检出率为 64.4% ,超标率为 7.3% 。镉超标食品涉及粮食、水果、食用菌、水产品、动物内脏等,说明在一些地区镉污染情况比较普遍。镉的毒性较大,它对身体的危害包括结缔组织损伤、生殖系统功能障碍、肾损伤、致畸和致癌。最新研究成果表明,镉能引发人类乳腺癌。

本任务通过学习水中铜、锌、镉、铅等金属元素的实验室及在线监测方法,使学员认识污废水铜、锌、镉、铅等金属元素进行监测的意义,了解污废水中金属元素测定方法的原理,能熟练运用不同方法检测污废水中铜、锌、镉、铅等金属离子的含量。

【相关知识】

一、定义

1. 铜的定义

可溶性铜是指未经酸化的水样现场过滤时通过 0.45 μm 滤膜后测得的铜浓度。

总铜是指未经过滤的水样经剧烈消解后测得的铜浓度。

铜是一种比较丰富的金属,地壳中铜的平均丰度为 5.5 mg/kg,自然界中铜主要以硫化物矿和氧化物矿形式存在,分布很广。

水体环境复杂并且易变,铜在水体中的存在状况也是多变的,价态常变化,时而进入底质,时而进入水体,也常被带电荷的胶体所吸附。在天然水中,溶解的铜量随 pH 值的升高而降低。pH 值为 6 ~ 8 时,溶解度为 50 ~ 500 μg/L。世界各地天然水样中铜含量实测的结果是:淡水平均含铜 3 μg/L;海水平均含铜 0.25 μg/L。

2. 总镉定义

总镉是指未经过滤的水样经剧烈消解后测得的镉浓度,包括水样中存在的各种价态的镉元素。

镉是银白色有光泽的金属,其熔点为 320.9 ℃,沸点为 765 ℃,密度为 8 650 kg/m³,有韧性和延展性。在自然界中主要以硫镉矿形式存在,也有少量存在于锌矿中,是锌矿冶炼时的副产品。镉的主要矿物有硫镉矿(CdS),储存于锌矿、铅锌矿和铜铅锌矿石中。镉的世界储量估计为 900 万 t。亚洲是全球最大的初级镉金属产区,以中国、韩国、日本为主。

镉不是人体的必需元素。人体内的镉是出生后从外界环境中吸取的,主要通过食物、水和空气而进入体内蓄积下来。

3. 总锌定义

总锌是指未经过滤的水样经剧烈消解后测得的锌浓度,包括水样中存在的各种价态的锌元素。

锌是一种蓝白色金属,其密度为 7.14 g/m³,熔点为 419.5 ℃。主要的含锌矿物是闪锌矿,也有少量氧化矿,如菱锌矿和异极矿。

锌是人体必需的微量元素之一,在人体生长发育、生殖遗传、免疫、内分泌等重要生理过程中起着极其重要的作用,被人们冠以"生命之花""智力之源""婚姻和谐素"的美称 。

4. 总铅定义

总铅是指未经过滤的水样经剧烈消解后测得的铅浓度,包括水样中存在的各种价态的铅元素。

铅是蓝白色重金属,质柔软,延性弱,展性强。在空气中表面易氧化而失去光泽,变暗。主要存在于方铅矿(PbS)及白铅矿(PbCO₃)中,经煅烧得硫酸铅及氧化铅,再还原即得金属铅。

铅及其化合物对人体有毒,摄取后主要储存在骨骼内,部分取代磷酸钙中的钙,不易排出。中毒较深时引起神经系统损害,严重时会引起铅毒性脑病,多见于四乙铅的中毒。维生素 B_1 和 C 、芸香苷可改进铅中毒患者的新陈代谢,并加速铅的排出。

二、水样的保存与预处理

水样的采集和保存可用塑料瓶或玻璃瓶,同时加入一定量的硝酸,使溶液的 pH 小于 2,这样处理后的水样能保存 5 个月。

水样的预处理分为下述 3 种情况:

①不含悬浮物的地下水和清洁地面水直接测定。

②比较浑浊的地面水,每 100 mL 水样加入 1 mL 浓硝酸,置于电热板上微沸消解 10 min,冷却后用快速定量滤纸过滤,滤纸用 0.2% 硝酸洗涤数次,然后用 0.2% 硝酸稀释到一定体积,供测定用。

③含悬浮物和有机物较多的水样,每 100 mL 水样加 5 mL 浓硝酸,在电热板上消解至 10 mL 左右,再加入 5 mL 浓硝酸和 2 mL 高氯酸(含量 70% ~72%),继续加热消解,蒸至近干。冷却后用 0.2% 硝酸溶解残渣,溶解时稍加热。冷却后用快速定量滤纸过滤,滤纸用 0.2% 硝酸洗涤数次,滤液用 0.2% 硝酸稀释至一定体积,供测定用。

【任务实施】

一、实验室测定方法

(一)铜的测定——二乙基二硫代氨基甲酸钠萃取光度法测铜

1. 操作准备——试剂

在测定过程中除另有说明外,只能使用公认的分析纯试剂和重蒸馏水,或具有同等纯度的水。

①盐酸(HCl),$\rho = 1.19$ g/mL,优级纯。

②硝酸(HNO$_3$),$\rho = 1.40$ g/mL,优级纯。

③高氯酸(HClO$_4$),$\rho = 1.68$ g/mL,优级纯。

④氨水(NH$_4$OH),$\rho = 0.91$ g/mL,优级纯。

⑤四氯化碳(CCl$_4$)。

⑥氯仿(CHCl$_3$)。

⑦乙醇(C$_2$H$_5$OH),95%(V/V)。

⑧1 + 1 氨水。

⑨铜标准储备溶液。称取 1.000 g ±0.005 g 金属铜(纯度99.9%)置于 150 mL 烧杯中,加入 20 mL 1 + 1 硝酸,加热溶解后,加入 10 mL 1 + 1 硫酸并加热至冒白烟,冷却后,加水溶解并转入 1L 容量瓶中,用水稀释至标线。此溶液每毫升含 1.00 mg 铜。

⑩铜标准溶液。吸取 5.00 mL 铜标准储备溶液于 1L 容量瓶中,用水稀释至标线。此溶液每毫升含 5.0 μg 铜。

⑪二乙基二硫代氨基甲酸钠 0.2%(m/V)溶液。称取 0.2 g 二乙基二硫代氨基甲酸钠三水合物(C$_9$H$_{10}$NS$_2$Na · 3H$_2$O)溶于水中并稀释至 100 mL。用棕色玻璃瓶储存,放于暗处可用两周。

⑫EDTA-柠檬酸铵-氨性溶液。取 12 g 乙二胺四乙酸二钠二水合物(Na$_2$-EDTA · 2H$_2$O)、2.5 g 柠檬酸铵[(NH$_4$)$_3$ · C$_6$H$_5$O$_7$],加入 100 mL 水和 200 mL 氨水中溶解,用水稀释至 1 L,加入少量 0.2%二乙基二硫代氨基甲酸钠溶液,用四氯化碳萃取提纯。

⑬EDTA-柠像酸铵溶液。将 5 g 乙二胺四乙酸二钠二水合物(Na$_2$-EDTA · 2H$_2$O)和 20 g 柠檬酸铵[(NH$_4$)$_3$ · C$_6$H$_5$O$_7$]溶于水中并稀释至 100 mL,加入 4 滴甲酚红指示液,用 1 + 1 氨水调至 pH = 8 ~ 8.5(溶液颜色由黄色变为浅紫色),加入少量 0.2%二乙基二硫代氨基甲酸钠溶液,用四氯化碳萃取提纯。

⑭氯化铵-氢氧化铵缓冲溶液。将 70 g 氯化铵(NH$_4$Cl)溶于适量水中,加入 570 mL 氨水,用水稀释至 1L。

⑮甲酚红指示液(0.4 g/L)。称取 0.02 g 甲酚红(C$_{21}$H$_{18}$O$_5$S)溶于 50 mL 95%(V/V)乙醇中。

2. 操作准备——仪器

①分光光度计。10 mm 或 20 mm 光程长的比色皿。

②125 mL 锥形分液漏斗。具磨口玻璃塞,活塞上不得涂抹油性润滑剂。

3. 测定步骤

(1)水样预处理

对清洁地面水和不含悬浮物的地下水可直接测定。

对含悬浮物和有机物较多的地面水或废水,可吸取 50.0 mL 酸化的实验室样品于 150 mL 烧杯中,加 5 mL 浓硝酸,在电热板上加热,消解到 10 mL 左右,稍冷却,再加入 5 mL 浓硝酸和 1 mL 高氯酸,继续加热消解,蒸至近干,冷却后,加水 40 mL,加热煮沸 3 min,冷却后,将溶液转入 50 mL 容量瓶中,用水稀释至标线(若有沉淀,应过滤一次)。

(2)显色萃取

①用移液管吸取适量体积的试样(含铜量不超过 30 μg,最大体积不大于 50 mL),分别置于 125 mL 分液漏斗中,加水至 50 mL。

②加入 10 mL EDTA-柠檬酸铵-氨性溶液和 50 mL 氯化铵-氢氧化铵缓冲溶液,摇匀,此时 pH = 9 ~ 10。本方法适用于地面水和不含悬浮物的地下水的测定。

③加入 10 mL EDTA-柠檬酸铵溶液、两滴甲酚红指示液,用 1 + 1 氨水调至 pH = 8 ~ 8.5(由红色经黄色变为浅紫色)。本方法适用于消解后废水试样的测定。

④加入 5.0 mL 0.2% 二乙基二硫代氨基甲酸钠溶液,摇匀,静置 5 min。

⑤加入 10.0 mL 四氯化碳,用力振荡不少于 2 min(若用振荡器振摇,应振荡 4 min),静置,使分层。

⑥吸光度的测量。用滤纸吸取漏斗颈部的水分,塞入一小团脱脂棉,弃去最初流出的有机相 1 ~ 2 mL,然后将有机相移入 20 mm 比色皿内,在 440 nm 波长下,以四氯化碳作参比,测量吸光度。

以试样的吸光度减去空白试验的吸光度后,从校准曲线上查得相应的铜含量。

(3)空白试验

在测定水样的同时进行空白试验。用 50 mL 水代替试剂,试剂用量和测定步骤与测定水样相同。

(4)校准曲线

用 8 个分液漏斗,分别加入 0、0.20、0.50、1.00、2.00、3.00、5.00 和 6.00 mL 铜标准溶液,加水至体积为 50 mL,配成一组校准系列溶液,然后按步骤操作,将测得的吸光度减去试剂空白的吸光度后,与相对应的铜质量绘制成校准曲线,质量以 μg 计。

4. 结果计算

水样中铜含量按下式计算:

$$\rho_{Cu} = \frac{m_{Cu}}{V_{水样}}$$

式中　ρ_{Cu}——水样中铜含量,(μg/mL);

　　　m_{Cu}——由工作曲线查得水样中铜的质量,μg;

　　　$V_{水样}$——测定时所取水样体积,mL。

阅读有益

1. 二乙基二硫代氨基甲酸钠萃取光度法测铜原理

在氨性溶液中(pH = 8 ~ 10),铜与二乙基二硫代氨基甲酸钠作用生成黄棕色络合物:

$$2 \begin{array}{c} C_2H^5 \\ | \\ N-C \\ | \quad \| \\ C_2H^5 \quad SN_a \end{array} + Cu^2 \rightarrow \begin{array}{c} C_2H^5 \quad S \qquad\qquad S \quad C_2H^5 \\ | \quad \| \qquad\qquad \| \quad | \\ N-C \quad Cu \quad C-N \\ | \qquad \diagup \quad \diagdown \qquad | \\ C_2H^5 \quad S \qquad S \quad C_2H^5 \end{array} + 2Na^+$$

此络合物可用四氯化碳或氯仿萃取,在 440 nm 波长处进行比色测定,颜色可稳定 1 h。

2. 适用范围

本方法用于地面水、地下水和工业废水中铜的测定。

当试样体积为 50 mL,比色皿为 20 mm 时,本方法的测定范围为含铜 0.02 ~ 0.60 mg/L,最低检出浓度为 0.010 mg/L,测定上限浓度为 2.0 mg/L。

铁、锰、镍和钴等也与二乙基二硫代氨基甲酸钠生成有色络合物,干扰铜的测定,但可用 EDTA 和柠檬酸铵掩蔽消除。

 小提示

1. 采样和样品保存

为了防止铜离子吸附在采样容器壁上,采样后样品应尽快进行分析。如果需要保存,样品应立即酸化至 pH = 1.5,通常每 100 mL 样品加入 0.5 mL 1 + 1 盐酸。

2. 方法精密度

5 个实验室测定含铜 0.075 mg/L 的统一分发标准溶液,其分析结果如下:

①重复性。实验室内相对标准偏差为 6.0%。

②再现性。实验室间相对标准偏差为 7.1%。

③相对误差。相对误差为 ±4.0%。

(二)2,9-二甲基-1,10-菲啰啉分光光度法测铜含量

1. 操作准备——试剂

在测定过程中,均使用去离子水或全玻璃蒸馏器制得的重蒸馏水。除另有说明外,均使用公认的分析纯试剂。

①硫酸(H_2SO_4),$\rho_{20} = 1.84$ g/mL,优级纯。

②硝酸(HNO$_3$),$\rho_{20} = 1.40$ g/mL,优级纯。

③盐酸(HCl),$\rho_{20} = 1.19$ g/mL。

④氯仿($CHCl_3$)。

⑤甲醇(CH_3OH),99.5%(V/V)。

⑥盐酸羟胺,100 g/L 溶液。将 50 g 盐酸羟胺($NH_2OH \cdot HCl$)溶于水并稀释至 500 mL。

⑦柠檬酸钠,375 g/L 溶液。将 150 g 柠檬酸钠($Na_3C_6H_5O_7 \cdot 2H_2O$)溶解 400 mL 水中,加入 5 mL 盐酸羟胺溶液和 10 mL 2,9-二甲基-1,10-菲啰啉溶液,用 50 mL 氯仿萃取以除去

其中的杂质铜,弃去氯仿层。

⑧氢氧化铵,5 mol/L 溶液。量取 330 mL 氢氧化铵(NH_4OH,$\rho_{20} = 0.90$ g/mL),用水稀释至 1 000 mL,储存于聚乙烯瓶中。

⑨2,9-二甲基-1,10-菲啰啉,1g/L 溶液。将 100 mg 2,9-二甲基-1,10-菲啰啉($C_{14}H_{12}N_2 \cdot 1/2H_2O$)溶于 100 mL 甲醇中。这种溶液在普通储存条件下,可稳定一个月以上。

⑩铜,相当于 0.20 mg/mL 铜的标准溶液。称取 0.2000 g ± 0.0001 g 电解铜丝或铜箔(纯度 99.9% 以上),置于 250 mL 锥形瓶中,加入 1 mL 水和 5 mL 硝酸,直到反应速度变慢时微微加热,使全部铜溶解。煮沸溶液以驱除氮的氧化物。冷却后加入 50 mL 水,定量转移到 1 000 mL 容量瓶中,用水稀释至标线并混匀。

⑪铜,相当于 20.0 g/mL 铜的标准溶液。吸取 50.0 mL 铜标准溶液置于 500 mL 容量瓶中,定容至刻度。

⑫铜,相当于 2.0μg/mL 铜的标准溶液。吸取 10.00 mL 铜标准溶液置于 100 mL 容量瓶中,定容至刻度。

⑬刚果红试纸或变色范围 4~6 的 pH 试纸。

2. 操作准备——仪器

①分光光度计。配有光程 10 mm 和 50 mm 比色皿。

②125 mL 锥形分液漏斗。具有磨口玻璃塞,活塞上不得涂抹油性润滑剂。

③25 mL 容量瓶。

3. 测定步骤

取两份试样。

(1)消解

向每份试样中加入 1 mL 硫酸和 5 mL 硝酸,并放入几粒沸石后,置电热板上加热消解(注意勿喷溅)至冒三氧化硫白色浓烟为止。如果溶液仍然带色,冷却后加入 5 mL 硝酸,继续加热消解至冒白色浓烟为止。必要时,重复上述操作,直到溶液无色。

冷却后加入约 80 mL 水,加热至沸腾并保持 3 min,冷却后滤入 100 mL 容量瓶内,用水洗涤烧杯和滤纸,用洗涤水补加至标线并混匀。

将第二份消解后的试样保存起来,用于校核试验。把第一份消解后的试样进行萃取和测定。

(2)萃取和测定

从 100 mL 消解试样溶液中吸取 50.0 mL 或适量体积的试份(含铜量不超过 0.15 mg),置于分液漏斗中,必要时,用水补足至 50 mL,加入 5 mL 盐酸羟胺溶液和 10 mL 柠檬酸钠溶液,充分摇匀。按每次 1 mL 的加入量加入氢氧化铵溶液把 pH 值调到大约为 4,每次加入少量的(或稀的)氢氧化铵溶液至刚果红试纸刚好变红色(或 pH 试纸显示 4~6)。

加入 10 mL 2,9-二甲基-1,10-菲啰啉溶液和 10 mL 氯仿,轻轻摇晃并放气,旋活塞后剧烈摇动 30 s 以上,将黄色络合物萃入氯仿中,静置分层后,用滤纸吸去分液漏斗中液管内的水珠并塞入少量脱脂棉,把氯仿溶液层放入容量瓶中。再加入 10 mL 氯仿于水相中,重复上述步骤再萃取一次。合并两次萃取液,用甲醇稀释至标线并混匀。

将萃取液放入 10 mm 比色皿内(如含铜量低于 20 μg,用 50 mm 比色皿),在 457 nm 处以氯仿为参比,测量试份的吸光度。

用试样的吸光度减去空白试验的吸光度后,从校准曲线上查得铜的含量。

(3)空白试验

用 100 mL 水代替试样,按上述步骤进行处理。空白试验与试样测定在相同条件下同时进行测定。

(4)校准试验

从第二份消解试样中吸取适量体积的溶液,加入铜标准溶液数毫升,使试份体积不超过 50 mL,含铜量不超过 0.15 mg,按"萃取和测定"步骤进行萃取和测定,重复进行操作,以确定有无干扰影响。

4. 结果计算

按下式计算总铜含量:

$$\rho_{Cu} = \frac{m_{Cu}}{V_{水样}}$$

式中　ρ_{Cu}——水样中铜含量,(μg/mL);

　　　m_{Cu}——由工作曲线查得水样中铜的质量,μg;

　　　$V_{水样}$——测定时所取水样体积,mL。

阅读有益

1. 原理

用盐酸羟胺把二价铜离子还原为亚铜离子,在中性或微酸性溶液中,亚铜离子和 2,9-二甲基-1,10-菲啰啉反应生成黄色络合物,可被多种有机溶剂(包括氯仿-甲醇混合液)萃取,在波长 457 nm 处测量吸光度。

在 25 mL 有机溶剂中,含铜量不超过 0.15 mg 时,显色符合比耳定律。在氯仿-甲醇混合液中,该颜色可保持数日。

2. 适用范围

本方法适用于地面水、生活污水和工业废水中铜的测定。

在被测溶液中,如有大量的铬和锡、过量的其他氧化性离子以及氰化物、硫化物和有机物等对测定铜有干扰。加入亚硫酸使铬酸盐和络合的铬离子还原,可以避免铬的干扰。加入盐酸羟胺溶液,可以消除锡和其他氧化性离子的干扰。通过消解过程,可以除去氰化物、硫化物和有机物的干扰。

取 50 mL 试份,比色皿光程 10 mm,铜的最低检测浓度为 0.06 mg/L,测定上限为 3 mg/L。

 小提示

精密度和准确度

4 个实验室分别测定含铜量为 0.80 mg/L 的统一分发标准溶液所取得的结果如下:

①重复性。各实验室的室内相对标准偏差分别为 0.23% 、0.11% 、0.59% 、3.82% 。

②再现性。实验室间相对标准偏差为 2.3%。

③相对误差。相对误差为 ±2.0%。

(三)镉、锌、铅的测定——原子吸收分光光度法

1. 操作准备——试剂

①硝酸(1+1)。

②过氧化氢(含量≥30.0%)。

2. 操作准备——仪器

①TAS-990 型火焰原子吸收分光光度计,附锌、镉、铅空心阴极灯。

②实验室常用玻璃仪器。

3. 测定步骤

(1)试样消解

取摇匀的实验室样品 50 mL 作为试料,移入 250 mL 高脚烧杯中,加入 10 mL 硝酸(1+1),在电热板上缓慢加热,浓缩至 10 mL 左右取下。沿杯壁缓慢加入 10 mL 硝酸(1+1)和 4 mL 过氧化氢,继续加热消解至溶液清澈。用少量水洗涤杯壁,加热煮沸,驱尽氯气及氮氧化物,冷却至室温,定容至 100 mL 容量瓶。

随同试样做空白试验。

(2)标准曲线

①配制锌、镉、铅 1 000 μg/mL 标准储备溶液。

②配制锌、镉、铅 100 μg/mL 工作溶液。分别称取锌、镉、铅储备溶液 10.00 mL 于 100 mL 容量瓶中,加入 5 mL 硝酸(1+1),以水定容。

③锌标准系列溶液的配制。准确移取 0、0.50、1.00、3.00、5.00、10.00 mL 锌工作溶液于 100 mL 容量瓶中,加 2mL 硝酸,以水定容。

④镉标准溶液的配置。准确移取 0、0.50、1.00、3.00、5.00、10.00 mL 镉工作溶液于 100 mL 容量瓶中,加 2 mL 硝酸,以水定容。

⑤铅标准溶液的配置。准确移取 0、0.50、1.00、3.00、5.00、10.00 mL 铅工作溶液于 100 mL 容量瓶中,加 2 mL 硝酸,以水定容。

(3)吸光度的测定。

分别以表 5-1-1 中的参数调试仪器至最佳实验条件。

表 5-1-1　火焰原子吸收法测定锌、镉、铅仪器参数

测定元素	锌	镉	铅
灯电流/mA	3	2	2
工作波长/nm	213.9	228.8	283.3
火焰类型	乙炔-空气(氧化型)	乙炔-空气(还原型)	乙炔-空气(氧化型)

1)标准曲线的测定

以空白溶液校正仪器零点,分别测定标准系列溶液的吸光度。以容量瓶溶液中金属元

素质量为横坐标,吸光度为纵坐标,绘制标准曲线。

2)试样吸光度的测定

以空白溶液校正仪器零点,分别测定试样空白 A0 和试样溶液的吸光度 A,以 $A\text{-}A_0$ 之差值在标准曲线上查得对应金属元素的质量。

4. 分析结果与计算

各金属浓度含量用下式计算:

$$\rho = \frac{m}{V}$$

式中　　ρ——被测金属浓度(锌、镉、铅),(mg/L);

　　　　m——工作曲线上查的被测金属含量,mg;

　　　　V——试料体积,mL。

阅读有益

火焰原子吸收法测锌、镉、铅的工作原理:

在火焰的作用下将待测元素变成基态原子,基态原子对待测元素光源灯发出的特征谱线产生吸收,在一定条件下特征谱线强度变化与被测元素浓度成正比,将待测样品的吸光度与标准溶液吸光度相比较即可计算出相对应的浓度。

YUEDUYOUYI

二、在线监测仪器——总铜、总锌、总镉、总铅分析仪

1. 仪器主要部件构成及其作用

①主控电路:以工控机为核心,控制各功能模块,完成整个功能的实现。

②电源模块:提供各电路的工作电源。

③继电器控制模块:实现信号的隔离及弱电和强电之间的转换。

④光电信号检测模块:采用进口光敏检测元件及高性能的放大芯片组成光信号检测电路。

⑤键盘及显示模块:采用5.7英寸 TFT 液晶显示和 4×4 轻触式塑封键盘实现人机交互操作。

⑥蠕动泵:实现各种试剂、样品和蒸馏水的定量采集。

⑦电磁阀:管路通断或流动方向控制。

⑧多歧阀:采集不同液体时的管路切换。

2. 仪器设备的操作

以力合公司总铜、总锌、总镉和总铅分析仪为例,其他仪器操作方法及安装维护基本相同。

(1)安装

①仪器必须安装在室内,室内应预先安装布置好信号线、电力供应线及供水管路。同时,保证室内空气流通良好,并要求室内防潮、防尘。建议使用同一根 220 V 电缆线供电,因为交流电缆线的噪声可能引起微处理器工作异常。

②仪器在安装过程中,要保证仪器机箱接地良好。

③应将水样预处理装置调试到合适的供水压力,保证取样水位在仪器多歧阀以下垂直距离0.6 m以内,采样管长度在2 m以内。

④开机前确定所有外部电气电缆线已被正确连接。

(2)调试

①检查仪器机箱是否接地良好。

②检查仪器开机后是否处于正常等待状态。

③进行仪器通水试验,检查管路的密封性。

④检查试剂是否配制齐全。

⑤检查仪器内是否存储有标线,如果没有,必须按标定工作曲线中标定步骤校标。

⑥如果需要系统进行自动监测,请检查"设置工作模式"设置是否为自动模式。

(3)仪器的标定

该主菜单分为"标定工作曲线""远程标定""空白校准"3项子菜单。

1)标定工作曲线

①在"设置"/"其他设置"/"标定量程选择"下设定所要标定的量程,仪器提供两种标定浓度范围(0~2 mg/L, 0~10 mg/L)。其对应的测定量程见表5-1-2。

表5-1-2　总铜、总锌、总镉和总铅分析仪的测定量程

标定浓度范围	测定范围	标定浓度范围	测定量程
0~2 mg/L	0~2 mg/L	0~10 mg/L	0~10 mg/L

②在"设置"/"其他设置"/"标线序号"下设定所标定的工作曲线的储存序号,仪器总共可标定和存储4条标线。

③如图5-1-1所示,在"校准"/"标定工作曲线"下,将光标移到"Y1 = "处,输入标样一的浓度,准备好试剂,按"Ent"键确认,仪器测试完成后,按其提示完成后续标样的测定。标定完成后,界面底部将显示采用最小二乘法拟合的工作曲线方程和相关系数。

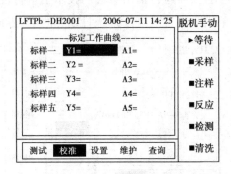

图5-1-1　仪器菜单

注:必须按从小到大的浓度顺序进行标定,且标样数目必须大于1,建议用户至少标定3点。

在测试水样时,必须保证仪器内存储有一条标线与所设定的测定量程相对应。

在选择测定量程时,应依据实际水样的浓度,选择最佳测定的量程。

2）远程标定

远程标定功能的实现需要远程计算机发出命令启动仪器标定。此功能仅进行两个标准样品的标定，标样一采用蒸馏水，标样二为标准溶液试剂瓶中所装标准溶液。两个标样的浓度应预先在此菜单中进行设置。

3）空白校样

空白校样采用蒸馏水为标样，空白标准也是仪器零点标定。

（4）设置菜单

该菜单设有密码保护，初始密码（出厂设定）为"000000"。密码输入提示框将只在屏幕上停留 30 s，请在 30 s 内完成密码输入，否则将会提示"操作超时！"。

①设置工作模式。如图 5-1-2 所示，该项子菜单包括"联机自动""脱机手动""脱机自动"3 个二级子菜单，用来设置仪器的工作模式，同时在主界面的状态条将进行相应状态提示。在"联机自动"的工作模式下，仪器完全受远程指挥，通过 RS232 或 485 通信接收各种命令来进行相应操作，此时，仪器仅提供查询功能。只有当仪器在"脱机手动工作模式"及"等待"状态下，用户才能进行设置、维护、校准等操作。

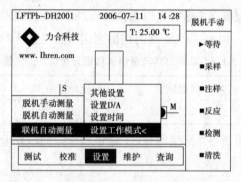

图 5-1-2　设置菜单

注：在"联机自动"模式下须注意设置仪器的通信格式，此设置在"维护"/"技术服务"下，仅供本公司技术人员使用，仪器运行前由本公司技术员进行设置。

②设置时间。该项菜单用来设置或修改系统日期和时间，界面如图 5-1-3 所示。

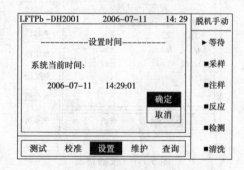

图 5-1-3　设置时间

按 F1 或 F2 键移动光标至所要修改的年、月、日、小时、分钟上，按回车键后用数字键重新输入当前正确时间，再次按回车键保存，仪器将提示"系统时间"已修改。

③设置 D/A。仪器具有(4~20 mA、0~20 mA、0~24 mA、0~5 V)模拟信号输出,其对应的浓度须在菜单中进行设置,即4mA 对应仪器的测定量程的最低浓度(下限浓度),20 mA 对应仪器的测定量程的最高浓度(上限浓度),同时,上限浓度必须大于下限浓度。

3. 仪器的维护

①清洗。每次测试后仪器将自动运行一次清洗程序。机箱外壳的清洗,用一块干布清洗仪器机箱外表面。仪器管路的清洗:用户应将仪器清水采集管放入清水中,其他管路全部放入废液桶中,运行"用户维护"中的清洗程序。

②维护保养。仪器主要部件的维护周期见表 5-1-3。

表 5-1-3　总铜、总锌、总镉和总铅分析仪主要部件的维护周期

维护项目	维护周期
更换试剂	15 d(监测频次:次/4 h)
仪器管路的清洗	1 个月(根据实际情况调整)
柱塞泵	6 个月:更换柱塞泵密封圈(两个)、注射器外壳 36 个月:更换柱塞泵
更换采样管(聚四氟乙烯管)	12 个月
更换其他连管	24 个月

4. 故障分析与排除

仪器具有故障自检报警功能,可帮助用户定位故障。仪器在使用过程中出现的故障类型、原因分析及排除方法见表 5-1-4。

表 5-1-4　总铜、总锌、总镉和总铅分析仪的故障类型、原因分析及排除方法

故障现象	原因分析	排除方法	备注
开机无显示	电源未接通	检查电源连接正常与否; 检查仪器电源保险	
试剂报警或液位故障	缺水样或试剂;管路气密性差或液位检测器发生故障	检查试剂的有无;检查管路接头处气密性	见注1
电机故障	柱塞泵电机极限失灵或驱动器损坏以及电机转不动或掉步	检查电机驱动器是否正常; 检查管路是否出现堵塞	见注2
采样管路堵塞故障	样品过于浑浊,大颗粒物堵塞管路	用稀硝酸(5%)清洗仪器管路多次,然后用清水清洗	若不能清洗干净,将多歧阀拆开后换样品管

注:1. 仪器在测试过程中抽取样品时使用。将采样管放入蒸馏水中,按回车键来检测该部件是否正常。

2. 当仪器发生电机故障时,仪器将发出声音报警,并给出提示,1 min 后,仪器将重新启动,并对所有的电机进行检测和恢复。如故障没有恢复,仪器将把错误上报给上位机,此时,仪器不能再进行"标定"或测试操作,直到人为排除故障。

阅读有益

1. 测定总铜原理——2,9-二甲基-1,10-菲啰啉分光光度法原理

国家标准 GB 7473—1987《水质铜的测定》规定了 2,9-二甲基-1,10-菲啰啉分光光度法测定铜含量的方法,其原理是用盐酸羟胺把二价铜离子还原为亚铜离子,在中性或微酸性溶液中,亚铜离子和 2,9-二甲基-1,10-菲啰啉反应生成黄色络合物,可被多种有机溶剂(包括氯仿甲醇混合液)萃取,在波长 457 nm 处测量吸光度,在 25 mL 有机溶剂中,含铜量不超过 0.15 mg 时,显色符合比耳定律。在氯仿甲醇混合液中,该颜色可保持数日。

该方法适用于地面水、生活污水和工业废水中铜的测定。

在被测溶液中,如有大量的铬和锡、过量的其他氧化性离子以及氰化物、硫化物和有机物等对测定铜有干扰。加入亚硫酸使铬酸盐和络合离子还原,可以避免铬的干扰。加入盐酸羟胺溶液,可以消除锡和其他氧化性离子的干扰。通过消解过程,可以除去氰化物、硫化物和有机物的干扰。

2. 测定总锌原理——双硫腙分光光度法

向水样中加入硝酸加热消解,加中和液调节水样 pH = 2 ~ 3;在加入 pH = 4.5 ~ 5.5 的乙酸钠缓冲液介质中,用硫代硫酸钠作掩蔽剂,掩蔽水样中铅、铜、汞等少量金属离子的干扰和控制 pH 值,锌离子与双硫腙形成红色螯合物,用四氯化碳萃取后在波长为 535 nm 处进行分光光度测定吸光度 A,由 A 值查询标准工作曲线,计算总锌含量。

3. 测定总镉原理——电极法

镉离子的浓度与镉离子选择性电极检测电位相关,用能斯特方程描叙如下:

$$E = E_0 + S\lg X$$

式中 E——检测的电极电位;

E_0——参比电位(常量);

S——电极斜率;

X——溶液中镉离子的浓度。

水样经酸消解之后被定量地加入检测池中,并加入适量掩蔽剂及缓冲溶液,用镉离子选择性电极测定相应的信号值,用相应的信号值并对照参比电极来测定水样中的镉离子的浓度。

4. 测定总铅的原理——电极法

铅离子的浓度与铅离子选择性电极检测电位相关,用能斯特方程描叙如下:

$$E = E_0 + S\lg X$$

式中 E——检测的电极电位;

E_0——参比电位(常量);

S——电极斜率;

X——溶液中铅离子的浓度。

水样经酸消解之后被定量地加入检测池中,并加入适量掩蔽剂及缓冲溶液,用铅离子选择性电极测定相应的信号值,用相应的信号值并对照参比电极来测定水样中的铅离子的浓度。

【任务评价】

任务一　铜、锌、镉、铅测定评价明细表

序号	考核内容	评分标准	分值	小组评价	教师评价
1	基本知识 (25分)	分光光度法测总铜、总锌的原理	5		
		原子吸收法测金属元素的原理	10		
		电极法测金属元素的原理	10		
2	基本技能 (65分)	分光光度法测总铜的基本步骤	10		
		分光光度法测总铜干扰及消除方法	5		
		原子吸收法测总锌、总镉、总铅的基本步骤	15		
		总铜、总锌、总镉、总铅分析仪的安装与调试	10		
		总铜、总锌、总镉、总铅分析仪的标定	15		
		总铜、总锌、总镉、总铅分析仪的维护	5		
		总铜、总锌、总镉、总铅分析仪的故障排除	5		
3	环保安全 文明素养 (10分)	环保意识	4		
		安全意识	4		
		文明习惯	2		
4	扣分清单	迟到、早退	1分/次		
		旷课	2分/节		
		作业或报告未完成	5分/次		
		安全环保责任	一票否决		
考核结果					

【任务检测】

一、判断题

1.采用二乙基二硫代氨基甲酸钠萃取光度法测定污水中铜含量,加入 EDTA-柠檬酸铵起掩蔽作用,消除铁、钴、锰、镍的干扰。　　　　　　　　　　　　(　　)

2.测定污水金属离子含量,需要加入硫酸消解试样。　　　　　　　　　(　　)

3.水样的采集和保存可用塑料瓶或玻璃瓶。同时,加入一定量的硝酸,使溶液的 pH 小于2,这样处理后的水样能保存5个月。　　　　　　　　　　　　　　　(　　)

二、选择题

1.水样金属、无机非金属、有机物测定时常用的预处理方法分别是(　　　)。

A.消解、蒸馏、萃取　　　　　　　　B.消解、萃取、蒸馏

C.消解、蒸馏、挥发　　　　　　　　D.蒸馏、消解、萃取

2.在线监测污水中总镉、总铅含量,所采用方法的原理是(　　　)。

A.火焰原子吸收法　　　　B.紫外吸收法　　　　C.原子荧光法　　　　D.直接电位法

三、问答题

1.试述二乙基二硫代氨基甲酸钠萃取光度法测定铜的操作步骤。

2.简述原子吸收法测金属元素的原理。

3.简述电极法测总镉、总铅的原理。

4.简述总铜、总锌、总镉、总铅分析仪的标定步骤。

任务二　六价铬测定

【任务描述】

大家对金属铬可能不太熟悉,因为日常接触不多。曾经震惊世界的秦陵青铜剑就与铬有关。这批青铜剑历经数千年岁月侵蚀,却依然毫无锈迹,光洁如新。用现代科学方法进行检测才知道,这些青铜剑表面有一层约 $10~\mu m$ 厚的氧化膜,其中含铬2%。

铬是生物体所必需的微量元素之一。铬的毒性与其存在价态有关,通常认为六价铬的毒性比三价铬高100倍,六价铬更易为人体吸收而且在体内蓄积,导致肝癌。铬混入下水道,使最终处理场的活性污泥或生物滤池机能下降。由于铬的污染源很多,而且毒性较强,因此我国把六价铬规定为实施总量控制的指标之一。

本任务通过学习水中铬的实验室及在线监测方法,使学员认识污废水中铬及其化合物的相关定义及监测意义,同时了解污废水中铬及其化合物的处理方法的原理,熟练运用不同方法检测污废水中铬及其化合物。

【相关知识】

一、铬的定义

铬(Cr)的化合物常见的价态有三价和六价。在水体中,六价铬一般以 CrO_4^{2-}、$HCrO_4^-$、$Cr_2O_7^{2-}$ 三种阴离子形式存在。在水溶液中存在着以下的平衡:

$$Cr_2O_7^{2-} + H_2O \rightleftharpoons 2HCrO_4^- \rightleftharpoons 2H^+ + 2CrO_4^{2-}$$

如水溶液中酸、碱度变化,则平衡移动,三价铬和六价铬的化合物可以互相转化。六价铬的钠、钾、铵盐均溶于水。三价铬常以 Cr^{3+}、$Cr(OH)^{2+}$、$Cr(OH)_2^+$ 等阳离子形式存在。三价铬的碳酸盐、氢氧化物均难溶于水。

阅读有益

铬的污染来源主要是含铬矿石的加工、金属表面处理、皮革鞣制、印染等行业。天然水中一般不含铬；海水中铬的平均浓度为 0.05 μg/L；美国饮用水中六价铬的浓度为 3～40 μg/L，平均值为 3.2 μg/L；饮用水中三价铬含量更低。

YUEDUYOUYI

二、水样的采集与保存

铬易被器壁吸附，以前多采用硝酸酸化保存水样。对清洁地表水和标准的蒸馏水，如不加任何固定剂，水样较稳定，5 d 之内变化不大。如加酸固定，水样极不稳定，2 d 后回收率仅20%。对受污染的水样，加酸固定后不易检出六价铬。这是由于在酸性条件下，水样中或多或少存在着 H_2S、SO_3^{2-} 等无机或有机的还原性物质，使 Cr^{6+} 极易被还原成 Cr^{3+}。另外，如电镀含氰废水，常加入次氯酸钠分解氰化物，过量的次氯酸钠会把 Cr^{3+} 氧化成 Cr^{6+}。推荐测定 Cr^{6+} 的水样，在弱碱 pH = 8 条件下保存。此时 Cr^{6+} 的氧化还原电位大大降低，可与还原剂共存而不反应。废水样品调节 pH = 8，置于冰箱内保存，可保存 7 d，但要尽快分析。

测定总铬的水样，如在碱性条件下保存，会形成 $Cr(OH)_3$，增加器壁吸附的可能，仍需加酸保存。

采集铬水样的容器，可用玻璃瓶和聚乙烯瓶。器皿在使用前，必须用浓度为 6 mol/L 的盐酸洗涤。内壁不光滑的器皿不能使用，防止铬被吸附和被还原。

如果只要求测溶解的金属含量，取样时用 0.45 μm 滤膜过滤。过滤后，用浓硝酸将滤液酸化至 pH 小于 2。如测总铬，水样不经过滤，直接酸化。

三、光度法测定六价铬的干扰

1. 浊度的干扰

水样浊度大，干扰比色测定。可用除不加显色剂外的水样作参比测定。

2. 悬浮物的干扰

水样中悬浮物可用滤纸或熔结玻璃漏斗过滤后，用水充分洗涤滤出物，合并滤液和洗液后测定。

3. 重金属离子的干扰

(1) Fe^{3+} 的干扰

在稀硫酸介质中，Fe^{3+} 与二苯碳酰二肼显色剂形成黄棕色络合物，一般 Fe^{3+} 含量大于 1.0 mg/L 干扰测定。如有 Fe^{3+} 存在，最好在显色后 30 min 内测定。随着时间的延续 Fe^{3+} 的干扰增强。

消除干扰的方法如下：

① 化学掩蔽法。加入磷酸与 Fe^{3+} 形成稳定的无色络合物，从而消除 Fe^{3+} 的干扰，同时，磷酸与其他金属离子络合，避免一些盐类析出而产生浑浊现象。加入磷酸后，如显色酸度过大，则吸光度显著下降。如 Fe^{3+} 含量高，用磷酸掩蔽的能力差。

也可以在显色前加入氢氟酸，消除 Fe^{3+} 的干扰。

$$Fe^{3+} + 6F^- \rightarrow FeF_6^{3-}$$

加入水杨酸作掩蔽剂可掩蔽 Fe^{3+}、Al^{3+} 和 Cr^{3+} 的干扰。

化学掩蔽法适用于酸性条件下。如水样中共存有有机、无机还原性物质，则水样中的 Cr^{6+} 易被还原成 Cr^{3+}，从而使结果偏低。

②溶剂萃取法。在 1 mol/L 硫酸酸度下，用铜铁灵-氯仿（乙醚、乙酸乙酯）萃取水样，可去除铜、铁、铝、钒的干扰。这些金属离子的铜铁灵盐经萃取转移至有机相被弃去，残留的铜铁灵用酸消解，以破坏有机物，再经氧化测定铬。此方法仅能用于测定总铬时消除金属离子的干扰，手续繁杂，非必要时不用。如测六价铬，用此法去除金属离子干扰，则需在萃取前先将 Cr^{3+} 分离掉。

另外，用三辛胺萃取水样，其中 Fe^{3+} 含量少于 500 μg 不被萃取，可与 Cr^{6+} 分离。

（2）V^{5+} 的干扰

用二苯碳酰二肼直接显色测定 Cr^{6+} 时，V^{5+} 与显色剂生成黄棕色络合物而干扰测定。V^{5+} 大于 4 mg/L（Cr^{6+} 含量为 0.1 mg/L）即干扰测定。但显色后 15 min 色度自行退去，可在显色后 15 min 再测定吸光值。

（3）Hg_2^{2+}、Hg^{2+} 的干扰

Hg_2^{2+}、Hg^{2+} 与显色剂反应生成蓝紫色络合物，但在反应酸度下，此反应不灵敏。Hg^{2+} 含量为 40 mg/L（Cr^{6+} 含量为 0.2 mg/L）未见干扰。当其大量存在时，可加入少量盐酸，形成 $HgCl_2$ 或 $HgCl_4^{2-}$ 络离子而消除干扰。

（4）Mo^{6+} 的干扰

Mo^{6+} 与显色剂形成紫红色络合物，在测定铬的反应酸度下，此反应不灵敏。超过 40 mg/L 时，可加入草酸或草酸铵掩蔽。

（5）其他金属离子

Cu^{2+} 200 mg/L、Al^{3+} 800 mg/L、Co^{2+} 200 mg/L、Ni^{2+} 200 mg/L、Pb^{2+} 16 mg/L 不干扰测定。

4. 氯和活性氯的干扰

氯化物的存在可使显色剂与 Fe^{3+} 形成的络合物颜色变深。活性氯的存在使 Cr^{6+} 被氧化，可加入亚硝酸钠和尿素消除干扰。

5. 有机及无机还原性物质的干扰

还原性物质的存在，在酸性条件下，使 Cr^{6+} 还原成 Cr^{3+}。去除干扰的方法如下：

①当水样中含铬量为 0.4×10^{-6} mol/LL 时，可调节溶液 pH = 8，加入 4mL 2% DPC - 丙酮溶液，放置 5 min，再酸化显色。这样可去除 S^{2-} 8×10^{-6} mol/L、SO_3^{2-} 4×10^{-6} mol/L、$S_2O_3^{2-}$ 4×10^{-6} mol/L、NO_2^- 8×10^{-6} mol/L、$C_2O_4^{2-}$ 80×10^{-6} mol/L、羟胺 80×10^{-6} mol/LL 的干扰。

②水样经沉淀分离掉 Cr^{3+} 后，用高锰酸钾氧化，以去除还原性物质的干扰。

③先加入过硫酸铵氧化还原性物质后再测定。

④NO_2^- 存在可加入 1～3 滴叠氮化钠溶液去除，也可用尿素分解。

6. 其他干扰

高锰酸盐干扰测定,可预先用叠氮化钠除去。

Cl^-、Br^-、CNS^-、PO_4^{3-}、HPO_2^-、SO_4^{2-}、NO_3^-、HCO_3^-、$B_4O_7^{2-}$、I^-、甲酸钠等不干扰测定。

酒石酸不干扰测定,若同时有微量铁(5 μg)存在时,显色络合物颜色明显退去。因为铁起催化作用,使酒石酸还原 Cr^{6+}。

【任务实施】

一、实验室方法测量水样中铬

水中铬的测定方法主要有分光光度法、原子吸收光谱法、气相色谱法、中子活化分析法等。

仪器分析方法各有长处,但由于受到条件限制,难于推广,因此常用的测定水中铬的方法是分光光度法和原子吸收光谱法。

(一)分光光度法(六价铬的测定)

国外标准方法和我国统一的方法均采用二苯氨基脲(即二苯碳酰二肼,简写 DPC)做显色剂,直接显色测定水中六价铬。

1. 操作准备:仪器及试剂

①仪器:分光光度计,10 mm、30 mm 比色皿。

②丙酮。

③(1+1)硫酸。将硫酸($p=1.84$ g/mL)缓缓加入同体积水中,混匀。

④(1+1)磷酸。将磷酸($p=1.69$ g/mL)与等体积水混合。

⑤0.2%氢氧化钠溶液。称取氢氧化钠 1 g,溶于 500 mL 新煮沸放冷的水中。

⑥氢氧化锌共沉淀剂。

a. 硫酸锌溶液。称取硫酸锌($ZnSO_4 \cdot 7H_2O$)8 g,溶于水并稀释至 100 mL。

b. 2%氢氧化钠溶液。称取氢氧化钠 2.4 g,溶于新煮沸放冷的水至 120 mL,同时将 a、b 两溶液混合。

⑦4%高锰酸钾溶液。称取高锰酸钾 4 g,在加热和搅拌下溶于水,稀释至 100 mL。

⑧铬标准储备液。称取于 120 ℃干燥 2 h 的重铬酸钾($K_2Cr_2O_7$ 优级纯)0.2829 g,用水溶解后,移入 1 000 mL 容量瓶中,用水稀释至标线,摇匀。每毫升溶液含 0.100 mg 六价铬。

⑨铬标准溶液(Ⅰ)。吸取 5.00 mL 铬标准储备液,置于 500 mL 容量瓶中,用水稀释至标线,摇匀。每毫升溶液含 1.00 μg 六价铬,使用时当天配制。

⑩铬标准溶液(Ⅱ)。吸取 25.00 mL 铬标准储备液,置于 500 mL 容量瓶中,用水稀释至标线,摇匀。每毫升溶液含 5.00 μg 六价铬,使用时当天配制。

⑪20%尿素溶液。将尿素[($NH_2)_2CO$]20 g 溶于水并稀释至 100 mL。

⑫2%亚硝酸钠溶液。将亚硝酸钠 2g 溶于水并稀释至 100 mL。

⑬显色剂(Ⅰ)。称取二苯碳酰二肼($C_{13}H_{14}N_4O$)0.2 g,溶于 50 mL 丙酮中,加水稀释

至 100 mL,摇匀,储于棕色瓶置冰箱中保存。色变深后不能使用。

⑭显色剂(Ⅱ)。称取二苯碳酰二肼 1 g,溶于 50 mL 丙酮中,加水稀释至 100 mL,摇匀,储于棕色瓶置冰箱中保存。色变深后不能使用。

2.操作步骤

(1)样品预处理

①样品中不含悬浮物,低色度的清洁地表水可直接测定。

②色度校正。如水样有色但不太深,则另取一份水样,在待测水样中加入各种试液进行同样操作时,以 2 mL 丙酮代替显色剂,以此代替水作为参比来测定待测水样的吸光度。

③锌盐沉淀分离法。对浑浊、色度较深的水样可用此法预处理。取适量水样(含六价铬少于 100 μg)置 150 mL 烧杯中,加水至 50 mL,滴加 0.2% 氢氧化钠溶液,调节溶液 pH 值为 7~8。在不断搅拌下,滴加氢氧化锌共沉淀剂至溶液 pH 值为 8~9。将此溶液转移至 100 mL 容量瓶中,用水稀释至标线。用慢速滤纸干过滤,弃去 10~20 mL 初滤液,取其中 50.0 mL 滤液供测定。

④二价铁、亚硫酸盐、硫代硫酸盐等还原性物质的消除。取适量水样(含六价铬少于 50 μg)置于 50 mL 比色管中,用水稀释至标线,加入 4 mL 显色剂(Ⅱ),混匀。放置 5 min 后,加入(1+1)硫酸溶液 1 mL,摇匀。5~10 min 后,于 540 m 波长处,用 10 或 30 mm 的比色皿,以水作参比,测定吸光度。扣除空白试验吸光度后,从校准曲线查得六价铬含量,用同法作校准曲线。

⑤次氯酸盐等氧化性物质的消除。取适量水样(含六价铬少于 50 μg)置于 50 mL 比色管中,用水稀释至标线,加入(1+1)硫酸溶液 0.5 mL、(1+1)磷酸溶液 0.5 mL、尿素溶液 1.0 mL,摇匀。逐滴加入 1 mL 亚硝酸钠溶液,边加边摇,以除去过量的亚硝酸钠与尿素反应生成的气泡,待气泡除尽后,以下步骤同样品测定(免去加硫酸溶液和磷酸溶液)。

(2)样品测定

① 取适量(含六价铬少于 50 μg)无色透明水样或经预处理的水样,置于 50 mL 比色管中,用水稀释至标线,加入(1+1)硫酸溶液 0.5 mL 和(1+1)磷酸溶液 0.5 mL,摇匀。

② 加入 2 mL 显色剂(Ⅰ),摇匀。5~10 min 后,于 540 nm 波长处,用 10 或 30 mm 的比色皿,以水作参比,测定吸光度并作空白校正,从校准曲线上查得六价铬含量。

③ 校准曲线的绘制。向一系列 50 mL 比色管中分别加入 0、0.20、0.50、1.00、2.00、4.00、6.00、8.00 和 10.00 mL 铬标准溶液(Ⅰ)(如用锌盐沉淀分离须预加入标准溶液时,应加倍加入标准溶液),用水稀释至标线。按照和水样同样的预处理和测定步骤操作。从测得的吸光度经空白校正后,绘制吸光度对六价铬含量的校准曲线。

(3)计算

$$六价铬(Cr, mg/L) = \frac{m}{V}$$

式中　　m——由校准曲线查得的六价铬量,g;

　　　　V——水样的体积 mL。

 小提示

①精密度和准确度。用蒸馏水配制的含六价铬 0.08 mg/L 的统一样品,经 7 个实验室

分析,室内相对标准偏差为 0.6%,室间相对标准偏差为 2.1%,相对误差为 0.13%。

②所有玻璃仪器(包括采样的),不能用重铬酸钾洗液洗涤,可用硝酸、硫酸混合液或洗涤剂洗涤,洗涤后要冲洗干净。玻璃器皿内壁要求光洁,防止铬被吸附。

③铬标准溶液有两种浓度,其中每毫升含 5.00 μg 六价铬的标准溶液适用于高含量水样的测定,测定时使用显色剂(Ⅱ)和 10 mm 比色皿。

④六价铬与二苯碳酰二肼反应时,显色酸度一般控制在 0.05 ~ 0.3 mol/L (1/2H₂SO₄),以 0.2 mol/L 时显色最好。显色前,水样应调至中性。显色时,温度和放置时间对显色有影响,温度 15 ℃,5 ~ 15 min,颜色即可稳定。

⑤如测定清洁地表水,显色剂可按下法配制:溶解 0.20 g 二苯碳酰二肼于 95% 乙醇 100 mL 中,边搅拌边加入(1 +9)硫酸 400 mL。存放于冰箱中,可用一个月。用此显色剂在显色时直接加入 2.5 mL 显色剂即可,不必再加酸。加入显色剂后要立即摇匀,以免六价铬可能被乙醇还原。

⑥水样经锌盐沉淀分离预处理后,仍含有机物干扰测定时,可用酸性高锰酸钾氧化法破坏有机物后再测定。即取 50.0 mL 滤液置于 150 mL 锥形瓶中,加入几粒玻璃珠,加入(1 + 1)硫酸溶液 0.5 mL、(1 + 1) 磷酸溶液 0.5 mL,摇匀。加入 4% 高锰酸钾溶液两滴,如紫红色消退,则应添加高锰酸钾溶液保持紫红色。加热煮沸至溶液体积约剩 20 mL,取下稍冷,用中速定量滤纸过滤,用水洗涤数次,合并滤液和洗液至 50 mL 比色管中。加入 1 mL 尿素浴液,摇匀,用滴管滴加亚硝酸钠溶液,每加一滴充分摇匀,至高锰酸钾的紫红色刚好退去。稍停片刻,待溶液内气泡逸出,用水稀释至标线,直接加入显色剂后测定。

阅读有益

1. 原理

测定水中总铬,是在酸性或碱性条件下,用高锰酸钾将三价铬氧化成六价,再用二苯氨基脲显色测定。在酸性溶液中,六价铬与二苯碳酰二肼反应,生成紫红色化合物,其最大吸收波长为 540 nm,摩尔吸光系数为 4×10^4 L·mol^{-1}·cm^{-1}。除用高锰酸钾做氧化剂外,还可以用 Ce(Ⅳ) 在常温下将三价铬氧化成六价铬。

显色机理说法不一,有资料报道认为机理如下:

①六价铬将显色剂二苯碳酰二肼氧化成苯肼羧基偶氮苯,而其本身被还原成三价铬。

$$\begin{array}{ccc}
& \underset{H}{\overset{H}{HN{-}N{-}C_6H_5}} & & \underset{}{\overset{H}{HN{-}N{-}C_6H_5}} \\
O{=}C & & \xrightarrow{\text{Cr}6-} & O{=}C & \quad (苯肼羧基偶氮苯)\\
& \underset{H}{\overset{}{HN{-}N{-}C_6H_5}} & & \overset{}{N{-}N{-}C_6H_5}
\end{array}$$

②苯肼羧基偶氮苯与 Cr^{3+} 形成紫红色化合物。此反应的摩尔比是 3∶2 (Cr∶DPC),生成的紫红色化合物在 540 nm 波长处有最大吸收,反应的摩尔吸光系数为 4×10^4。方法的最小检出量为 0.2 μg。如取 50 mL 水样,使用 30 mm 光程的比色皿,方法的最低检出浓度为 0.004 mg/L。使用光程为 1 mm 比色皿,测定上限浓度为 1.0 mg/L。

2. 适用范围

本方法适用于地表水和工业废水六价铬的测定。当取样体积为 50 mL,使用 30 mm 比色皿,方法的最小检出量为 0.2 μg,方法的最低检出浓度为 0.004 mg/L。使用 10 mm 比色皿,测定上限浓度为 1 mg/L。

(二)原子吸收光谱法测定水样中总铬

原子吸收光谱法分为直接火焰法和无火焰原子化法。如直接测定,定量范围为 2 ~ 20 mg/L,Cd^{2+}、Pb^{2+}、Zn^{2+}、Fe^{3+} 有干扰。经萃取富集,直接火焰法测至 0.4 μg/L,无火焰原子化法可测至 0.02 μg/L。测得的是总铬的含量,如测 Cr^{6+},需先将 Cr^{3+} 和 Cr^{6+} 分离。

1. 操作准备:仪器及试剂

①仪器:

a. 原子吸收分光光度计。

b. 工作条件:

光源:铬空心阴极灯。

测量波长: 357.9 nm。

通常宽度: 0.7 nm。

火焰种类:空气-乙炔,富燃还原型。

②铬标准储备液。准确称取于 120 ℃烘干 2 h 并恒重的基准重铬酸钾 0.2829 g,溶解于少量水中,移入 100 mL 容量瓶中,加入 3 mol/L HCl 20 mL,再用水稀释至刻度,摇匀。此溶液含 1.00 mg/mL Cr。

③铬标准使用液。准确移取铬标准储备液 5.00 mL 于 100 mL 容量瓶中,加入 3 mol/L HCl 20 mL,再用水定容。此溶液含 50 μg/mL Cr。

④标准系列。分别移取标准使用液 0、0.5、1.0、2.0、3.0 mL 于 50 mL 容量瓶中,各加入 10% NH_4Cl 2 mL、3 mol/L HCl 10 mL,用水定容。

⑤10% 氯化铵水溶液。

⑥3 mol/L 盐酸。

⑦消解水样用浓硝酸、浓盐酸或过氧化氢。

2. 操作步骤

(1)样品预处理

①按镉的测定方法消解水样,但不能使用高氯酸(易导致铬以 CrOCl 形式挥发损失),可用过氧化氢代替。定容前加入 10% NH_4Cl 2 mL 和 3 mol/L HCl 10 mL。

②用蒸馏水做空白试验。

(2)样品测定

用 2.0 mg/L 铬标准溶液调节仪器至最佳工作条件。将标准系列和试液顺次喷入火焰,测量吸光度。试液吸光度减去全程序试剂空白的吸光度,从校准曲线上求出铬的含量。

 小提示

①精密度和准确度。用本方法测定铬含量为 0.21 ~ 0.43 mg/L 的地表水和铬含量为 5.70 ~ 9.83 mg/L 的废水试样,室间相对标准偏差分别为 2.0% ~ 3.9% 和 7.8% ~ 8.3%,加标回收率为 88.1% ~ 102.0%。

②共存元素的干扰受火焰状态和观测高度的影响很大,实验时应特别注意。由于铬的

化合物在火焰中易生成难于熔融和原子化的氧化物,因此一般在试液中加入适当的助熔剂和干扰元素的抑制剂,如 NH_4Cl(或 $K_2S_2O_7$、NH_4F 和 NH_4ClO_2 等)。加入 NH_4Cl 可增加火焰中的氯离子,使铬生成易于挥发和原子化的氯化物,而且 NH_4Cl 还能抑制 Fe、Co、Ni、V、Al、Pb、Mg 的干扰。

阅读有益

1. 原理

将试样溶液喷入空气-乙炔富燃火焰(黄色火焰)中,铬的化合物即可原子化,于波长 357.9 nm 处进行测量。

2. 适用范围

本方法可用于地表水和废水中总铬的测定,用空气-乙炔火焰的最佳定量范围为 0.1~5 mg/L。最低检测限为 0.03 mg/L。

【知识拓展】

1. 发射光谱法

此方法手续繁杂且精密度差。如以电感耦合高频等离子焰炬作光源,可直接测定。

2. 硫酸亚铁铵滴定法(总铬的测定)

(1)原理

在酸性溶液中,以银盐作催化剂,用过硫酸铵将三价铬氧化成六价铬。加入少量氯化钠并煮沸,除去过量的过硫酸铵及反应中产生的氨。以苯基代邻氨基苯甲酸作指示剂,用硫酸亚铁铵溶液滴定,使六价铬还原为三价铬,溶液呈绿色为终点。根据硫酸亚铁铵溶液的用量,计算出水样中总铬的含量。

(2)适用范围

本方法适用于废水中高浓度(>1 mg/L)总铬的测定。

(3)硫酸亚铁铵滴定法测铬的操作步骤

1)仪器及试剂

①(1 +19)硫酸溶液。取硫酸 50 mL, 缓慢加入 950 mL 水中,混匀。

②硫酸-磷酸混合液。取 150 mL 硫酸缓慢加入 700 mL 水中,冷却后,加入 150 mL 磷酸,混匀。

③25% 过硫酸铵溶液。称取 25 g 过硫酸铵溶于水中,稀释至 100 mL,用时配制。

④重铬酸钾标准溶液。称取 120 ℃ 干燥 2 h 的重铬酸钾($K_2Cr_2O_7$, 优级纯) 0.4903 g,用水溶解后, 移入 1 000mL 容量瓶中, 加水稀释至标线。摇匀。此溶液的浓度($1/6K_2Cr_2O_7$) =0.01000 mol/L。

⑤硫酸亚铁铵标准滴定溶液。称取硫酸亚铁铵(NH_4) Fe(SO_4) ·$6H_2O$ 3.95 g,用(1 +19)硫酸溶液 500 mL 溶解,过滤至 2 000 mL 容量瓶中,用(1 +19)硫酸溶液稀释至标线。临

用时,用重铬酸钾标准溶液标定。

a. 标定。吸取 25.00 mL 重铬酸钾标准溶液,置 500 mL 锥形瓶中,用水稀释至 200 mL 左右。加入 20 mL 硫酸-磷酸混合液,用硫酸亚铁铵标准滴定溶液滴定至淡黄色。加入 3 滴苯基代邻氨基苯甲酸指示液,继续滴定至溶液由红色突变为亮绿色为终点。

b. 记录用量(V_0 mL),计算如下:

$$c\left[\left(NH_4\right)Fe\left(SO_4\right)\cdot 6H_2O\right] = 0.01000 \times \frac{25.00 \text{ mL}}{V_0}$$

式中　c——硫酸亚铁铵标准滴定液的浓度, mol/L。

⑥ 1% 硫酸锰溶液。将硫酸锰($MnSO_4 \cdot 2H_2O$) 1 g 溶于水,稀释至 100 mL。

⑦ 0.5% 硝酸银溶液。将硝酸银 0.5 g 溶于水,稀释至 100 mL。

⑧ 5% 碳酸钠溶液。将无水碳酸钠 5 g 溶于水,稀释至 100 mL。

⑨ (1+1) 氨水。取氨水($\rho = 0.90$ g/mL) 加入等体积水中,摇匀。

⑩ 1% 氯化钠溶液。将氯化钠 1 g 溶于水,稀释至 100 mL。

⑪ 苯基代邻氨基苯甲酸指示液。称取苯基代邻氨基苯甲酸(Phenylen thranilic Acid) 0.27 g,溶于 5% 碳酸钠溶液 5 mL 中,用水稀释至 250 mL。

2)操作步骤

①吸取适量水样于 150 mL 烧杯中,经酸消解后转移至 500 mL 锥形瓶中(如水样清澈无色,可直接取适量水样于 500 mL 锥形瓶中)。用氨水中和溶液 pH 值为 1~2。加入 20 mL 硫酸-磷酸混合液、1~3 滴硝酸银溶液、0.5 mL 硫酸锰溶液、25 mL 过硫酸铵溶液,摇匀。加入几粒玻璃珠,加热至出现高锰酸盐的紫红色,煮沸 10 min。

②取下稍冷,加入 5 mL 氯化钠溶液,加热微沸 10~15 min,除尽氯气。取下迅速冷却,用水洗涤瓶壁并稀释至 250 mL 左右。加入 3 滴苯基代邻氨基苯甲酸指示液,用硫酸亚铁铵标准滴定溶液滴定至溶液由红色突变为绿色即为终点,记下用量(V_1),同时取同体积纯水代替水样进行测定,记下用量(V_2)。

3)计算

$$六价铬(Cr, \text{mg/L}) = \frac{V_1 - V_2}{V_3} \times C \times 17.332 \times 1\,000$$

式中　V_1——滴定水样时,硫酸亚铁铵标准滴定溶液用量,mL;

　　　V_2——滴定空白样时,硫酸亚铁铵标准滴定溶液用量,mL;

　　　V_3——水样的体积,mL;

　　　C——硫酸亚铁铵标准滴定溶液的浓度,(mol/L);

　　　17.332——1/3Cr 的摩尔质量,(g/mol)。

4)注意事项

①钒对测定有干扰,但在一般含铬废水中,钒的含量在容许限以下。

②应注意掌握加热煮沸时间,若加热煮沸时间不够,过量的过硫酸铵及氯气未除尽,会使结果偏高;若煮沸时间太长,溶液体积小,酸度高,可能使六价铬还原为三价铬,使结果偏低。

③苯基代邻氨基苯甲酸指示液在测定水样和空白溶液时加入量要保持一致。

二、在线监测六价铬

六价铬全自动在线分析仪采用了流动注射分析方法,载流液为稀硫酸和稀磷酸的混合溶液,在毛细管路中由陶瓷恒流泵推动向前流动,如图 5-2-1 所示。水样和二苯碳酰二肼被注入流动注射系统后,在推进的过程中相互扩散混合,发生显色反应,最后进入流通池检测吸光度,由光电比色计测量并记录液流对 540 nm 波长光吸收后透过光强度的变化值,获得有相应峰高和峰宽的响应曲线,用峰高经比较计算求得水样中六价铬的含量。

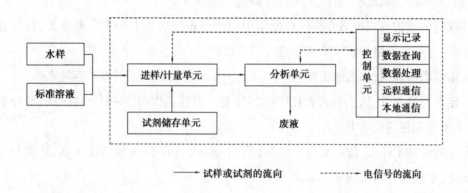

图 5-2-1　仪器的基本组成单元

1. 操作准备:仪器及试剂

①六价铬全自动在线分析仪。

②六价铬标准储备液,$\rho = 100.0$ mg/L。

称取 0.2829 g ± 0.0001 g 经 110 ℃ 干燥 2 h 的重铬酸钾基准试剂(KCr_2O_2)溶于适量水中,溶解后移至 1 000 mL 容量瓶中,加实验用水定容至标线,混匀,或直接购买六价铬有证标准物质。

③六价铬标准溶液。

a. 0.05 mg/L 六价铬标准溶液。用移液管吸取 10 mg/L 铬标准溶液 2.50 mL,移入 500 mL 容量瓶中,加入蒸馏水稀释,定容至刻线并摇匀。

b. 0.1 mg/L 六价铬标准溶液。用移液管吸取 10 mg/L 铬标准溶液 5.00 mL,移入 500 mL 容量瓶中,加入蒸馏水稀释,定容至刻线并摇匀。

c. 0.2 mg/L 六价铬标准溶液。用移液管吸取 10 mg/L 铬标准溶液 10.00 mL,移入 500 mL 容量瓶中,加入蒸馏水稀释,定容至刻线并摇匀。

d. 0.5 mg/L 六价铬标准溶液。用移液管吸取 10 mg/L 铬标准溶液 25.00 mL,移入 500

mL 容量瓶中,加入蒸馏水稀释,定容至刻线并摇匀。

④硫磷混酸溶液。

往 1 000 mL 的烧杯中加入 600 mL 的蒸馏水,边搅拌边加入硫酸,待完全溶解冷却后,边搅拌边小心加入 100 mL 磷酸,冷却后将溶液全部转移至 1 000 mL 容量瓶并用蒸馏水定容,混匀后即可。

2. 操作步骤

①仪器参数的设定。设定参数主要有分析周期(或分析频次)、测量范围、报警限值、系统时间等。

②仪器的校准。六价铬分析仪在使用前需要对工作曲线进行校准,在使用中需要定期校准。校准前应先配制不同浓度的标准溶液,可根据仪器的需要进行一点校准或多点校准,校准时将标准溶液从水样进样口导入,仪器自动进行标定。

③仪器的维护。六价铬分析仪在使用中应严格按照说明书要求定期维护,以保证仪器正常工作,一般六价铬分析仪需定期进行以下维护:

a. 定期添加试剂,添加频次根据单次试剂用量分析频次和试剂容器容量来确定。

b. 定期更换泵管,防止泵管老化而损坏仪器。更换频次每 3 ~ 6 个月一次,与分析频次有关,主要参照使用说明书。

c. 定期清洗采样头,防止采样头堵塞而采不上水,一般 2 ~ 4 周清洗一次,主要根据水质情况而定,水质越差清洗周期越短。

d. 定期校准工作曲线,以保证测量结果准确,一般每 3 个月或半年校准一次,主要参照使用说明书和现场水质变化情况来定,对水质变化大的地方,应相应缩短校准周期。

 小提示

六价铬分析仪在运营维护过程中,个别仪器可能要出现故障,对一般的故障,运营人员应及时处理,快速恢复仪器运行;对复杂的故障,运营人员应及时与生产厂家联系,及时修复仪器,如不能及时修复的,应提供备用机,保证系统连续运行。

阅读有益

在线监测六价铬的原理

在仪器控制下,水样中的六价铬离子与显色剂中的二苯碳酰二肼显色,生成紫红色的化合物,在波长 540 nm 处有最大吸收,在此波长下测量吸光度 A,由 A 值查询标准工作曲线,计算出六价铬的浓度。

YUEDUYOUYI

【任务评价】

任务二　六价铬测定评价明细表

序号	考核内容	评分标准	分值	小组评价	教师评价
1	基本知识(30分)	六价铬的定义及监测意义	5		
		六价铬测定的原理	15		
		六价铬监测设备的工作原理	10		
2	基本技能(60分)	六价铬测定试剂的配制	5		
		六价铬监测的操作步骤	15		
		六价铬监测设备的使用	30		
		六价铬监测设备的维护	10		
3	环保安全 文明素养 （10分）	环保意识	4		
		安全意识	4		
		文明习惯	2		
4	扣分清单	迟到、早退	1分/次		
		旷课	2分/节		
		作业或报告未完成	5分/次		
		安全环保责任	一票否决		
	考核结果				

【任务检测】

判断题

1.二苯碳酰二肼分光光度法测定六价铬时,显色酸度高,显色快。　　（　　）

2.Cr(Ⅵ)将二苯碳酰二肼氧化成苯肼羧基偶氮苯,本身被还原为 Cr(Ⅲ)。　　（　　）

3.测定水中总铬是在酸性或碱性条件下,用高锰酸钾将三价铬氧化成六价,再用二苯氨基脲显色测定。　　（　　）

任务三　砷测定

【任务描述】

世界卫生组织官员公布,全球至少有 5 000 多万人口正面临着地方性砷中毒的威胁,其中,大多数为亚洲国家,而中国正是受砷中毒危害最为严重的国家之一。2014 年,湖南石门农业部门曝光当地矿区水稻砷超标 4.6 倍,蔬菜砷超标 21 倍,小麦砷超标 28 倍,导致当地居民普遍患癌。2016 年,我国出口泰国的紫菜产品中经检测发现其中致癌物砷的含量超标 20 倍,泰国当地官员要求政府将相关产品下架。

砷污染是指由砷或其化合物所引起的环境污染。砷和含砷金属的开采、冶炼,用砷或砷化合物作原料的玻璃、颜料、原药、纸张的生产以及煤的燃烧等过程,都可产生含砷废水、废气和废渣,对环境造成污染。大气含砷污染除岩石风化、火山爆发等自然原因外,主要来自工业生产、含砷农药的使用及煤的燃烧。含砷废水、农药及烟尘都会污染土壤。砷在土壤中累积并由此进入农作物组织中。砷是我国实施排放总量控制的指标之一。

本任务通过学习对水中砷的实验室及在线监测方法,使学员认识污废水中砷及其化合物的相关定义及监测意义,同时,了解污废水中铬及其化合物的处理方法的原理,能熟练运用不同方法检测污废水中砷及其化合物。

【相关知识】

砷(As)是人体非必需元素,元素砷的毒性较低而砷的化合物均有剧毒,三价砷化合物比五价砷化合物毒性更强,有机砷对人体和生物都有剧毒。砷通过呼吸道、消化道和皮肤接触进入人体。如摄入量超过排泄量,砷就会在人体的肝、肾、肺、脾、子宫、胎盘、骨骼、肌肉等部位,特别是在毛发、指甲中蓄积,从而引起慢性砷中毒,潜伏期可长达几年甚至几十年。慢性砷中毒有消化系统症状、神经系统症状和皮肤病变等。砷还有致癌作用,能引起皮肤癌。

阅读有益

地表水中含砷量因水源和地理条件不同而有很大差异。淡水为 0.2 ~ 230 $\mu g/L$,平均为 0.5 $\mu g/L$,海水为 3.7 $\mu g/L$。砷的污染主要来源于采矿、冶金、化工、化学制药、农药生产、纺织、玻璃、制革等部门的工业废水。

【任务实施】

一、实验室方法测量水样中砷

测定砷的两个比色法,其原理相同,具有类似的选择性。但新银盐分光光度法测定快速、灵敏度高,适合于水和废水中砷的测定,特别对天然水样,是值得选用的方法。而二乙氨基二硫代甲酸银光度法是一种经典方法,适合分析水和废水,但使用三氯甲烷,会污染环境。

氢化物发生原子吸收法是将水和废水中的砷以氢化物形式吹出通过加热产生砷原子,从而进行定量。原子荧光法是近几年发展起来的新方法,其灵敏度高、干扰少,简便快速,同时还可测定 Hg、Se、Sb、Bi、Ge、Te 等,是目前测砷最好的方法之一。

(一)二乙氨基二硫代甲酸银光度法

1. 操作准备

(1)仪器装置及试剂

1)仪器装置

①分光光度计,10 mm 比色皿。

②砷化氢发生与吸收装置,如图 5-3-1 所示。

2)试剂

①砷标准溶液。

②吸收液。将 0.25 g 二乙氨基二硫代甲酸银用少量三氯甲烷调成糊状,加入 2 mL 三乙醇胺,再用三氯甲烷稀释到 100 mL,用力振荡尽量溶解。静置暗处 24 h 后,倾出上清液或用定性滤纸过滤于棕色瓶内,储存于冰箱中。

③40% 氯化亚锡溶液。将 40 g 氯化亚锡($SnCl_2 \cdot 2H_2O$)溶于 40 mL 浓盐酸中,加微热,使溶液澄清后,用水稀释到 100 mL。加数粒金属锡保存。

④15% 碘化钾溶液。将 15 g 碘化钾溶于水中,稀释到 100 mL。储存在棕色玻璃瓶内,此溶液至少可稳定一个月。

⑤乙酸铅棉。

⑥无砷锌粒(10~20 目)。

⑦硝酸。

⑧硫酸。

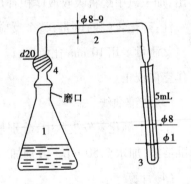

图 5-3-1　砷化氢发生装置图

1—锥形瓶;2—导气管;

3—吸收管;4—乙酸铅棉

2. 操作步骤

（1）试样制备

除非证明试样的消解处理是不必要的，可直接取样进行测量。否则，应按下述步骤进行预处理：

①取 50 mL 样品或适量样品稀释到 50 mL（含砷量小于 25 μg），置砷化氢发生瓶中，加 4 mL 硫酸和 5 mL 硝酸。在通风橱内消解至产生白色烟雾，如溶液仍不澄清，可再加 5 mL 浓硝酸，继续加热至产生白色烟雾，直至溶液澄清为止（其中可能存在乳白色或淡黄色酸不溶物）。

②冷却后，小心加入 25 mL 水，再加热至产生白色烟雾，驱尽硝酸。冷却后，加水使总体积为 50 mL，备测量用。

（2）试样的测量

①显色。于上述砷化氢发生瓶中，加入 4 mL 碘化钾溶液和 2 mL 氯化亚锡溶液（未经消解的水样应先加 4 mL 硫酸），摇匀，放置 15 min。

取 5.0 mL 吸收液置干燥的吸收管中，插入导气管。于砷化氢发生瓶中迅速加入 4 g 无砷锌粒，并立即将导气管与发生瓶连接（保证连接处不漏气）。在室温下反应 1 h，使胂完全释出，加三氯甲烷将吸收液体积补足到 5.0 mL。

注：砷化氢（胂）剧毒，整个反应在通风橱内或通风良好的室内进行。

②测量。用 10 mm 比色皿，以三氯甲烷为参比在 510 nm 波长处测量吸收液的吸光度，并作空白校正。

（3）校准曲线

于 8 个砷化氢发生瓶中，分别加入 0、1.00、2.50、5.00、10.00、15.00、20.00、25.0 μg 砷标准溶液，加水至 50 mL。分别加入 4 mL 浓硫酸，以下步骤按试样的操作进行显色和测量。

（4）计算

$$砷（As，mg/L）= \frac{m}{v}$$

式中　m——由校准曲线查得的砷量，μg；

　　　V——取样品体积，mL。

 小提示

①硝酸浓度为 0.01 mol/L，以上时有负干扰，不适合作保存剂。若试样中有硝酸，分析前要加硫酸，再加热至冒白烟予以驱除。

②锌粒的规格（粒度）对砷化氢的发生有影响，表面粗糙的锌粒还原效率高，规格以 10～20 目为宜。粒度大或表面光滑者，虽可适当增加用量或延长反应时间，但测定的重现性较差。

③吸收液柱高应保持8～10 cm,导气毛细管直径以不大于1 mm为宜。吸收液中的二氯甲烷沸点较低,在吸收胂的过程中可挥发损失,影响胂的吸收。当室温较高时,建议将吸收管降温,并不断补加三氯甲烷于吸收管中,使之尽可能保持一定高度的液层。

④夏天高温季节,还原反应激烈,可适当减少浓硫酸的用量,或将砷化氢发生瓶放入冷水浴中,使反应缓和。

⑤在加酸消解破坏有机物的过程中,勿使溶液变黑,否则砷可能有损失。

⑥除硫化物的乙酸铅棉若稍有变黑,即时更换。

⑦吸收液以吡啶为溶剂时,生成物的最大吸收峰为530 nm,但以三氯甲烷为溶剂时生成物的最大吸收峰为510 nm。

阅读有益

1. 原理

锌与酸作用,产生新生态氢。在碘化钾和氯化亚锡存在下,使五价砷还原为三价,三价砷被新生态氢还原成气态砷化氢(胂)。用二乙氨基二硫代甲酸银—三乙醇胺的三氯甲烷溶液吸收胂,生成红色胶体银,在波长510 nm处测吸收液的吸光度。

2. 适用范围

取试样量为50 mL,砷最低检出浓度为0.007 mg/L,测定上限浓度为0.50 mg/L。本方法可测定地表水和废水中的砷。

(二) 氢化物发生 原子吸收法

1. 操作准备

(1) 仪器

①单光束原子吸收分光光度计。

②台式自动平衡记录仪(或数据处理微机)。

③砷原子光谱灯(以无极放电灯为宜)。

④氢化物发生装置,如图5-3-2所示。石英管8 mm×160 mm,电热丝功率600 W。

(2) 试剂

①去离子水。

②工业氮气。

③盐酸、硝酸、高氯酸,均为先级纯。

④砷标准储备溶液。将三氧化二砷在硅胶上预先干燥至恒重,准确称取0.1320 g溶于2 mL 20%氢氧化钠溶液中,用2%盐酸溶液中和,再加2 mL,移至100 mL容量瓶中,摇匀。此溶

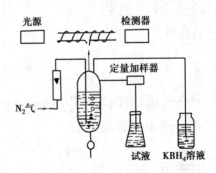

图5-3-2 氢化物发生装置

液每毫升含 1 mg 砷。

⑤砷标准使用溶液。吸取 1.00 mg/mL 砷标准储备溶液,逐级稀释成每毫升含 10 μg 砷。

⑥1% 硼氢化钾溶液。称取 1 g 硼氢化钾于 100 mL 烧杯中,加入 1~2 粒固体氢氧化钠,加入 100 mL 水溶解,过滤。

⑦3% 碘化钾-1% 抗坏血酸和硫脲混合溶液。称取 3 g 碘化钾、1 g 抗坏血酸和 1 g 硫脲,溶于 100 mL 水中,摇匀。

2. 操作步骤

(1)样品预处理

①清洁的水样取 25 mL 置于 50 mL 容量瓶中,加入盐酸(1+1) 8 mL、3% 碘化钾-1% 抗坏血酸和硫脲混合溶液 1 mL,定容后摇匀,放置 30 min 测定。同时配制空白溶液。

②废水取适当体积(视砷含量而定)于 50 mL 烧杯中,加入硝酸 5 mL、高氯酸 0.5 mL,加热消化并蒸全冒白烟,冷却,加入盐酸(1+1) 8 mL 煮沸,冷却。加入 3% 碘化钾-1% 抗坏血酸和硫脲混合溶液 1 mL,移入 50 mL 容量瓶中,用水稀释至刻度,摇匀,放置 30 min 测定。同时配制空白溶液。

(2)校准曲线溶液配制

①吸取 1μg/mL 砷标准使用溶液 0、0.1、0.2、03、0.4 和 0.5 mL,分别置于 6 个 50 mL 容量瓶中,各加入盐酸(1+1) 8 mL,3% 碘化钾-1% 抗坏血酸和硫脲混合溶液 1 mL,用水稀释至刻度,摇匀。

②放置 30 min 测定,绘制砷校准曲线。此校准曲线浓度分别含砷 0、2.0、4.0、6.0、8.0、10.0 μg/mL。

(3)样品测定

按工作条件调好仪器,预热 30 min,将空白溶液、校准曲线系列溶液和预处理过的水样分别定量加入 2 mL 于氢化物发生器中。用定量加液器迅速加入 1% 硼氢化钾溶液 1.5 mL,测定砷的吸收峰值,然后排出废液。完成一个样品测定后,应用水冲洗氢化物发生器一次,再进行下一个样品测定。

(4)计算

$$砷(As, mg/L) = \frac{m}{v}$$

式中 m——由校准曲线查得的砷量,μg;

v——取样品体积,mL。

 小提示

①三氧化二砷为剧毒药品,用时要注意安全。

②砷化氢为剧毒气体,管道不能漏气,要在排风良好的条件下操作,温度到达300 ℃时砷化氢开始分解,其毒性相对减小。

③氮载气流量不应过大,过大会导致水样冲进高温石英管,使其骤然冷却炸裂。

④载气流量过高会降低检测灵敏度。

⑤水样酸度不能太低或太高。酸度太低,形成的砷化氢不完全,酸度太高则会产生过多氢气在高温下着火,引起严重的分子吸收,干扰砷的测定。

阅读有益

1. 原理

硼氢化钾或硼氢化钠在酸性溶液中,产生新生态氢,将水样中无机砷还原成砷化氢气体,将其用 N_2 气载入石英管中,以电加热方式使石英管升温至900 ~ 1 000 ℃。砷化氢在此温度下被分解形成砷原子蒸气,对来自砷光源的特征电磁辐射产生吸收。将测得水样中砷的吸光度值和标准吸光度值进行比较,确定水样中砷的含量。

2. 适用范围

本方法适用于测定地下水、地表水和基体不复杂的废水样品中的痕量砷。适用浓度范围与仪器特性有关,一般装置检出限为 0.25 μg/L。适用的浓度范围为 1.0 ~ 12 μg/L。

【知识拓展】

1. 新银盐分光光度法

(1)原理

硼氢化钾(或硼氢化钠)在酸性溶液中产生新生态的氢,将水中无机砷还原成砷化氢气体,以硝酸-硝酸银-聚乙烯醇-乙醇溶液为吸收液(图5-3-3)。砷化氢将吸收液中的银离子还原成单质胶态银,使溶液呈黄色,颜色强度与生成氢化物的量成正比。黄色溶液在400 nm处有最大吸收,峰形对称。颜色在 2 h 内无明显变化(20 ℃以下)。化学反应如下:

$$BH_4^- + H^+ + 3H_2O \rightarrow 8[H] + H_3BO_3$$

$$As^{3+} + 3[H] \rightarrow AsH_3$$

$$6Ag^+ + AsH_3 + 3H_2O \rightarrow 6Ag + H_3AsO_3 + 6H^+$$

(2)适用范围

取最大水样体积 250 mL,本方法的检出限为 0.000 4 mg/L,测定上限为 0.012 mg/L。本方法适用于地表水和地下水中痕量砷的测定。

2. ICP-AES 法

本方法同铝测定方法。

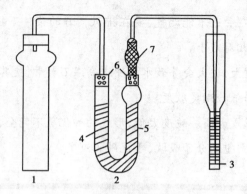

图 5-3-3　砷化氢发生与吸收装置

1—250 mL 反应管(ϕ30 mm,液面高约为管高的 2/3 或 100 mL、50 mL 反应管);

2—U 形管;3—吸收管;4—0.3 g 醋酸铅棉;5—0.3 g 吸有 1.5 mL DMF 混合液的脱脂棉;

6—脱脂棉;7—内装吸有无水硫酸钠和硫酸氢钾混合粉(9+1)的脱脂棉耐压聚乙烯管

3. 原子荧光法(含砷、硒、锑、铋)

(1)原理

在消解处理水样后加入硫脲,把砷、锑、铋还原成三价,硒还原成四价。

在酸性介质中加入硼氢化钾溶液,三价砷、锑、铋和四价硒分别形成砷化氢、锑化氢、铋化氢和硒化氢气体,由载气(氩气)直接导入石英管原子化器中,进而在氩氢火焰中原子化。基态原子受特种空心阴极灯光源的激发,产生原子荧光,通过检测原子荧光的相对强度,利用荧光强度与溶液中的砷、锑、铋和硒含量成正比的关系,计算样品溶液中相应成分的含量。

(2)适用范围

本方法每测定一次所需溶液为 2 ~ 5 mL。本方法检出限砷、锑、铋为 0.000 1 ~ 0.000 2 mg/L;硒为 0.000 2 ~ 0.000 5 mg/L。本方法适用于地表水和地下水中痕量砷、锑、铋和硒的测定。水样经适当稀释后可用于污水和废水的测定。

二、在线监测砷

1. 仪器组成

仪器的基本组成单元如图 5-3-4 所示。

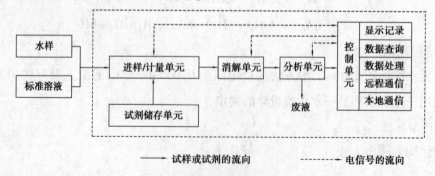

图 5-3-4　仪器的基本组成单元

①进样/计量单元。包括水样、标准溶液、试剂等导入部分(含水样通道和标准溶液通道)和计量部分。

②消解单元。将水样中砷单质及其化合物转化为砷离子的部分。

③分析单元。由反应模块和检测模块组成,通过控制单元完成对待测物质的自动在线分析,并将测定值转换成电信号输出的部分。

④控制单元。包括系统控制的硬件和软件,实现进样、消解、排液等操作的部分。

2. 操作准备

(1)试剂

①实验用水。不含砷的蒸馏水。

②砷标准储备液。$p = 1\ 000.0$ mg/L。

准确称取优级纯三氧化二砷(于110 ℃烘2 h)0.1320 g 置于50 mL 烧杯中,加入20%氢氧化钠溶液2 mL,搅拌溶解后,再加入1 mol/L 硫酸10 mL,转入100 mL 容量瓶中,用实验用水稀释到标线,混匀,低温保存。

③校正液。按仪器说明书要求配制。

④其余试剂。按仪器说明书要求配制。

(2)仪器的准备与校正

①连接电源,按照仪器说明书规定的预热时间至仪器正常运行。

②按照仪器说明书规定,用校正液对仪器进行校验。

3. 仪器的操作及维护

操作砷在线分析仪之前应认真阅读仪器的使用说明书,最好经过生产厂家的认真培训。砷在线分析仪的操作内容主要包括仪器参数的设定、仪器的校准、仪器的维护和故障处理等。

①仪器参数的设定。设定参数主要有分析周期(或分析频次)、测量范围、报警限值、系统时间等,设定方法参照说明书。

②仪器的校准。砷在线分析仪在使用前需要对工作曲线进行校准,在使用中需要定期校准。校准前应先配制不同浓度的标准溶液,可根据仪器的需要进行一点校准或多点校准,校准时将标准溶液从水样进样口导入,并按照说明书逐点进行校准。

③仪器的维护。砷在线分析仪在使用中应严格按照说明书要求定期维护,以保证仪器正常工作,一般砷在线分析仪需定期进行以下维护:

a. 定期添加试剂,添加频次根据单次试剂用量、分析频次和试剂容器容量来确定。

b. 定期更换泵管,防止泵管老化而损坏仪器。更换频次为每3~6个月一次,与分析频次有关,主要参照使用说明书。

c. 定期清洗采样头,防止采样头堵塞而采不上水,一般2~4周清洗一次,主要根据水质情况而定,水质越差清洗周期越短。

d. 定期校准工作曲线,以保证测量结果准确,一般每3个月或半年校准一次,主要参照使用说明书和现场水质变化情况来定,对水质变化大的地方,应相应缩短校准周期。

④故障处理。在砷在线分析仪运营维护过程中,个别仪器可能会出现故障,对一般的故障,运营人员应及时处理,快速恢复仪器运行;对复杂的故障,运营人员应及时与生产厂家联系,及时修复仪器,如不能及时修复的,应提供备用机,保证系统连续运行。

阅读有益

砷在线分析仪原理:

仪器将水样导入反应池,加入硼氢化钾,硼氢化钾与反应体系不断反应生成新生态氢,水样中的砷在酸性条件下与新生态氢键反应生成砷化氢,由净化空气将产生的砷化氢气体吹出并经纯化(脱水脱硫)后送入含有硝酸银的吸收液,银离子被砷化氢生成新生态的胶态银,称为新银盐,在 420 nm 的波长下测量吸光度 A,由 A 值查询标准工作曲线,得出水样中砷化物的浓度。具体流程如图 5-3-5 所示。

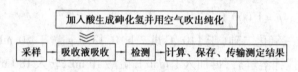

图 5-3-5　砷在线分析仪工作流程

【任务评价】

任务三　砷测定评价明细表

序号	考核内容	评分标准	分值	小组评价	教师评价
1	基本知识(30 分)	砷的定义及监测意义	5		
		砷测定的原理	15		
		砷监测设备的工作原理	10		
2	基本技能(60 分)	砷测定试剂的配制	5		
		砷监测的操作步骤	15		
		砷监测设备的使用	30		
		砷监测设备的维护	10		
3	环保安全文明素养(10 分)	环保意识	4		
		安全意识	4		
		文明习惯	2		
4	扣分清单	迟到、早退	1 分/次		
		旷课	2 分/节		
		作业或报告未完成	5 分/次		
		安全环保责任	一票否决		
	考核结果				

【任务检测】

一、选择题

水中砷的测定方法是(　　　)。

A. 水杨基荧光酮氯代十六烷基吡啶分光光度法　　　B. 二氮杂菲分光光度法

C. 过硫酸铵分光光度法　　　D. 双乙醛草酰二腙分光光度法

E. 二乙氨基二硫代甲酸银光度法

二、填空题

1. 用原子荧光法测定砷时,试样必须用(　　　)预先还原五价砷至(　　　)价砷,还原速度受(　　　)影响,室温低于 15 ℃时,至少应放置(　　　) min。

2. 用原子荧光法测定地下水中的砷,砷易于生成不稳定的(　　　),在酸性溶液中,以强还原剂硼氢化钠(钾)与砷生成(　　　),由载气导入(　　　),用氩氢火焰燃烧后产生(　　　)。

三、判断题

1. 硼氢化钠浓度对砷的测定没有影响。　　　　　　　　　　　　　　　　　(　　　)

2. 用原子荧光法测定河水和废水砷不加任何掩蔽剂,可直接分析河水中的不同价态的砷。　　　　　　　　　　　　　　　　　　　　　　　　　　　　　　　　　(　　　)

四、计算题

用原子荧光法测定水中的砷,取水样 20.0 mL,加入浓盐酸 3.0 mL、10% 硫脲溶液 2.0 mL,于 50.00 mL 容量瓶稀释定容至刻度,混匀放置 20 min 后进行测定,从校准曲线上查得测定溶液中砷的浓度为 10.0 μg/L,求该地表水中砷的浓度。

项目六　水质监测实验室质量保证与控制

水是生产生活的关键因素之一,更是维持生命的基本物质。过去,侧重发展工业与经济,不注重水资源保护,任由工业与生活废水直接向水源地和河流排放,导致水资源严重污染,极大地危害着人们赖以生存的环境。

水质监测能够从源头上发现水资源被污染的问题,为根除水资源污染提供依据。质量保证与控制是水质监测工作的重要组成部分,是获取国家实验室计量认证认可的关键环节。水质检测实验室监测结果的准确性和可靠性,不仅取决于实验室的监测设备等硬件,更与实验室质量体系,特别是质量保证与控制紧密相关。质量体系是实验室内部实施质量管理的法规,覆盖了采集样品、检测样品、检测过程、仪器设备、人员素质、设施与环境、量值溯源与校准、检验方法和化学试剂等全部质量控制要求。

水质监测实验室质量保证与控制的任务就是要把监测分析误差控制在允许的限度范围内,保证测量结果的精密度和准确度,使分析数据在给定的置信水平内,有把握达到所要求的质量。同时,质量保证与控制是实验室工作的内容之一,是水质监测工作的技术关键和科学管理实验室的有效方法。作为水质监测实验室的工作人员,必须全面系统地掌握实验室质量保证与控制的方法。

【项目目标】

知识目标

● 了解水质检测工作的起源与发展,充分认识检测工作在保证产品质量中的地位和作用,了解实验室质量保证与控制的基本知识、研究对象和学习内容。

● 理解实验室的组织、技术装备(含建筑、室内设计)、质量和安全四大管理的内涵,熟悉实验室设计、检测系统和质量保证体系构建、实验室认可及标准化管理的内容和要求。

● 掌握实验室人员、化学试剂、仪器设备和信息资料的管理和检测过程的质量控制技术。

技能目标

● 能合理地建立水质检测实验室的组织机构,能有效地进行人员和仪器设备的配置,并明确部门和人员权责。

● 明确实验室检验系统的内涵、构成要素和构建依据,熟悉实验室的质量保证体系及标准化管理的内容,掌握人员、化学试剂、仪器设备、信息资料的管理和检测过程的质量控制技能。

●能正确使用化学试剂和电气设备,做到防火、防爆、防中毒,能对简单的实验室外伤作出正确的处理。

情感目标

●培养爱岗敬业的职业道德和互助合作的团队精神。

●培养科学严谨、实事求是的工作态度和安全、环保、质量意识。

●培养观察、分析、解决问题的能力,拓展创新等可持续发展能力。

任务一　水质监测实验室基本知识与技能

【任务描述】

水质监测实验室是水质监测人员的工作场所,一般分为样品采集与预处理室、常规理化指标监测室和大型仪器分析室等。为了保质保量完成水质监测工作任务,要求监测人员必须对常用实验室器皿、化学试剂、实验室用水、洗涤剂、天平、分析仪器以及实验室安全环保等方面的基础知识有较为全面的了解和掌握,为今后进行测定方法的选择、监测数据的获得、实验室质量控制与管理等,提供必要的知识和技能。同时,为实现实验室信息化管理,还需要增强学员的信息加工综合应用能力。

此任务内容包括实验室玻璃仪器的管理与使用要求、玻璃仪器的洗涤及干燥方法、计量玻璃仪器的选用与校准、化学试剂与试液、常规理化分析仪器、常见分析检测技术、样品预处理操作等知识和技能。

【相关知识】

一、水质检测的方法及依据

按测定原理及操作方法的不同,水质检测分析的方法主要可分为化学分析法和仪器分析法两大类。水质监测的依据是现行的国家、行业或地方标准。

1.化学分析法

化学分析法是指以物质的化学反应为基础的分析法,又分为滴定分析法和质量分析法两类。

(1)滴定分析法

滴定分析法通常是将一种已知准确浓度的试剂溶液(俗称标准滴定溶液或滴定剂)滴加到待测物质溶液中,直到所加试剂恰好与待测组分刚好完全反应。然后根据滴定剂的用量和浓度计算出待测组分的含量。滴定的操作如图6-1-1所示。根据反应类型的不同,滴定分析法可

图6-1-1　滴定分析操作

分为酸碱滴定法、配位滴定法（又称络合滴定法）、氧化还原滴定法和沉淀滴定法。滴定分析法比较准确，具有简便、快速、应用范围广等优点，一般适用于常量组分的测定（含量在1%以上的组分）。

（2）质量分析法

质量分析法是根据化学反应生成物的质量，求出被测组分含量的一种分析方法，也称称量分析法。如测定试样硫酸盐的含量时，在试液中加入稍过量的 $BaCl_2$ 溶液，使 SO_4^{2-} 生成难溶的 $BaSO_4$ 沉淀，经过滤、洗涤、灼烧后，称量 $BaSO_4$ 质量，便可求出试样中硫酸盐的含量，质量分析操作如图6-1-2所示。质量分析法准确度高，但操作烦琐，目前应用较少。

图6-1-2　质量分析法操作

2. 仪器分析法

仪器分析法是指以物质的物理或物理化学性质为基础的分析方法。常用的分析仪器有酸度计、分光光度计、气相色谱仪等。仪器分析法灵敏度高，分析速度快，适宜于低含量组分的测定。

二、水质监测实验用水

水质监测实验用水是监测分析质量控制的一个重要因素，影响空白值及分析方法的检出限，尤其在微量分析中对水质有更高的要求。分析者对用水级别、规格应当了解，以便正确选用，并对特殊要求的水质进行特殊处理。

通常在水质监测实验室洗涤仪器总是先用自来水洗，再用去离子水或蒸馏水洗。进行无机物微量监测要二次去离子水，而有机物微量分析强调用重蒸馏水。

1. 原水、纯水、高纯水

水的纯度指水中杂质的多少。从这个角度出发将水分为原水、纯水、高纯水3类。

①原水又称常水，是指人们日常生活用水，有地表水、地下水和自来水，是制备纯水的水源。

②纯水是指将原水经预处理除去悬浮物、不溶性杂质后，用蒸馏法或离子交换等方法进一步纯化除去可溶性、不溶性盐类、有机物、胶体而达一定纯度标准的水。

③高纯水是指以纯水为水源，再经离子交换、膜分离、反渗透（RO）、超滤（UF）、膜过滤（MF）、电渗析（ED）除盐及非电解质，使纯水电解质几乎完全除去，又将不溶解胶体物质、有机物、细菌、SiO_2 等去除到非常低的程度。

2. 纯水与高纯水的水质标准

我国国家标准 GB/T 6682—2008《分析实验室用水规格和试验方法》中规定实验室用水分为三级。其中，一级水基本上不含有溶解或胶态离子杂质及有机物，用于有严格要求的分析实验；二级水可含有微量的无机、有机或胶态杂质，用于有要求的分析实验；三级水是普遍使用的纯水，适用于一般实验室的实验工作。

三、化学试剂及分类

化学试剂种类繁多。在水质监测实验中经常要使用化学试剂，试剂选择和使用是否恰当,直接影响分析检测结果的成败。

1. 化学试剂的分类与规格

为了保证和控制试剂产品的品质,国家或有关行业制定和颁布了相应的国家标准(代号GB)、化工标准(代号 HG)、环保标准(代号 HJ),没有国家标准和行业标准的产品执行企业标准(代号 QB)。

我国的化学试剂规格按纯度和使用要求分为高纯(又称超纯、特纯)、光谱纯、分光纯、基准、优级纯、分析纯、化学纯 7 种。国家和主管部门颁布的质量标准主要是后 3 种,即优级纯、分析纯、化学纯,如图 6-1-3 所示。

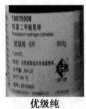  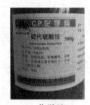

优级纯　　　　　　　　　分析纯　　　　　　　　　化学纯

图 6-1-3　化学试剂分类

2. 化学试剂的标志

中国国家标准 GB 15346—2012《化学试剂　包装及标志》规定用不同颜色的标签来标记化学试剂的等级及门类,见表 6-1-1。

表 6-1-1　化学试剂的分类

级别	中文标志	英文标志	标签颜色	用途
一级	优级纯	G.R	深绿色	纯度很高,适用于精确分析和研究工作
二级	分析纯	A.R	金光红色	纯度较高,适用于一般分析及科研
三级	化学纯	C.P	中蓝色	纯度不高,适用于工业分析及化学实验
四级	实验试剂	L.R	黄色	纯度较差,只适用于一般化学实验
	基准试剂		深绿色	纯度很高,适用于标准溶液的配制、标定

四、实验原始数据的处理

记录实验数据既是良好的实验习惯,也是一项不容忽略的基本功。准确的分析测定要求分析者细致、认真,记录数据清晰、工整。修改数据必须遵守有关规定,并注意测量所能达到的有效数字。

1. 对原始记录的要求

(1)使用专门的记录本

学员应有专门的实验记录本,并标上页码数,不得撕去其中一页。决不允许将数据记在单页纸上或纸片上,或随意记在任何地方。

(2)应及时、准确地记录

实验过程中的各种测量数据及有关现象,都应及时、准确、清楚地记录下来,记录实验数据时,要有严谨的科学态度,实事求是,切忌夹杂主观因素,决不能随意拼凑和伪造数据。实验过程中涉及的特殊仪器型号和标准溶液的浓度、室温、大气压等数据,也应及时地记录下来。

（3）注意有效数字

实验过程中记录测量数据时,应注意有效数字的位数和仪器的精度一致。如用分析天平称量时,要求记录至 0.000 1 g；滴定管和吸量管的读数应记录至 0.01 mL。

（4）相同数据的记录

实验记录的每一个数据都是测量结果,平行测定时,即使数据完全相同也应如实记录下来。

（5）数据的改动

在实验过程中,如发现数据中有记错、测错或读错而需要改动的,可将该数据用一横划去,并在其上方写出正确的数字。

（6）用笔要求

数据记录要用黑色的钢笔或圆珠笔,不得使用铅笔。

2. 程序及注意事项

①实验前预习实验,并根据要求制作记录表格。

②实验记录上要写明日期、实验名称、标号、检验项目、实验数据及检验人。

③注明表中各符号的意义,单位需采用法定计量单位。

④凡有改动的数据,应有教师的图章或签名。

⑤实验结束后核对记录是否正确、合理、齐全,平行测定结果是否超差,是否需要重新测定。

⑥原始记录本应按实验室管理制度由专人管理,并归档保存,一般保存期为 3 年。

五、分析称量方法

1. 直接称量法

天平调零点后,将被称物直接放在称量盘上,所得读数即被称物的质量。这种称量方法适用于称量洁净干燥的器皿、棒状或块状的金属等。

2. 差减称量法

取适量待称样品置于一洁净干燥的容器(称固体粉状样品用称量瓶,称液体样品可用小滴瓶)中,在天平上准确称量后,转移出欲称量的样品置于实验器皿中,再次准确称量,两次称量读数之差,即所称取样品的质量。如此重复操作,可连续称取若干份样品。

这种称量方法适用于一般的颗粒状、粉状及液态样品。由于称量瓶和滴瓶都有磨口瓶塞,对称量较易吸湿、氧化、挥发的试样很有利。

3. 固定质量称量法

固定质量称量法如图6-1-4所示。这种方法是为了称取固定质量的物质,又称为指定质量称量法。如准确称取 1.225 8 g $K_2Cr_2O_7$ 基准试剂。其称量方法是将干燥的小容器(如称量纸或小烧杯)轻轻放在天平秤盘上,待显示平衡后按"去皮"键扣除皮重并显示零点,然后打开天平门往容器中缓缓加入试样并观察屏幕,当达到所需质量时停止加样,关上天平门,显示平衡后即可记录所称取试样的净重。采用此法进行称量,能体现电子天平称量快捷的优越性。

六、溶液的配制、分析计算中的基本单元

在监测分析工作中所用的溶液,大体上分为两类:一类是具有大约浓度的一般溶液;另一类是具有一定准确浓度的标准溶液。由于标准溶液和一般溶液在准确度上有很大的不同,所以这两种溶液在配制方法、所使用的试剂和仪器上有很大的区别。

图 6-1-4　固定质量称量法

(一)标准滴定溶液的表示方法

标准溶液分为滴定分析用标准溶液(即标准滴定溶液)和杂质测定用标准溶液。

标准滴定溶液又称滴定剂,是确定了准确浓度的用于滴定分析的溶液。在滴定分析中,无论采用何种滴定方法,都必须使用标准滴定溶液,并通过标准滴定溶液的浓度和用量来计算待测组分的含量。

1. 标准滴定溶液的浓度表示

(1)物质的量浓度(c_B)

物质的量浓度(简称浓度)是指 1 L 溶液中所含溶质的物质的量。表明物质的量浓度时,一定要指明其基本单元,用 $c(\frac{1}{z}B)$ 表示,单位是摩尔每升(mol/L)。计算公式为

$$c(\frac{1}{z}B) = \frac{n(\frac{1}{z}B)}{V}$$

(2)滴定度

滴定度是指 1 mL 标准滴定溶液相当于待测组分的质量。用了 $T_{B/A}$ 表示,单位是 g/mL。计算公式为

$$T_{B/A} = \frac{m_B}{V_A}$$

2. 标准滴定溶液的配制

配制标准滴定溶液有直接法和标定法两种。

(1)直接法

准确称取一定量的基准物质,溶解后定量稀释至一定体积即成。其浓度可根据基准物质的质量及溶液体积直接计算而得。

基准物质是指能用于直接配制标准滴定溶液的物质。基准物质必须符合下列条件:

①纯度在 99.95% 以上。

②物质的实际组成与化学式完全符合(包括结晶水)。

③性质稳定,在储存、烘干和称量过程中不发生变化,如不风化、不吸收水和 CO_2、不分解等。

④具有较大的摩尔质量。

常用基准物质及其应用条件见表 6-1-2。

表 6-1-2　常用基准物质及其应用条件

标准滴定溶液	工作基准试剂	工作基准试剂的干燥条件
盐酸和硫酸	无水碳酸钠(Na_2CO_3) 硼砂($Na_2B_4O_7 \cdot 10H_2O$)	$270 \sim 300$ ℃ 放于装有 NaCl 和蔗糖饱和溶液的干燥器中 10 h
氢氧化钠	邻苯二甲酸氢钾($KHC_8H_4O_4$)	$105 \sim 110$ ℃
高氯酸	邻苯二甲酸氢钾($KHC_8H_4O_4$)	$105 \sim 110$ ℃
硫代硫酸钠	重铬酸钾($K_2Cr_2O_7$)	(120 ± 2) ℃
碘	三氧化二砷(As_2O_3)	硫酸干燥器
高锰酸钾	草酸钠($Na_2C_2O_4$)	$105 \sim 300$ ℃
硫酸铈	草酸钠($Na_2C_2O_4$)	$105 \sim 300$ ℃
EDTA	氧化锌(ZnO)	800 ℃
硫氰酸钾	硝酸银($AgNO_3$)	硫酸干燥器
硝酸银	氯化钠(NaCl)	$500 \sim 600$ ℃
亚硝酸钠	对水对氨基苯磺酸($C_6H_4NH_2SO_3H$)	120 ℃

（2）标定法（又称间接法）

在滴定分析法中,标准溶液浓度的准确度直接影响分析结果的准确度,配制标准溶液在方法、使用仪器、量具和试剂方面都有严格的要求,具体要求查阅 GB/T 601—2016《化学试剂　标准滴定溶液的制备》。

（二）一般溶液浓度的表示方法

一定量溶液（少数情况下为溶剂）中所含溶质的量称为溶液的浓度。溶液浓度的表示方法有以下几种,其中,A 代表溶剂,B 代表溶质。

1."分数"浓度

①B 的质量分数(ω_B)。ω_B 定义为 B 的质量 m_B 与溶液质量之比。

$$\omega_B = \frac{m_B}{m_{溶液}}$$

②B 的体积分数(φ_B)。φ_B 定义为 B 的体积 V_B 与溶液体积之比。

$$\varphi_B = \frac{V_B}{V_{溶液}}$$

2."比例"浓度

"比例"浓度包括体积比($V_A + V_B$)浓度和质量比($m_A + m_B$)浓度。

①体积比浓度。是液体试剂相互混合或用溶剂稀释时的表示方法。如(1 + 3)的硫酸,是指 1 个单位体积的浓硫酸与 3 个单位体积的水,按一定的方法相互混合。

②质量比浓度。如(1 + 100)的铬黑 T – 氯化钠指示剂,是指 1 个单位质量的铬黑 T 与

100 个单位质量的氯化钠相互混合,这里的铬黑 T 和氯化钠均为固体试剂。

3. B 的质量浓度(ρ_B)。

ρ_B 定义为 B 的质量除以溶液的体积,即

$$\rho_B = \frac{m_B}{V_{溶液}}$$

单位为 g/L,即 1 L 溶液中所含溶质的克数。一般指示液的浓度常使用该法表示。如 $\rho_{酚酞} = 10$ g/L 称为酚酞的质量浓度为 10 g/L,即 1 L 该溶液中含 10 g 酚酞。

4. 物质的量浓度 C_B(简称浓度)

C_B 是指 1 L 溶液中所含溶质的物质的量,单位为摩尔每升(mol/L),即

$$C_B = \frac{n_B}{V_{溶液}}$$

(三)溶液浓度的换算

同样一种溶液的浓度有许多种表示方法,不管用哪一种方法,虽然数值上发生变化,但一定量溶液中溶质的量是不会改变的。

①质量分数与物质的量浓度换算。

当溶液的密度(d)已知时,物质的量浓度与质量分数的关系式为

$$c_B = \frac{1\,000 \cdot d \cdot \omega_B}{M_B}$$

式中　c_B——B 的物质的量的浓度,(mol/L);

　　　d——溶液的密度,(g/mL);

　　　ω_B——溶质 B 的质量分数,%;

　　　M_B——溶质以 B 为基本单元的摩尔质量,(g/mol)。

②质量浓度与物质的量浓度换算。

根据

$$\rho_B = \frac{m_B}{V} \qquad c_B = \frac{n}{V} \qquad 及 \frac{m_B}{n} = M_B$$

有　$\rho_B = C_b \cdot M_B$

即质量浓度是物质的量浓度与其摩尔质量的乘积。

【任务实施】

一、实验室玻璃仪器的使用与管理

(一)实验室玻璃仪器的分类

①计量类。用来测量物质某种特定性质的仪器,如天平、温度计、吸管、滴定管、容量瓶、量筒(杯)等。

②反应类。用来进行化学反应的仪器,如试管、烧杯、锥形瓶、多口烧瓶等。

③加热类。能产生热源来加热的器具,如电炉、高温炉、烘干箱、酒精灯、煤气灯等。

④分离类。用于过滤、分馏、蒸发、结晶等物质分离提纯的仪器,如蒸馏瓶、分液漏斗、过

滤用的布氏漏斗或普通漏斗等。

⑤容器类。盛装药品、试剂的器皿,如试剂瓶、滴瓶、培养皿等。

⑥干燥类。用于干燥固体、气体的器皿,如干燥器、干燥塔等。

⑦固定夹持类。固定、夹持各种仪器的器具,如各种夹子、铁架台、漏斗架等。

⑧配套类。在组装仪器时用来连接的器具,如各种塞子、磨口接头、玻璃管、T形管等。

⑨电器类。干电池、蓄电池、开关、导线、电极等。

水质监测实验室常用玻璃仪器见表6-1-3。

表6-1-3　水质监测实验室常用玻璃仪器

仪器名称	规格及表示方法	一般用途	使用注意事项
烧杯	有一般型和高型,有刻度和无刻度等几种 规格以容积(mL)表示,还有容积为1、5、10 mL的微烧杯	反应物量较多的反应容器 配制溶液和溶解固体等 还可作简易水浴	①加热时先将外壁水擦干,放在石棉网上 ②反应液体不超过容积的2/3,加热时不超过1/3
具塞三角瓶、锥形瓶	有具塞、无塞等种类 规格以容积(mL)表示	作反应容器,可避免液体大量蒸发 用于滴定用的容器,方便振荡	①滴定时所盛溶液不超过容积的1/3 ②其他同烧杯
碘量瓶	具有配套的磨口塞 规格以容积(mL)表示	与锥形瓶相同,可用于防止液体挥发和固体升华的实验	同锥形瓶
量筒和量杯	上口大、下部小的是量杯,有具塞、无塞等种类 规格以所能量度的最大容积(mL)表示	量取一定体积的液体	①能加热 ②不能作反应容器,也不能用作混合液体或稀释的容器 ③不能量取热的液体 ④量度亲水溶液的浸润液体,视线与液面水平,读取与弯月面最低点相切刻度

吸管	吸管又称为吸量管,有分刻度线直管型和单刻度线大肚型两种,还分成完全流出式和不完全流出式,此外还有自动移液管 　规格以所能量取的最大容积(mL)表示	准确量取一定体积的液体或溶液	①用后立即洗净 ②具有准确刻度线的量器不能放在烘箱中烘干,更不能用火加热烘干 ③读数方法同量筒
容量瓶	塞子是磨口塞,现在也有用塑料塞的。有量入式和量出式之分 　规格以刻度线所示的容积(mL)表示	用于配制准确浓度的溶液	①塞子配套,不能互换 ②其他同吸管
微量滴定管　橡胶管　活塞 滴定管	具有玻璃活塞的为酸式管,具有橡皮滴头的为碱式管。用聚四氟乙烯制成的则无酸碱式之分 　规格以刻度线所示最大容积(mL)表示 　有微量滴定管	用于准确测量液化或溶液的体积 容量分析中的滴定仪器	①酸式滴定管的活塞不能互换,不能装碱溶液 ②其他同吸管
试剂瓶	有广口、细口;磨口、非磨口;无色、棕色等种类 　规格以容积(mL)表示	广口瓶盛放固体试剂 细口瓶盛放液体试剂或溶液 棕色瓶用于盛放见光易分解和不太稳定的试剂	①不能加热 ②盛碱溶液要用胶塞或软木塞 ③使用中不要弄乱、弄脏塞子 ④试剂瓶上必须保持标签完好,取液体试剂瓶倾倒时标签要对着手心

续表

滴瓶、滴管	有无色、棕色两种,滴管上配有橡皮的胶帽 规格以容积(mL)表示	盛放液体或溶液	①滴管不能吸得太满,也不能倒置,保证液体不进入胶帽 ②滴管专用,不得弄乱、弄脏 ③滴管要保持垂直,不能使管端接触容器内壁,更不能插入其他试剂瓶中
称量瓶	分扁形、高形两种 规格以外径×高(cm)表示	用于称量 测定物质的水分	①不能加热 ②盖子是磨口配套的,不能互换 ③不用时洗净,在磨口处垫上纸条
表面皿	规格以直径(cm)表示	用来盖在蒸发皿上或烧杯上,防止液体溅出或落入灰尘。也可用作称取固体药品的容器	①不能用火直接加热 ②作盖时直径要比容器口直径大些 ③用作称量试剂时要事先洗净、干燥
漏斗	有短颈、长颈、粗颈、无颈等种类 规格以斗径(mm)表示	用于过滤;倾注液体导入小口容器中;粗颈漏斗可用来转移固体试剂 长颈漏斗常用于装配气体发生器,作加液用	①不能用于加热,过滤的液体也不能太热 ②过滤时漏斗颈尖端要紧贴承接容器的内壁 ③长颈漏斗在气体发生器中作加液用时,颈尖端应插入液面之下
洗瓶	有玻璃和塑料的两种,大小以容积(mL)表示	洗涤沉淀和容器	①不能装自来水 ②塑料的不能加热 ③一般都是自制

干燥器、真空干燥器	分普通干燥器和真空干燥器两种,以内径(cm)表示大小	存放试剂防止吸潮。在定量分析中将灼烧过的坩埚放在其中冷却	①放入干燥器的物品温度不能过高 ②下室的干燥剂要及时更换 ③使用中要注意防止盖子滑动打碎 ④真空干燥器接真空系统抽去空气,干燥效果更好
有盖坩埚	有瓷、石墨、铁、镍、铂等材质制品,以容积(mL)表示大小	熔融和灼烧固体	①根据灼烧物质的性质选用不同材质的坩埚 ②耐高温,直接火加热,但不宜骤冷 ③铂制品使用要遵守专门的说明
研钵	有玻璃、瓷、铁、玛瑙等材质的,以口径(mm)表示	混合、研磨固体物质	①不能作反应容器,放入物质量不超过容积1/3 ②根据物质性质选用不同材质的研钵 ③易爆的物质只能轻轻压碎,不能研磨
坩埚钳	铁或铜合金制成,表面镀铬	夹取高温下的坩埚或坩埚盖	必须先预热再夹取
药匙	由骨、塑料、不锈钢等材料制成	取固体试剂	根据实际选用大小合适的药匙,取量很少时用小端。用毕洗净擦干,才能取另外一种药品
毛刷	规格以大小和用途表示,如试管刷、滴定管刷、烧杯刷等	洗刷仪器	毛不耐碱,不能浸在碱溶液中。洗刷仪器时小心顶端戳破仪器

（二）实验室玻璃仪器的使用与管理

1. 实验室玻璃仪器的购置与登记

根据测试项目要求和使用报废情况,由玻璃仪器管理员制订采购计划,注明名称、规格、数量、要求等,经质量控制室负责人审核后,报质量管理部负责人批准后实施采购。

玻璃仪器入库时,按购物清单逐一清点,去包装,验收入库,做好登记、保管工作。大型玻璃仪器建立账目,每年清查一次,一般低值易耗品在实验过程中出现破损、破碎时,应进行报损,并及时补充。

2. 实验室玻璃仪器的外观要求

①新购进的玻璃仪器到货后,应仔细检查,仪器应清澈、透明,滴定管、分度吸量管和量筒允许由蓝线、乳白衬背的双色玻璃管制成。

②玻璃量器不允许有影响计量读数及使用强度等缺陷,包括密集的气线(气泡)、破气线(气泡)、擦伤、铁屑和明显的直棱线等。

③分度线和量的数值应清晰、完整、耐久。

④分度线应平直、分格均匀,必须与器轴相垂直。

⑤玻璃量器分度线的宽度和分度值应符合"玻璃量器检定标准操作规程"。

阅读有益

玻璃量器应具有下列标记:

①厂名或商标。

②标准温度(20 ℃)。

③型式标记有量入式用"In",量出式用"Ex",吹出式用"吹"或"Blow out"。

④等待时间标注为××s。

⑤标称总容量与单位为××mL。

⑥准确度等级分为 A 或 B,有准确度等级而未标注的玻璃量器按 B 级处理。

⑦用硼硅玻璃制成的玻璃量器,应标"Bsi"字样。

⑧非标准的口与塞、活塞芯和外套,必须用相同的配合号码。无塞滴定管的流液口与管下部也应标有相同的号码。

3. 玻璃仪器的存放

①玻璃仪器使用后应及时清洗、干燥。

②所有玻璃仪器应按种类、规格顺序存放,尽可能倒置,既可自然控干,又能防尘。如烧杯等可直接倒扣于实验柜内,锥形瓶、烧瓶、量筒等可倒插于玻璃器皿柜的孔中。精密的玻璃仪器应加盖存放。

③吸量管洗净后置于防尘的盒中或移液管架上。

④滴定管用毕,倒去内装溶液,用蒸馏水冲洗之后,注满蒸馏水,上盖玻璃短试管或塑料套管,也可倒置夹于滴定管架上。

⑤成套仪器如索氏提取器、蒸馏水装置、凯氏定氮仪等,用完后立即洗干净,成套放在专

用的包装盒中保存。

4. 使用玻璃仪器的要求

①使用时应轻拿轻放。

②除试管等少数玻璃仪器外,不得用火直接加热。烧杯、烧瓶等加热时要垫石棉网。

③锥形瓶、平底烧瓶不得用于减压操作。

④广口容器(如烧杯)不能存放有机溶剂。

⑤不能用温度计作搅拌棒。温度计用后应缓慢冷却,不可立即用冷水冲洗,以免炸裂。

⑥玻璃容器不能存放如氢氟酸、碱液等对玻璃有腐蚀性的试剂和溶液。

⑦玻璃仪器洗涤必须符合检验的准确度和精密度要求,洗涤时严格按洗涤操作规程进行操作。

⑧玻璃量器必须经过校正后使用以确保测量的准确度。滴定管、容量瓶、移液管等仪器在洗涤时不宜用硬毛刷或其他粗糙东西擦洗内壁。

【知识拓展】

1. 带磨口的玻璃仪器

①容量瓶、比色管等应在使用或清洗前用小细绳或塑料套管把塞子和管口拴好,以免打破塞子或互相弄混。

②磨口处必须洁净,若沾有固体杂质,则会使磨口对接不严,导致漏气。若固体杂质较硬,还会损坏磨口。同理,不要用去污粉擦洗磨口部位。

③一般使用时,磨口无须涂润滑剂,以免玷污产物或反应物。若反应物中有强碱,则应涂润滑剂,以免磨口连接处因碱腐蚀而粘牢,不易拆开。

④安装磨口仪器时应特别注意整齐、正确,使磨口连接处很好地吻合,否则仪器易破裂。

⑤用后立即拆卸洗净,放置太久磨口连接处会粘牢难以拆开。

⑥需长期保存的磨口仪器要在塞间垫一张纸片,以免日久粘住。

⑦长期不用的滴定管要除掉凡士林后垫纸,用皮筋拴好活塞保存。

2. 石英玻璃仪器

①石英玻璃仪器外表上与玻璃仪器相似,无色透明,但它比玻璃仪器价格贵、更脆、易破碎,使用时须小心,与玻璃仪器分别存放,妥善保管。

②石英玻璃不能耐氢氟酸的腐蚀,磷酸在150 ℃以上能与其作用,强碱溶液包括碱金属碳酸盐能腐蚀石英,石英玻璃仪器不应用于上述场合。

③石英比色皿测定前可用柔软的棉织物或滤纸吸去光学窗面的液珠,将擦镜纸折叠为4层轻轻擦拭至透明。比色皿用毕洗净,倒放在铺有滤纸的小磁盘中,晾干后放在比色皿盒中。

3. 微生物检验用器皿

①微生物检验用器皿必须在每次使用前、使用完毕后进行清洁灭菌,做好使用前的准备工作。

②洗涤方法同实验用玻璃器皿、量器的清洁规程。

③洗净的器皿内外壁不挂水珠,否则应重洗。

④洗净的器皿倒置于器皿框内晾干。

⑤待器皿晾干后,按"物品灭菌操作管理规程"规定进行操作。

⑥灭菌完的器皿,置于专用的器皿筐内递入无菌室备用。如洗灭后的器皿暂时不用,应当倒置过来存放,使用前必须再次灭菌。

4.玻璃仪器的洗涤及干燥方法

(1)玻璃仪器的洗涤洁净的标准

仪器内壁被水均匀润湿,既不聚成水滴也不成股流下,而是能够形成一层均匀的水膜,不挂水珠。

(2)常规玻璃仪器洗涤

用毛刷蘸取合成洗涤剂、去污粉或者肥皂水由内向外刷洗,然后用自来水冲洗干净,最后用纯净水润洗 3～4 次。

(3)精密玻璃仪器洗涤

对准确度要求较高的玻璃仪器,如移液管、吸量管、滴定管、容量瓶等,采用铬酸洗液浸泡的方法完成仪器的洗涤工作。具体操作如下:

将预先配置好的铬酸洗液倒入玻璃仪器中并浸泡一段时间,然后轻轻转动并倾斜玻璃仪器,保证仪器内壁能被铬酸洗液均匀浸润。浸泡时间可以根据玻璃仪器的污染程度进行选择,污染较轻的玻璃仪器浸泡数分钟即可,而对污染较重的玻璃仪器应适当延长浸泡时间(注意:铬酸洗液具有极强的腐蚀性,使用时要注意安全,禁止将铬酸洗液溅于裸露的皮肤上)。在使用前应先倾干仪器中的水分,浸泡结束后,将铬酸洗液回收到原试剂瓶中,用自来水将玻璃仪器冲洗干净后,再用纯净水润洗 3～4 次。

(4)玻璃仪器的干燥方法

①晾干法。晾干法又称为自然风干法,将洗净的仪器倒置于沥水木架上或放在干燥的柜中过夜,让其自然干燥。自然干燥最简单也最方便,但要注意防尘。

②烤干法。烤干法是采用直接加热方式使水分迅速蒸发使仪器干燥的方法。

③有机溶剂法。对一些不能加热的仪器如试剂瓶、称量瓶、容量瓶、滴定管、吸管等,可加入易挥发且与水互溶的有机溶剂,借残余溶剂的挥发把水分带走。可以与电吹风并用,对小型局部干燥比较适用。

④烘箱干燥法。一次加热较多仪器时采用,在 105～110 ℃恒温约半小时即可。

二、计量玻璃仪器的选用与校准

1.滴定管的选用与操作

(1)滴定管的有关术语和技术要求

在滴定分析中所使用的滴定管必须符合 GB/T 12805—2011《实验室玻璃仪器　滴定管》的规定。滴定管是量出式计量玻璃仪器,容量单位为立方厘米(cm^3)或毫升(mL),标准温度

20 ℃。

（2）滴定管的用途和等级

滴定管是准确测量放出液体体积的玻璃仪器。滴定管等级分 A、B 级，其中，A 级为较高级，B 级为较低级。

（3）滴定管的使用与操作

1）滴定管的选择

应根据滴定中消耗标准滴定液体积的多少和滴定液的性质选择相应规格的滴定管。例如，酸性溶液、氧化性溶液和盐类稀溶液，应选择酸式滴定管，不能装碱性溶液，因为玻璃活塞易被碱腐蚀，粘住无法打开。

2）滴定前的操作

①涂油（酸式滴定管）。

取下活（旋）塞，用滤纸片擦干活塞、活塞孔和活塞槽。用手指在活塞两端沿圆周各涂上一层薄薄的凡士林，如图 6-1-5 所示。然后将活塞直插入旋塞槽中，向同一方向转动活塞，直至旋塞和旋塞槽内的凡士林全部透明为止。

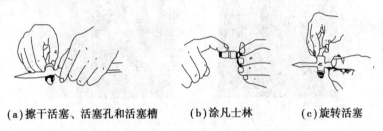

（a）擦干活塞、活塞孔和活塞槽　　（b）涂凡士林　　（c）旋转活塞

图 6-1-5　酸式滴定管涂油

②试漏。

碱式滴定管试漏如图 6-1-6（a）所示，酸式滴定管试漏如图 6-1-6（b）所示。

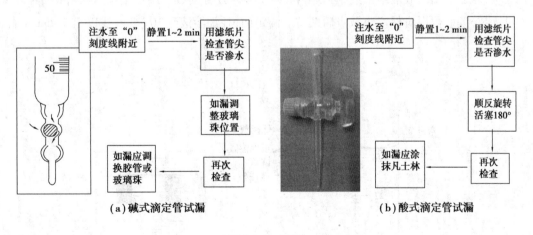

（a）碱式滴定管试漏　　　　　　　　　（b）酸式滴定管试漏

图 6-1-6　试漏

③洗涤。

无明显油污的滴定管，可直接用自来水冲洗，蒸馏水清洗，待装液润洗 3 次以上，每次

5~10 mL。否则应选择合适的洗涤剂洗涤。若有油污不易洗净时,可用铬酸洗液洗涤。洗涤时将酸式滴定管内的水尽量除去,关闭活塞,倒入 10~15mL 洗液于滴定管中,两手横持滴定管,边转动边向管口倾斜,直至洗液布满全管内壁为止,如图 6-1-7 所示。

图 6-1-7　碱式滴定管、酸式滴定管洗涤

④装溶液赶气泡。

滴定管"50"刻度线以下是没有刻度的,管尖不能有气泡。碱式滴定管排气泡如图 6.1.8(a)所示,酸式滴定管排气泡如图 6-1-8(b)所示,

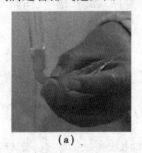　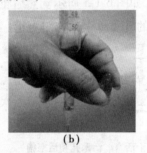

（a）　　　　　　　　　（b）

图 6-1-8　碱式滴定管、酸式滴定管排气泡

⑤读数。

滴定管读数如图 6-1-9 所示。读数前,活塞应关至水平,管尖无液珠悬挂,手中滴定管呈自然垂直状态。装、放液结束后,必须等待 1~2 min 方可读数。滴定结束,须等待 30 s 以上方可读数,读取数据应保留小数点后两位。滴定前,补加溶液到"0"刻度线以上 5 mm 左右,重新调零。

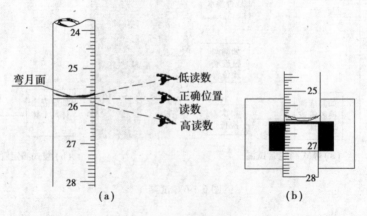

图 6-1-9　滴定管读数

3）滴定操作

熟练操作滴定管是保证滴定精度最基本的要求。将滴定管里溶液滴加到锥形瓶中的过程称为滴定，滴定管盛装的溶液又称为滴定剂。滴定时，酸式滴定管手握的姿势如图6-1-10（a）所示，碱式滴定管手握的姿势如图6-1-10（b）所示。

①酸式滴定管操作。

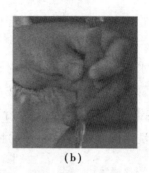

（a）　　　　　　　　　　　　　　（b）

图6-1-10　酸式滴定管、碱式滴定管操作手势

滴定操作是左手握持滴定管的活塞，右手摇动锥形瓶，使用酸式滴定管的操作如图6.1.10（a）所示，左手的大拇指从滴定管内侧，放在旋塞上中部，食指和中指从滴定管外侧，放在旋塞下面两端，手腕向外略弯曲（以防手心碰到活塞尾部而使活塞松动漏液），以控制活塞。滴定时转动活塞，控制溶液的流出速度。

酸式滴定管操作：涂油→试漏→洗涤→润洗→装溶液→赶气泡→调"0"→滴定→读数→记录。

②碱式滴定管操作。

使用碱式滴定管的操作如图6-1-10（b）所示，左手的拇指在前，食指在后，捏住胶管中玻璃珠的一侧（建议在外侧）中间稍上处捏挤，使胶管与玻璃珠之间形成一条缝隙，溶液即可流出。但注意不能捏挤玻璃珠下方的胶管，否则松开手指后，有空气从管尖进入形成气泡，导致误差。通过控制捏挤缝隙的大小控制滴定速度。

碱式滴定管操作：洗涤→试漏→润洗→装溶液→赶气泡→调"0"→滴定→读数→记录。

2. 移液管的选用与操作

（1）吸量管的有关术语和技术要求

在滴定分析中所使用的吸量管必须符合 GB/T 12807—2021《实验室玻璃仪器　分度吸量管》规定。吸量管有量出式和量入式两种，移液管是量出式计量玻璃仪器。容量单位为立方厘米（cm^3）或毫升（mL），标准温度20 ℃。

（2）移液管的有关术语和技术要求

图6-1-11　移液管的标志

在滴定分析中所使用的移液管（单标线吸量管）必须符合 GB12808—2015《实验室玻璃仪器　单标线吸量管》规定。

移液管（单标线吸量管）是量出式计量玻璃仪器。容量单位为立方厘米（cm^3）或毫升（mL），标准温度20 ℃。移液管的标志如图6-1-11所示。

（3）移液管的使用与操作

1）移液管的选择

根据所移溶液的体积和要求选择合适规格的移液管。在滴定分析中准确移取溶液一般使用移液管，移取一般试液时使用吸量管。

2）移液前的操作

检查移液管的管口和尖嘴有无破损，若有破损则不能使用。

①洗净移液管。

一般先用自来水冲洗，当冲洗不干净时再使用铬酸洗液洗涤，将移液管插入洗液中，用洗耳球吸取洗液至管容积的 1/3 处，食指按住管口，取出，放平旋转，让洗液布满全管，停放 1～2 min，从下口将铬酸洗液放回原瓶。用洗液洗涤后，沥尽洗液，用自来水充分冲洗，再用蒸馏水洗涤 3 次。洗涤操作如图 6-1-12（a）所示。

②润洗。

用少量待移溶液润洗移液管内壁 2～3 次，以保证被转移溶液的浓度不变。润洗操作如图 6-1-12（b）所示。

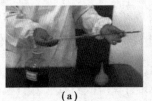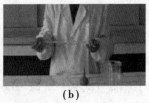

（a）　　　　　　　　　（b）

图 6-1-12　移液管的洗涤、润洗

③吸取溶液。

使用吸管吸液时，将移液管尖插入液面下 1～2 cm。左手拿洗耳球，先把球中的空气挤出，然后将球的尖嘴端接在移液管的管口上，慢慢松开洗耳球使液体吸入管内，当液面升到标线以上时，移去洗耳球，立即用右手的食指按住管口，如图 6-1-13（a）所示。

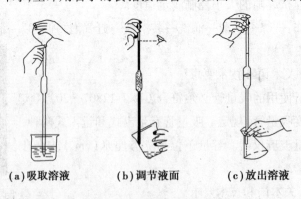

（a）吸取溶液　　　　（b）调节液面　　　　（c）放出溶液

图 6-1-13　移液管的操作

④调节液面。

将移液管的下口提出液面，用滤纸擦去管外溶液，然后将移液管的下端靠在一洁净小烧杯的内壁上，稍稍放松食指，同时用拇指和中指轻轻捻转管身，使液面下降，直到液体的弯月面与标线相切,立即按紧食指,使溶液不再流出,如图 6-1-13(b)所示。

⑤放出溶液。

放出溶液时要将锥形瓶倾斜,移液管保持垂直,管尖紧靠锥形瓶内壁,松开食指,使液体自然地沿容器壁流下,如图 6-1-13(c)所示。待液面下降到管尖后,停留 15 s,然后左右旋转提出移液管,放出液体的体积即为所要移取的体积。

3. 容量瓶的选用与操作

(1)容量瓶的有关术语和技术要求

在滴定分析中所使用的容量瓶必须符合 GB/T 12806—2011《实验室玻璃仪器　单标线容量瓶》规定。

容量瓶是量入式计量玻璃仪器,容量单位为立方厘米(cm³)或毫升(mL),标准温度 20 ℃。

(2)容量瓶的用途

容量瓶是一种细长有精确体积刻度线的具塞玻璃容器,在滴定分析中用于准确确定溶液的体积。如直接法配制一定体积准确浓度的标准溶液和准确稀释某一浓度的溶液。容量瓶的标志如图 6-1-14 所示。

(3)容量瓶的使用与操作

1)容量瓶的选择

图 6-1-14　容量瓶的标志

根据配制溶液的体积选择合适规格的容量瓶,另外应注意该溶液的光稳定性,对见光易分解的物质应选择棕色容量瓶,一般性的物质则选择无色容量瓶。

2)容量瓶的操作

①洗净容量瓶。

容量瓶首先用自来水洗涤,然后用铬酸洗涤液或其他专用洗涤液洗涤,并用自来水冲洗,再用蒸馏水洗涤 2~3 次。

②试漏。

注入水至标线附近盖好瓶塞,用滤纸擦干瓶口和盖。左手食指按住瓶塞,其余手指拿住瓶颈标线以上部分,右手指尖托住瓶底边缘,将瓶倒置不少于 10 s,倒置次数不少于 10 次。观察有无水渗漏(用滤纸一角在瓶塞和瓶口的缝隙处擦拭,查看滤纸是否潮湿),如不漏水即可使用,如图 6-1-15 所示。

(a)　　　　　　　　　　　(b)

图 6-1-15　容量瓶的试漏

③配制溶液(溶质为固体)。

a. 溶解样品。将准确称取的固体物质置于小烧杯中,加水(或其他溶剂),用玻璃棒搅拌溶解至完全。必要时可加热溶解。

b. 转移溶液。

ⅰ. 将盛放溶液的烧杯移近容量瓶口,拿起玻璃棒(玻璃棒不得拿出随便放置,以免玻璃棒上的溶液损失及吸附杂质带入溶液),将玻璃棒下端在烧杯内壁轻轻靠一下后插入容量瓶中,并使玻璃棒下端和瓶颈内壁相接触(玻璃棒不能和瓶口接触),再将烧杯嘴紧靠玻璃棒中下部。逐渐倾斜烧杯,缓缓使溶液沿玻璃棒和颈内壁全部流入瓶内。流完后,将烧杯嘴贴紧玻璃棒稍向上提,同时将烧杯慢慢直立,烧杯嘴稍高玻璃棒,基本保持在原位置,并将玻璃棒提起(此时玻璃棒要保持在容量瓶瓶口上方)放回烧杯中,防止玻璃棒下端的溶液落至瓶外,如图6-1-16(a)所示。

ⅱ. 用洗瓶小心冲洗玻璃棒和烧杯内壁3~5次(每次5~10 mL),按上法转移入容量瓶中,然后加水(或其他溶剂)稀释至总容积的3/4时,将容量瓶拿起,按水平方向旋转摇动几周(注意不要加塞),使溶液初步混合,继续加水至距离标线下少许,放置1~2 min,如图6.1.16(b)所示。

ⅲ. 定容。用左手拇指和食指(也可加上中指)拿起容量瓶,保持容量瓶垂直,使刻度线和视线保持水平,用细长滴管滴加蒸馏水(勿使滴管接触溶液)至弯月面下缘与标线相切,如图6-1-16(c)所示。

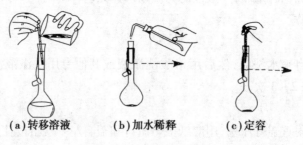

(a)转移溶液　　**(b)加水稀释**　　**(c)定容**

图6-1-16　容量瓶的使用

ⅳ. 摇匀。盖上瓶塞,用左手食指按住瓶塞,右手指尖托住瓶底边缘(手心不要接触瓶底),将容量瓶倒置,待气泡全部上移后,再倒转过来。如此反复10次左右,使溶液充分混匀,放正容量瓶,将瓶塞稍提起,让瓶塞周围的溶液流下,重新盖好,再倒转振荡3~5次使溶液全部混匀,如图6-1-17所示。

溶质为液体时用移液管移取所需体积的溶液放入容量瓶,按上述方法稀释、定容、摇匀。

图6-1-17　摇匀溶液

4. 计量玻璃仪器的校准

(1)绝对校准法进行容积校准

滴定管、移液管和容量瓶是滴定分析用到的主要量器。玻璃容量器的容积与其所标示的体积是否完全相符合,必要时,须对其进行校准。溶液体积是温度的函数,如同质量的水,在 4 ℃时,体积最小。

玻璃容量器的刻度线是以 20 ℃为标准来刻绘的。使用时,温度不一定为 20 ℃。玻璃具有热胀冷缩的特性,在不同的温度下玻璃容量器的体积有所不同,玻璃容量器的容积会发生改变。校准玻璃容量器时,必须规定一个共同的温度值,这一规定温度值称为标准温度,国际上规定玻璃容量器的标准温度为 20 ℃。即校准时都将玻璃容量器的容积,校准到 20 ℃时的实际容积。滴定分析玻璃容量器常用绝对校准法进行容积校准。

绝对校准法用于测定玻璃容量器的实际容积。具体方法是先用分析天平称得玻璃容量器容纳或放出纯水的质量,然后根据水的密度,计算出该玻璃容量器在标准温度 20 ℃时的实际体积。计算公式为

$$V_{20} = \frac{m_t}{\rho_t}$$

式中　m_t——t ℃时,在空气中,用砝码称得的玻璃容量器中放入或装入的纯水的质量,g;

ρ_t——玻璃容器中 1 mL 纯水在 t ℃,用黄铜砝码称得的质量(即水的密度 ρ),(g/mL);

V_{20}——将 m_t(g)纯水换算成 20 ℃时的体积,mL。

不同温度下纯水的密度值,可从文献中查出"不同温度下玻璃容器中 1 mL 纯水在空气中用黄铜砝码称得的质量"。

(2)容量瓶和移液管的相对校正

相对校准法是相对比较两容器所盛液体体积的比例关系。在实际的分析工作中,容量瓶和移液管常常配套使用,如经常将一定量的物质溶解后在容量瓶中定容,用移液管取出一部分进行定量分析。重要的不是要知道所用容量瓶和移液管的绝对体积,而是容量瓶与移液管的容积比是否正确,如用 25 mL 移液管从 250 mL 容量瓶中移出溶液的体积是否是容量瓶体积的1/10。一般只需要作容量瓶和移液管的相对校准。校准的方法是用 25 mL 移液管吸取蒸馏水,移入干燥的 250 mL 容量法中,如此进行 10 次,观察容量瓶中水的弯月面下缘是否与标线相切,若正好相切,说明移液管和容量瓶体积的比例为 1∶10。若不相切,表示有误差。待容量瓶干燥后再校准一次,如果仍不相切,可在瓶颈上另作一标记,使用时以新标记为准。

在分析工作中,滴定管一般采用绝对校准法,对配套使用的移液管和容量瓶,可采用相对校准法,用作取样的移液管,则必须采用绝对校准法。

移液管和容量瓶的配套使用如图 6-1-18 所示。

绝对校准法准确,但操作比较麻烦。相对校准法操作简单,但必须配套使用。

三、化学试剂的使用和保存

1.使用化学试剂必须遵守的原则

①取用固体试剂,"只出不进,量用为出",多余的试剂不允许再

图 6-1-18　移液管和容量瓶的配套使用

放回原试剂瓶。用清洁的牛角匙从试剂瓶中取用试剂,严禁用手抓取。

②取用液体试剂,"只准倾出,不准吸出",即先倾出适量液体试剂至洁净干燥的容器内,再用吸管吸取,不允许直接从原试剂瓶中吸取液体。倒出的试剂不允许再放回原试剂瓶。

③取用化学试剂前,应先检查试剂的外观,注意其生产日期,不能用失效的试剂。如果怀疑有变质可能,应经检验合格后再使用。使用中,要注意保护试剂瓶的标签,万一失掉应照原样补写并贴牢。倾倒液体试剂时,瓶签朝上,以免试剂淌下腐蚀标签。

2. 保存化学试剂的一般原则

①分类摆放,化学试剂较多时,应根据阳离子或阴离子等方法分类,分开摆放取用后放回原处。

②剧毒试剂如氰化钠(钾)、氧化砷、汞盐等应储存于保险柜中,并由专人保管。

③易挥发试剂应储放在有通风设备的房间内。

④易燃易爆试剂应储存于铁皮柜或砂箱中。

3. 剧毒与易燃易爆试剂的储存原则

储存时必须遵守关于防火、防爆、防中毒的有关规定。所有的试剂瓶外面应擦干净,储存在干燥洁净的药柜内,最好置于阴暗避光的房间,有些试剂保存不当,不但危险且易变质,必须注意影响试剂变质的有关因素。

①空气影响。空气中的氧、二氧化碳、水分、纤维和尘埃都可能使某些试剂变质。化学试剂必须密封储于容器内,开启取用后立即盖严,必要时应加以蜡封。

②温度影响。试剂变质的速度与温度有密切的关系,必须根据试剂的性质选择保存环境的温度。

③光的影响。日光中的紫外光能使某些试剂变质。这些试剂中属于一般要求避光的,可装在棕色瓶内;属于必须避光的,在棕色瓶外包一层黑纸。

④杂质影响。不稳定试剂的纯净与否对其变质情况的影响不容忽视,储存和取用这类试剂时应特别注意防止杂质污染。

四、实验试液的使用与管理

1. 普通试液

溶质以分子、原子或离子状态分散于溶剂中构成的均匀而又稳定的体系称为试液。未规定精确浓度只用于一般实验的试液称为普通试液。

①水和溶剂。

a. 水。配制普通试液的实验用水必须符合 GB/T 6682 – 2016《分析实验室用水规格和试验方法》中三级水的质量要求。

b. 溶剂。溶剂与所用溶质的纯度应相当,若其纯度偏低,需经蒸馏或分馏,收集规定沸程内的馏出瓶必要时应进行检验质量合格后再使用。

②溶质配制普通试液所用的试剂纯度应满足试验准确度的需要,一般均为分析纯以上。若未作明确规定,则表示试剂纯度为分析纯。

③容器一般应用聚乙烯瓶或硬质玻璃试剂瓶盛放试液。玻璃容器耐碱性较差,腐蚀后溶出物将污染试液,必须用聚乙烯瓶储存碱性试液。软质玻璃耐酸性和耐水性比较差,不允许用这种玻璃容器长期盛装试液。

聚乙烯瓶必须具有内盖,玻璃试剂瓶的磨口必须能与瓶口密合,以防杂质侵入和溶剂或溶质挥发逸出。需避光的试液应用棕色瓶盛装试液,必要时可用黑纸包裹试剂瓶。

2. 试液的使用和保存

①吸取试液的吸管应预先洗净、晾干。多次或连续使用时,每次用后应妥善存放避免污染,不允许裸露平放在桌面或插在试液瓶内。

②同时取用相同容器盛装的几种试液,特别是当两人以上在同一台面上操作时,应注意勿将瓶塞盖错,避免造成交叉污染。

③试液瓶内液面以上的内壁,常有水汽凝成的成片水珠,用前应振摇以混匀水珠和试液。

④每次取用试液后应随即盖好瓶塞,不能为了省事而让试液瓶口在整个分析操作过程中长时间敞开。

⑤已经变质、污染或失效的试液应立即处理,以免与新配试液混淆而被误用。

⑥使用或保存过程中,试液瓶附近不允许放置加热设备,以防试液升温变质。

⑦储有试液的容器应放在试液橱内或无阳光直射的试液架上,试液架应安装玻璃拉门,以免灰尘聚在瓶口上而导致在倒取试液时引进污染。必要时可在瓶口罩上烧杯防尘。

3. 缓冲溶液的使用和保存

缓冲溶液是一种能对溶液的酸度起稳定作用的试液。它能耐受进入其溶液中的少量强酸强碱性物质或将溶液稍加稀释而保持溶液 pH 值不变。

①配制缓冲溶液的实验用水必须是新鲜蒸馏水,并达到 GB/T 6682—2016《分析实验室用水规格和试验方法》中三级水的要求。配制 pH 值在 6 以上的缓冲溶液时,还必须赶除二氧化碳并避免其侵入。

②所用试剂纯度应在分析纯以上。

③所有缓冲溶液都应避开酸性或碱性物质的蒸气,保存期不得超过 3 个月。出现浑浊、发霉、沉淀等现象,应弃去重配。

4. 标准溶液的使用和保存

标准溶液由所使用的试剂配制的各种元素、离子、化合物或基团的已知准确浓度的溶液称为标准溶液。其中,用于滴定分析的称为标准滴定溶液,用于标定其他溶液的称为标准参考溶液。标准溶液可由基准物质直接配成,或用其他方法进行标定。

①所需实验用水至少应符合 GB/T 6682—2016《分析实验室用水规格和试验方法》中二级水的要求。

②配制或标定标准溶液的试剂必须是基准试剂或纯度至少要求为优级纯。

③仪器工作中所使用的分析天平的砝码、滴定管、容量瓶及移液管均需校正。

④标准溶液的浓度单位一般使用 mol/L。通常所说的标准溶液的浓度即 20 ℃时的浓

度,否则应予以校正。

⑤配制 0.02 mol/L 或更稀的标准溶液时,应于临用前将浓度较高的标准溶液用煮沸并冷却的水稀释,必要时重新标定。

5.废液的储存和处理

在监测分析过程中,会产生各种废液,其中有些是剧毒物质和致癌物质,如果直接排放,会污染环境,损害人体健康。尽管实验过程中所产生的废液较少,但必须进行处理。

①废液的储存。实验室废液种类很多,但量不大,通常监测分析过程产生的废液在储存到一定数量时才集中处理。储存废液要求做到:

a.用于回收的废液分别用洁净的容器盛装,以免交叉或引进污染。

b.根据"治污分置"的原则,浓度高的废液应集中储存,浓度低的经适当处理后至排放标准即可排出。

c.废液禁止混合储存,以免发生剧烈化学反应而造成事故。

d.废液应用密闭容器储存。防止挥发性气体逸出而污染实验环境。

e.储有废液的容器必须贴上明显的标签,注明是废液,并标以种类、储存时间等。

f.废液应避光、远离热源,以免加速废液的化学反应。储存时间不宜过长。

g.剧毒、易燃易爆药品废液的储存应按照相应的规定执行。

②废液的处理。含酚、氰、汞、铬、砷的废液必须经过处理且合格后才能排放。

a.酚。高浓度的酚可用乙酸丁酯萃取、重蒸馏回收。低浓度的含酚废液可加入次氯酸钠或漂白粉使酚氧化为二氯化碳和水。

b.氰化物。浓度较稀的废液可加入氢氧化钠等调至 pH = 10 以上,再加入高锰酸钾(3%)使氰化物氧化分解。如果含量较高,可用碱氯法处理,先以碱调至 pH = 10 以上,再加入次氯酸钠使氰化物氧化分解。

c.铬。铬酸洗液如失效变绿,可浓缩冷却后加高锰酸钾粉末氧化,用砂芯漏斗滤去二氧化锰沉淀后再用。失效的废洗液可用废铁屑还原残留的六价铬到三价铬,再用废碱液或石灰中和使其生成低毒的氢氧化铬沉淀。

d.砷。在含砷废液中加入氧化钙,调节并控制使 pH = 8,生成砷酸钙和亚砷酸钙。也可将废液调至 pH10 以上,加入硫化钠,与砷反应生成难溶、低毒的硫化物沉淀。

e.铅、镉等重金属。用硝石灰将废液 pH 调至 8~10,使废液中的铅、镉等重金属离子生成金属氢氧化物沉淀。

五、分析仪器检定

目前的分析仪器种类有很多,如天平、pH 测量仪、电导仪、冷原子荧光测汞仪、分光光度计等,这些仪器使用前需要进行检定。

(一)天平检定

天平是化学分析实验室一种重要的质量计量仪器。近年来,随着科学技术的发展,称量技术包括称量速度和精度都有新的进展。其一,是在天平上引入了现代电子控制技术,使用位移传感器把感到的横梁偏移转化为电信号,经放大器放大、反馈到自动补偿器中,产生平衡力矩,使由质量差引起偏转的横梁恢复平衡。其二,在称量技术方面除了传统的"杠杆加切口"式原理之外,还出现了一些新的衡量原理。目前已得到应用的有磁悬原理和石英振荡原理,而在宇宙航行方面,则已设想在物体失重条件下,使用质量运动的质量原理来进行称量如惯性平衡等。这里介绍的主要是实验室普遍使用的架盘天平的检定方法,包括新生产的、新购置的,或者使用中以及修复后的各种架盘天平。

1. 检验条件

①检验用的天平工作台应为水平、结实的水泥台,远离振源,不受空气对流影响。

②检定架盘天平所用砝码为 4 等砝码和等量砝码。

③一至三级微分标牌天平如果换过刀刃,则须停放 48 h 后方可进行检验,4 级以上天平调修后,停放时间可以大大缩减。使用中的天平应当按使用频繁的程度制订检验周期,一般不超过一年。

2. 外观检验

天平放在水泥台上应平稳、不摇动、不偏斜,外形光洁整齐,无毛刺、裂纹和明显的砂眼,天平外框应严密,前门、边门启闭灵活轻便。

3. 玛瑙刀刃和刀承检验

刀刃应垂直地紧固在杠杆上,三把刀刃相互平行,工作部位的刀刃平直,两端面与刀刃成 $700° \sim 800°$ 夹角。光洁度不小于 6 级,刀刃和刀承的接触部位不少于刀承全长的 2/3。

4. 平衡螺杆

平衡螺杆应紧固在杠杆上,螺母应松紧适宜,当天平平衡时,平衡螺母位于螺杆中部位置,并能调节松紧。

5. 制动机构

制动机构动作应平稳,升起制动器时,托盘举升高度应适当,勿使吊耳与秤盘弓梁倾倒。制动中的天平在空载与全载时,各刀刃和刀承间应保持一定宽度。开启天平时,不得有横梁扭动、摇摆、带针及持续的秤盘摇荡现象。新购或修理后的阻尼天平,升起制动器开始摆动到静止,摆动次数不得超过 4 次。

6. 分度标牌

分度标牌的刻线应均匀清晰,指针与分度线重合部分不应超过分度线的宽度。天平指针的摆动应能超过分度标牌两侧最末分度线,并应有限位装置。指针应深入最短分度线的 $3/5 \sim 4/5$,并使其与分度标牌的间距小于 1.5 mm。微分标牌天平的读数光源,应在刀与刀承接触前接通,标牌零点调节器的动作应流利灵活,但不得有自动位移现象。

7. 检验结果的处理

天平经检验合格,即可继续使用。对经检验确认不符合原精度级别要求的天平,则应给出其实际分度值(空载和全载)、示值变动性及横梁不等比性的实际值。当天平不能满足使用要求时,应进行检修,并力求修复到原水平。无法修复的天平可当作低精度的衡量使用,也可以按示值变动性误差与最大载荷之比套级(降级使用)。

(二) pH 测量仪检定

本检验程序适用于新生产、使用中和修理后的实验室 pH 测量仪、便携式 pH 测量仪和可作为 pH 测量仪使用的实验室通用离子计的检验。

pH 在化学上的定义为水溶液中氢离子浓度的负对数,在离子强度极小的溶液中,活度系数接近于 1,此时 pH 值可以表示为氢离子摩尔浓度的负对数。

1. 检验条件

①对环境的要求。pH 检验对环境有一定要求,主要是温度、湿度、标准溶液和电极系统的温度恒定系数与干扰因素,详见表 6-1-4。

表 6-1-4 检定 pH 测量仪的环境条件

仪表级别	室温/ ℃	相对湿度/%	标准溶液温度恒定系数/ ℃	干扰
0.001	17 ~ 23	50 ~ 85	±0.2	附近无强机械振动、无电磁干扰
0.01	10 ~ 30	50 ~ 85	±0.2	
0.02	10 ~ 30	50 ~ 85	±0.2	
0.1	5 ~ 40	50 ~ 85	±0.5	
0.2	4 ~ 40	50 ~ 85	±1.0	

②pH 标准溶液。仪器配套使用的标准溶液应选用经检定合格的 pH 标准物质配制。检验 0.001 级 pH 测量仪应使用国家技术监督局规定的一级 pH 标准物质,其他级别的仪器使用二级 pH 标准物质。

③电位差计。供检验用的标准直流电位差计(量程不小于 1 V)其准确度应高于被检电位差计测量准确度的 5 倍,按电位差计的要求配备标准电池和检流计。

2. 外观检验

①仪器各调节器应能正常调节,所有各紧固件无松动。

②玻璃电极完好无裂纹,内参比电极应浸入内充溶液中,电极插头应清洁、干燥。

③甘汞电极内应充满 KCL 饱和液,内参比电极应浸入内充溶液中,盐桥孔隙内无吸附固体杂质,电解质溶液缓缓渗出(可用干滤纸测试或观察一定时间内出口处有无结晶)。

3. 电位计检验

①电位计示值误差检验:按操作要求接好线路,调节电位差计使其示值为零。用电位调节器将仪器调节到 pH =7(或仪器说明书提供的等电位 pH 值),温度补偿器放到 25 ℃或补偿器中间位置,再调节"定位"旋钮至 pH =7,用电位差计向被检电位计输入各标称 pH 值相应的电位值,分别记下电位计示值,重复测定两次(输入增加和减少各一次)取平均值,用下式计算:

$$\Delta pH_{示值} = pH_{示值} - pH_{实际}$$

式中　$\Delta pH_{示值}$——电位计示值误差;

　　　$pH_{示值}$——两次测量的电位计示值平均值;

　　　$pH_{实际}$——相应于输入电位 $E_{实际}$ 并包括电位计等电位值的电位计实际 pH 值,这里 $pH_{实际} = pH_{标称}$。

实际测量时,对 0.1 级仪器应每 1 pH 间隔检定一点,对 0.02 级以上 pH 测量仪则每 0.2 pH 间隔检定一点。对多量程仪器,各量程按相应的仪器级别要求间隔检定级别相同时,对同一量值,在不同量程下检定的示值误差的变化应不大于该级别电位计的重复性。

②电位计输入电流的检定按图 6-1-19 所示接好线路,电阻只取 1 000 Ω 时,调节电位差计使其示值为零。仪器的温度补偿放至 25 ℃ 位置,调节"定位"旋钮,使电位计示值为 pH = 7(或仪器的零电位 pH 值),观察开关在接通与断开的情况下电位计示值的变化,重复测定 3 次取平均值,按下式计算输入电流:

$$Z = \frac{|\Delta pH_{电流}| \cdot K}{R} \times 10^{-3}$$

式中　$\Delta pH_{电流}$——3 次测量仪示值变化的均值;

　　　K——25 时玻璃电极的理论斜率;

　　　R——串联电阻阻值,Ω。

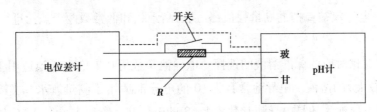

图 6-1-19　pH 测量仪电位示值误差检验线路

(三)电导仪检定

电导仪是电化学测量仪器,它用于测量电解质溶液的电导率。实验室常用的电导仪是电极电导测量仪。这类仪器的准确度优于 1% 的惠斯登电桥和金属材料制成的电导池所组成的仪器。电导池常用铂黑电极,也可以用其他耐腐蚀材料如不锈钢、石墨、镍等制作。除此之外,还有无电极电导法,如利用电磁感应原理的电磁浓度计。这里主要介绍用铂黑电极的电极仪测定水溶液电导率的有关问题和检定方法。

1. 电计性能检验

①电计误差。按图 6-1-20 所示接通线路,导线电阻值不超过 152 Ω,调节电导仪和标准交流电阻箱在相应的位置。调节常数调节器至 1.00 位置。对应于所接入的标准电导,分别读出电计示值。每个标准电导重复测量 3 次,其取平均值,与接入的标准电导 $G_{标}$ 之差为 ΔG,再按下式计算电计误差:

$$电计误差 = \frac{\Delta G}{G_{满}} = \frac{\overline{G_{检} - G_{标}}}{G_{满}} \times 100$$

式中　$G_{满}$——满量程电导值。

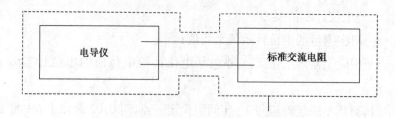

图 6-1-20   电导仪电计误差检验线路

②电计重复性。电计重复性的检验方法与以上基本相同,按图 6-1-20 所示接通电路后,调节常数调节器至 1.00 位置,按标准电池 $G_{标}$ 值选择相应的量程挡,同时读出电计示值,每个检验点重复测量 3~5 次。几次测量的电计示值的分散范围占满量程的百分数即为电计重复性。

③常数调节器检验。按图 6-1-20 所示接通线路后,先将常数调节器置于 $J_1 = 1.00$ 挡,接入标准电导 $G_{标}$,电计示值为 G_1。然后将常数调节器由 J_1 变换至 J,重新测定仪器零点,而标准电导 G_1 标不变,测得的电计示值为 $K_{检}$,再根据 $K_{计} = JG_{1标}$,按下式计算常数调节器的误差。

$$常数调节器误差 = \frac{\Delta K}{K_{满}} = \frac{K_{计} - K_{检}}{K_{满}}$$

式中 $K_{满}$——电导仪被检挡的满量程值,分别在高常数和低常数两个点上进行检定。

2. 电导仪的整机检验

①电导池与相对应的标准溶液的选择。电导池常数为 0.1 的电导池适用于测量电导率较小(电阻率较大)的溶液。电导池常数为 10 的电导池适用于测量海水一类高电导率的溶液。测量一般电导池用的是电导池常数为 1~2 的电导池。测定电导率常数用的是标准 KCl 溶液。

②电导池常数测定。电导池的电极通常由面积相等的两个平行金属片组成,两金属片之间有一定的距离。电导池常数 Q 是电极距离 L 与面积 S 的比值,即 $Q = L/S$,单位为 cm^{-1}。仪器制作和使用要求等原因,使电导池常数并不都等于 1.0,在使用过程中会发生变化。电导池常数要经常测定。电导池常数的测定方法可以用测量已知电导率的溶液的电导值来计算,也可以用比较法测量,分述如下:

a. 已知溶液法。已知溶液法是基于各种不同浓度的 KCl 溶液在 25 ℃时的电导率值是已知的,用 KCl 的标准溶液可以校正电导率常数。例如,在进行电导池常数为 1~2 的测定时,可称取 745.6 mg KCl 溶于新煮沸冷却的二次蒸馏水中(蒸馏水的电导率至少应小于 1 μs/cm),并在 25 ℃时稀释到 1 L,此溶液的浓度为 0.01 mol/L,在 25 ℃时的电导率为 1 408 μs/cm,将上述标准溶液分别倒入 4 个烧杯中,放入 25 ℃的恒温水浴内,待温度平衡后,用 3 个烧杯的溶液清洗电导池,第 4 个烧杯用于测定溶液的电阻值 R_{KCl} 或电导值 L_{KCl},电导池常数用下式计算:

$$Q = R_{KCl} \times 0.001\ 408 - \frac{1\ 408}{L_{KCl}}$$

b. 比较法。比较法是用常数待测的电导池与常数已知的电导池测定同一溶液的电导值,然后用下式来计算出待测电导池的常数值 Q_2,即

$$Q_2 = L_1 \frac{Q_1}{L_2}$$

式中 Q_1——已知电导池的常数值;

L_1——已知电导池测得的电导值;

L_2——用待测电导池测得的电导值。

c. 电导值刻度的校准。用电导仪测定在 25 ℃温度下不同浓度 KCl 标准溶液的电导率,再根据电导池常数换算出应在电导仪上显示的电导值,与标准电导率对照,即可校准仪器各量程的刻度。

3. 检定注意事项

①测定时要注意温度控制,用足够大的水浴将水样温度控制在(25 ± 0.5) ℃范围内,否则应测量水溶液的温度进行校正。

②测量电导率时电极表面不得有气泡,测量不同水样时,每测一个水样之后要充分冲洗电导池,特别是溶液电导率差别较大时更需注意冲洗。

③电导仪的电器部分的维护和其他电化学仪器一样要防潮、防尘、保持绝缘性能良好。要防止震动冲击,以免发生线路接触不良或短路。

④使用前要检验铂黑是否脱落、破损,否则要重镀铂黑。镀铂黑的方法是将 1 g 氯铂酸$(PtCl_3)$和 12 mL HAc 溶于水中,将清洗的电极浸入,两个电极都接在 1.5 kV 干电池的负极上,电极的正极与一段铂丝相连,并将铂丝也浸入镀液中。适当控制电流,以刚刚产生少量气泡为限,直到两片电极被镀满铂黑为止。

(四)冷原子荧光测汞仪检定

冷原子荧光测汞仪属原子荧光光谱仪类的测汞专用仪器,环保部门所用测汞仪大多属于此类。仪器主要由激光源、聚光系统、原子光电检测器等组成。

仪器的原理为低压汞灯发出的 253.7 m 波长的激发光,通过光透镜聚焦照射在所产生的汞蒸气上,当基态汞原子被激发到高能态再返回基态时辐射出荧光,经透镜聚焦于光电倍增管,光电流经放大,其模拟信号可用记录器记录峰值,或由微机处理成数字数据。当汞浓度很低时,荧光强度与汞浓度呈线性关系。

①绝缘电阻。用 500 V 兆欧姆表,在环境温度为 15 ~ 20 ℃,相对湿度不大于 80% 时进行检验,阻值应不得小于 20 MΩ 为合格。

②噪声。仪器外接 220 V 交流稳压电源,输出端接 2 mV 记录器,仪器预热。0.5 h 后,用最高灵敏挡记录。连续运转 1 h, 仪器波动的最大峰值应小于 0.2 mV。

③零点漂移。按检测噪声的操作条件,零点漂移(1 h)值应小于 ±1 mV。

④重复性。

a. 操作。仪器稳定后,在 10 mL 带有侧管的圆柱形还原瓶内,加入 4.0 mL 5%(V/V)硝酸,1.0 mL 10%(W/V)氯化亚锡,紧盖瓶塞,通氮,使仪器的指针回到零,停止通氮。用微量注射器分别注入汞浓度为 5.0×10^{-7} g/mL 工作标准溶液 0、10.0、20.0、30.0、40.0 μL,紧按瓶盖,振摇 30 s,静止 5 s,通 N_2,用 5 mV 记录器记录峰高,各浓度取两次平行样测定数据。用最小二乘法对数据进行回归,要求相关系数 $r > 0.995$,工作曲线上第一个汞标准的峰高应 >25 mm(约 0.5 mV)。同上操作注入汞浓度为 1×10^{-6} g/mL 汞标准物质 10 μL,平行操作 10 次,所得峰高为 Y,计算仪器重复性。

b. 计算。仪器的重复性用 Y_i 的标准偏差和相对偏差来表示,要求仪器重复性的置信区间为 95 ~ 105,即变异系数小于 5%。计算公式为

$$\overline{Y} = \frac{\sum_{i=1}^{10} Y_i}{10}$$

$$S_t = \sqrt{\frac{\sum_{i=1}^{10} (Y_i - \overline{Y})}{n - 1}}$$

$$C_V = \frac{S_t}{Y_i} \times 100$$

式中 $\overline{Y}$——汞标准 10 次峰高的均值,mm;

Y_i——汞标准的一次测定峰高,mm;

n——进样次数;

S_t——标准差;

C_V——变异系数,%。

(五)分光光度计检定

分光光度计由光源、单色器、样品室和光测量部分组成。可根据使用的波长范围、光路的构造、单色器的结构、扫描系统分为不同的类型。

分光光度法的基本原理是根据物质的分子在紫外与可见光区的吸收光谱特征和朗伯比尔定律来进行定量分析的,溶液的吸光度与其浓度的关系如下:

$$A = \log_{10} \frac{I_0}{I} = -\log_{10} t = \lambda \cdot L \cdot C$$

式中 A——物质的吸收比;

I_0——入射单色光强度;

I——透射单色光强度;

t——物质的透射比或透光率;

λ——物质的吸收系数;

L——液层的厚度;

C——物质的浓度。

1. 外观与初步检验

①新购仪器的标志必须齐全,如仪器名称、型号、制造厂、出厂时间与编号。

②仪器应能平稳地放在工作台上。各紧固件均应紧固良好,调节旋钮、按键和开关均能正常工作,无松动现象。电缆线的接插件均应配合紧密,接触良好,样品架拉杆无松动或卡住现象,并能正确定位。各透光孔的透光量应一致。

③仪器处于工作状态时,电源稳定,光源无抖动闪耀现象,氢灯或氘灯起辉正常。仪器波长置于 580 nm 时,在样品室内能看到亮度均匀、边界清晰的橙色光斑,光斑随狭缝宽度增大而增强。

④配套的吸收池透明光洁,无划痕斑点、裂纹,石英吸收池应有标志。

2. 波长准确性的调整

用石英汞灯的光谱线作参考波长时,狭缝宽度选用 0.02 mm,从短波向长波方向对汞谱线进行测量。氢灯用 486.13 nm 谱线,氘灯用 486.00 nm 谱线,钨灯用镨钕滤光片 528.7 nm 和 808 nm 吸收峰作参考波长,连续测量 3 次,然后按下式计算:

$$\Delta\lambda = \frac{1}{n}\sum_{i=1}^{n}\lambda_m - \lambda_r$$

式中　$\Delta\lambda$——波长的准确度,nm;

λ_m——波长的测量位,nm;

λ_r——波长的参考值,nm;

n——测量次数。

六、检测基本操作技术

(一)质量分析操作技术

将被测组分以微溶化合物的形式沉淀出来再经过滤、洗涤、烘干或灼烧,最后称重的分析技术称为质量分析操作技术。它主要有以下 5 个操作步骤:

1. 沉淀

加入适当的沉淀剂,将溶液中某种可溶性离子转化为固体形式的操作称为沉淀。沉淀是质量分析的重要步骤。

2. 过滤

利用滤纸、滤膜或滤器将沉淀物与溶液获得良好分离的操作称为过滤。在监测分析过程中为了进行沉淀分离和质量测定,有时也为了分别研究溶液样品中某些组分的过滤态和颗粒态,都要进行过滤操作。过滤操作的关键除必须选择合适的滤器和滤材外,掌握正确的操作方法十分重要。

①严禁用不适当的办法帮助加快过滤速度。

②必须选用合格的夹角为 60° 的漏斗进行过滤操作。

③用滤器、滤纸或滤膜进行沉淀分离,均须先转移溶液,后转移沉淀物。

④每次转移到滤器中的溶液量不得超过滤器高度的2/3。用滤纸过滤时,溶液高度应低于滤纸边缘约1 cm。

3.干燥

除去沉淀物、试样或试剂中水分或溶剂的过程称为干燥。使用升温烘烤、化学结合、吸附、冷冻等操作方法都能达到干燥的目的。但必须根据被干燥物质的物质状态、热稳定性以及水与该物质的结合形式和强度来选择不同的干燥方法。干燥方法包括常压加热干燥、减压加热干燥、化学结合干燥、吸附干燥等。

4.灼烧

把固体物质或经定量滤纸过滤并洗净后的沉淀物加热至高温(一般为1 000 ℃左右)以达到脱水、除去挥发性杂质、除去有机物等的操作称为灼烧。灼烧的效果主要取决于灼烧温度与选择适当的灼烧手段。灼烧是否达到要求,一般以被灼烧物质是否很快达到恒重为标准。灼烧容器的灼烧条件要与灼烧物料的条件一致。

5.称重

质量分析法直接用分析天平称量而获得分析结果,不需要标准试样与基准物质进行比较。质量分析结果的准确性主要取决于称量,即称重的计量精度。称重的工具是天平,根据JJG156—2016《架盘天平检定规程》的规定,在天平精度固定的条件下提高分析准确度的关键是要选择合适的称样量和选择正确的称量方法。

(二)容量分析操作技术

容量分析是将一种已知准确浓度的试剂溶液(标准溶液)加到被测物质的溶液中,直到所加的试剂与被测物质按化学计量定量反应为止,然后根据试剂溶液的浓度和用量,计算被测物质的含量。

在容量分析中,最重要的操作是滴定和移液。

1.滴定

容量分析所用的已知准确浓度的试剂溶液称为滴定剂。将滴定剂从滴定管加到被测物质的溶液中,用以求出被测物质含量的过程称为滴定。

滴定分析通常用于测定常量组分,即被测组分含量一般在1%以上,有时也可以测定微量组分。滴定分析比较准确,当"等当点(标准溶液与被测物质定量反应的终点)"确定以后,在一般情况下,测定的相对误差为0.2%左右。滴定操作除了必须选用合适的滴定工具——滴定管之外,还必须掌握适当的滴定量。

2.移液

用标准量器准确定量地移取一部分液体试样或溶液的方法称为移液。用于移液的标准量器称为移液管或吸管。移液管广泛应用于分取,稀释标准储备溶液和定量地分取液体试样,也用于定量地添加试剂与试液。总之,需要准确定量分取溶液的操作第一步必须移液。

移液管是一种精确的量出式量器,分为有分度和无分度两个大类。移液管的精度表示方法与滴定管相似,也分为 A、A1 和 B 三级。分度移液管的检验规定与滴定管相同,无分度移液管只需校准其总容量即可。

（三）分光光度分析操作技术

在试样溶液中加入适当试剂使其呈色(通称显色剂),然后通过测定吸光度求出待测组分浓度的方法称为分光光度分析法。本方法的其他操作要求与质量、容量分析方法相同。分光光度法的测定准确度取决于光度计装置的正确性和选择合适的操作条件。

1. 波长的校正

波长校正是为了检验仪器的波长刻度与实际波长的符合程度,通过适当的方法进行修正,以消除因波长刻度造成的误差,提高测定的准确性。波长校正一般使用分光光度计光源中稳定的线光谱,也可使用有稳定亮线的外部光源把光束导入光路进行校正,或者与标准已知光谱进行对照来校正。本规定适用波长为 200 ~ 1 200 nm 的所有光度计。

2. 吸光度的校正

①碱性重铬酸钾标准溶液校正法。仪器单色性差、谱带过宽和杂散光的存在都会使所测吸光度出现负误差。吸光度的准确性是仪器性能的标志之一。

②标准光谱法。利用钬玻璃吸收光谱进行自动记录式分光光度计的波长校正较为方便,将扫描所得的实测波长与钬玻璃的吸收光谱进行对比,可以求出波长的误差,然后进行相应的调整。在进行波长校正时,扫描速度过大,吸收峰的波长将偏离正常位置,需要用适当的速度进行扫描。

阅读有益

我国对质量保证与控制认识的历史由来已久。《考工记》又称《周礼·考工记》,是记述春秋战国时期官营手工业各工种规范和制造工艺的一部文献,它最早提出了对产品质量进行检测管理的思想。而北宋的《营造法式》最先将质量标准和管理制度引入建筑业,由皇帝下诏颁行,明确了房屋建筑的等级、艺术形式和料例功限。明代被外国学者称为"中国 17 世纪的工艺百科全书"的《天工开物》,详细叙述了各种农作物和手工业原料的种类、产地、生产技术和工艺装备,以及一些生产组织管理经验,基本形成了质量管理体系的雏形。

2017 年 10 月 18 日召开的中国共产党第十九次全国代表大会上,习近平总书记代表第十八届中央委员会向大会作了题为《决胜全面建成小康社会　夺取新时代中国特色社会主义伟大胜利》的报告。报告在部署"贯彻新发展理念,建设现代化经济体系"时,明确提及"质量第一"和"质量强国"。"质量第一"和"质量强国"被同时写进党的十九大报告,充分体现出党对质量工作的高度重视。

【任务评价】

任务一　水质监测实验室基本知识与技能评价明细表

序号	考核内容	评分标准	分值	小组评价	教师评价
1	基本知识(30分)	水质监测的方法及依据	3		
		实验室用水	2		
		化学试剂及分类	2		
		实验数据及处理	5		
		分析称量方法	3		
		溶液配制及计算	10		
		分析结果评价	5		
2	基本技能(60分)	玻璃仪器的使用与管理	5		
		计量玻璃仪器的选用与校准	5		
		化学试剂的使用与管理	5		
		实验试液的使用与管理	5		
		分析仪器的检定	20		
		分析检测基本技术	10		
		样品预处理技术	10		
3	环保安全文明素养(10分)	环保意识	4		
		安全意识	4		
		文明习惯	2		
4	扣分清单	迟到、早退	1分/次		
		旷课	2分/节		
		作业或报告未完成	5分/次		
		安全环保责任	一票否决		
考核结果					

【任务检测】

简答题

1. 本次学习任务有何意义?

2. 进行水质监测分析有哪些方法?

3. 进行水质监测分析有哪些步骤?

4. 水质监测方法及依据是什么?

5. 电子天平称量前应做哪些检查?

6. 分析天平的称量方法有哪几种?

7. 玻璃仪器洗净的标志是什么?

8. 化学试剂的选用原则是什么?

9. 什么是系统误差?什么是随机误差?它们是怎样产生的?如何避免?

10. 什么是有效数字?有效数字的修约规则如何?

11. 基准物质应具备哪些条件?

12. 什么叫标准溶液、化学计量点、滴定终点、终点误差?

13. 简述分析天平的检定方法。

14. 简述 pH 测量仪的检定方法。

15. 简述电导仪的检定方法。

16. 简述冷原子测汞仪的检定方法。

17. 简述分光光度仪的检定方法。

18. 简述容量仪器的校准方法。

任务二　水质监测采样质量保证与控制

【任务描述】

水样采集是水质监测工作的重要内容。为了获得有代表性的监测水样,需要相关人员对监测的水体目标样品进行布点、采集、交接及预处理等系列操作。为此,需要确定水质检测采样负责人,并根据监测项目、监测标准制订样品采集方案,同时完成水样的采集、预处理等工作,从而实现对水质监测采样过程的质量保证与控制。

本任务主要介绍水质监测频率和监测项目、水样的采集和保护、水样的预处理等水质监测采样质量保证与控制相关的知识和技能。

【相关知识】

一、水质监测频率和监测项目

水质监测频率和监测项目是样品采集中两个重要的指标。水质监测频率数量和监测项目的选择,应做到能正确反映水体污染状况。这里按地表水、地下水、污废水和水体沉积物分别介绍 4 种水质监测频率和监测项目的知识。

（一）地表水监测频率和监测项目

1. 地表水监测频率的确定

地表水环境是一个开放性系统,其物质交换、能量变化既存在时间和空间上的周期性变化规律,也存在突变性(如水灾和污染)因素。确定的监测频率应能最大限度地捕捉这种规律和突变性。我国通常有两种确定地表水监测频率的方法。

（1）根据实际情况确定

目前,根据我国水质监测的手段和力度,每年至少应在丰、枯、平水期各采样两次。北方有冰封期和南方有洪水期的省(区)、市要分别增加相应水期的采样,即一年内采样不应少于6 次。对一般地表水的常规监测,为了掌握水质的季节变化,最好每月采样 1 次。对某些重要的控制断面,为能了解一日及数日内的水质变化,也可以在一日(24 h)内按一定时间间隔或三日内按不同等分时间进行采样监测。如有自动采样器,则可进行连续自动采样和监测。

沿海受潮汐影响的河流,应在涨潮和退潮时增加采样次数。

城市主要收纳污水或废水的小河渠,每年至少应在丰、枯水期各采样 1 次。如遇特殊情况或发生污染事故,应随时增加采样次数。

（2）理论计算确定

①根据水体流量变化确定采样频率。

$$f = \frac{t_\alpha^2 C_V^2}{E^2}$$

式中　f——频率;

　　　C_v——流量变异系数;

　　　t_α——给定显著水平 α 下的 t 值;

　　　E——规定的准确度,% 。

②根据所设置信水平下的精确度确定采样频率。

$$n_i = \frac{\sigma_{x_i}^2}{\sum \sigma_{x_i}^2} T$$

式中　n_i——采样频率;

　　　T——样品总数;

　　　$\sigma_{x_i}^2$——断面物质监测项目的方差。

此外,还有根据去除周期性和趋势等确定性因素后的残余方差,以及用超标检出的统计量来确定采样频率的方法等,在此不一一列举。

用理论计算法确定监测频率,其结果常常偏高。据此实施水质监测有一定的难度。较好的方法是将理论计算结果与实际情况相结合以确定监测频率。

有些环境学者认为,在采样经费和样品量都固定的情况下,适当增加采样频率比增设断面更有意义。

2. 地表水监测项目的确定

选测项目过多会造成人力和物力的浪费,过少则不能准确反映水体污染状况。必须合理地确定监测项目,使之能比较准确地反映水质污染状况。通常按以下原则确定地表水的监测项目:

①毒性大、稳定性高、易于在生物体中积累和有"三致"作用(致癌、致畸、致突变)的污染物应优先监测。

②根据监测目的,选择国家和地方颁布的相应标准中所要求控制的污染物监测。

③有分析方法和相应手段进行分析的项目。

④监测中经常检出或超标的项目。

我国《环境监测方法标准及监测规范》、HJ641—2012《环境质量报告书编写技术规定》中对地表水必测和选测项目的规定见表6-2-1。

表6-2-1　地表水监测项目

项目	必测项目	选测项目
河流	水温、pH、悬浮物、总硬度、电导率、溶解氧、化学需氧量、五日生化需氧量、氨氮、亚硝酸盐氮、硝酸盐氮、挥发性酚、氰化物、砷、汞、六价铬、铅、镉、石油类等	硫化物、氟化物、氯化物、有机氯农药、有机磷农药、总铬、铜、锌、大肠菌群、总α、总β、铀、镭、钍等
饮用水源地	水温、pH、浊度、总硬度、溶解氧、化学需氧量、五日生化需氧量、氨氮、亚硝酸盐氮、硝酸盐氮、挥发性酚、氰化物、砷、汞、六价铬、铅、镉、氟化物、细菌总数、大肠菌群等	锰、铜、锌、阴离子洗涤剂、硒、石油类、有机氯农药、有机磷农药、硫酸盐、碳酸根等
湖泊、水库	水温、pH、悬浮物、总硬度、溶解氧、透明度、总氮、总磷、化学需氧量、五日生化需氧量、挥发性酚、氰化物、砷、汞、六价铬、铅、镉等	钾、钠、藻类(优势种)、浮游藻、可溶性固体总量、铜、大肠菌群等
排污河(渠)	根据纳污情况定	根据纳污情况定

(二)地下水监测频率和监测项目

1.地下水监测频率的确定

监测频率的确定方法与地表水相同,主要根据实际情况确定,以理论计算为辅。

(1)根据实际情况确定

按照我国目前的环境管理要求与技术和装备状况等各方面的条件,提出下述各项内容:

①每年应按丰水期和枯水期分别采样。各地水期不同,应按当地情况确定采样月份。采样期确定后,不得随意变更。

②有条件的地方,按地区特点分四季采样。已建立长期观测点的地方,各观测点要按月采样。

③每一采样期至少采样1次。对有异常情况的井位应适当增加采样次数。作为饮用水的地下水采样点,每期应采样两次,间隔时间至少10 d。

(2)理论计算

可参照推荐的地表水监测频率的确定。

2.地下水监测项目的确定

地下水监测项目主要根据地下水在本地区的天然污染、工业与生活排污状况和环境管理的需要确定。

(1)常规监测项目的确定

根据 HJ641—2012《环境质量报告书编写技术规定》,地下水必测项目有总硬度、氨氮、硝酸盐氮、亚硝酸盐氮、挥发性酚、氰化物、砷、汞、六价铬、锡、氟化物、细菌总数和大肠菌群，选测项目有 pH、总矿化度、高锰酸盐指数、钙、铁、锰、钾、钠、硫酸盐、碳酸氢盐和石油类等。

（2）特殊项目选测

①生活饮用水。按国标 GB 5749—2006《生活饮用水卫生标准》中规定的项目进行监测。此外，根据不同地区的特殊情况，还应选测特殊项目，如某些地方病流行地区应选测钼、碘和氟等。

②工业用水。工业上用作冷却、冲洗和锅炉用水的地下水，可增加侵蚀性二氧化碳、氯化物、磷酸盐、硅酸盐、总可溶性固体等监测项目。

③城郊、农村地下水。考虑施用农药和化肥的影响，可增加有机磷、有机和总有机氮等监测项目。

④污染源和被污染地区的地下水。这些地区应根据污染物的种类和浓度，适当增减监测项目。例如，采样点位于重金属污染严重的地表水流域，监测项目应增加重金属；在受采矿和选矿尾水影响的地方，可按矿物成分和丰度来确定监测项目；处于北方盐碱区和沿海受潮汐影响的地区，可增加溴和碘等监测项目。

（三）污废水监测频率和监测项目

1. 污废水监测频率的确定

为了获得具有代表性的废水样品，需要根据废水排出情况、废水性质（成分及浓度）和监测的要求确定采样频率和采样方法。

（1）车间排污口

①连续稳定生产车间的排污口。应在一个生产周期内采集水样，根据监测需要可以采集两种水样：一是采集平均水样。在一个生产周期内（可以是 8 h、12 h 或 24 h）按等时间间隔采样数次，混合均匀后用于测定平均浓度。这种水样不适于测 pH 值。每次采样时，必须单独采样测 pH 值，也可以用连续自动采水器，取一个生产周期的水样进行分析。二是采集定时（或称瞬时）水样。每 0.5 h 或 1 h 取一个水样，找出污染物排放高峰，然后求采样周期内各水样测定结果的平均值，作为一个生产周期的平均值。采样频率为每月 1 次，每个周期为 24 h。

②连续不稳定生产车间的排污口。一是混合水样根据排污量大小，在一个生产周期内按比例采样，混合均匀后测定平均浓度。每月至少测 1 次。二是定时水样根据排放规律，在一个生产周期内每小时采样 1 次，找出废水量最大、污染物浓度最高、危害最强的排放高峰。每个水样应分别测定。每月至少测两次。

③间断排污车间的排污口。对这类车间排污口要特别注意调查其排污规律和排污量，根据实际情况，在生产时进行采样。每个生产周期至少采样 8～10 次，每月监测 1 次。

④无规律生产车间的排污口。对无规律生产车间的排污口，必须调查清楚其生产情况和排污的具体时间，每个周期为 24 h。根据排污的实际情况采样，一个生产周期内采样不少于 8 次。

对上述车间排污口排放的废水，如果工厂筑有废水池（均衡池），则可在该池的排水口采样，采样频率为每月 1 次。

（2）工厂排污口

安排一个周期的连续定时采样，对水样作单独分析，以便找出污染浓度高峰。以后每季度测 1 次废水排放量，每月测两次水质情况。

根据"谁污染谁监测"的原则，车间排污口和工厂排污口的废水均由工厂自行监测。环保监测部门可进行不定期的抽样监测，对重点污染源应进行必要的监督和检查。

（3）城市主要入江排污口

结合对江河水质的例行监测，按丰、枯、平水期每年测 3 次，每次进行一昼夜或 8 h 连续定时采样或用连续自动采水器采样，分析水样的平均浓度。

 小提示

确定采样频率和采样方法，需要注意以下几点：

①对性质稳定的污染物，可将分别采集的样品混合后一次测定。对不稳定的污染物，可在分别采样和分别测定后以平均值表示污染物浓度。

②测定 pH 值、溶解氧、硫化物、COD、HOD、有机物、大肠菌群、余氯和可溶性气体等的废水样，只能单独采样，不能组成混合样品，并要尽快分析。废水中无机物、氟化物、氯、砷、农药和重金属等应每隔半小时采集一个样品（最长不能超过 1 h），时间不能少于一个生产周期（最好是 24 h 或更长）。在 8 h 内（一个生产周期），每隔 2 h 采集一次的混合废水样往往缺乏代表性。

③对排污情况复杂、浓度变化很大的废水，采样时间间隔要适当短些，有时需要 5 ~ 10 min 采一个废水样。

④废水中某些组分的分布很不均匀，如油和悬浮物，某些组分在分析中很易变化，如溶解氧和硫化物等。如果从全分析采样瓶中取出一份废水子样进行这些项目的分析，必将产生错误的结果。对这类监测项目，有的水样应单独采集，有的应在现场作固定处理，再分别进行分析。

2.污废水监测项目的确定

不同类型企业的产品不同，工艺路线不同，排放废水中的污染物也不同。废水监测项目应能反映不同类型点源排放的废水特征，开展废水特征因子监测。

确定监测项目的原则如下：

①考虑排放废水的工厂、车间的行业性质和废水中污染物的类型。

②优先考虑国家和地方颁布的相应标准中要求控制的污染物。

③有相应分析方法的污染物。

④对超标的污染物需进行重点监测。

阅读有益

监测项目按 GB 8978—2002《污水综合排放标准》和地方标准中的控制项目分配到不同类型点源。地方各级环境监测站据此对重点污染源实施废水多因子监测（一般控制 3 ~ 5 个主要因子），参见表 6-2-2 和《环境监测技术规范》中有关内容项目由企业和地方环境监测站协商确定，并经地方环保行政主管部门认定。

城市生活污水监测项目为 COD、BOD、氨氮、总氮、总磷、表面活性剂、磷酸盐、水温、细菌总数和大肠菌群等。

表 6-2-2　工业废水监测项目

类别		必测项目	选测项目
黑色金属矿山(包括磷铁矿、赤铁矿、锰矿等)		SS、pH、重金属[②]	S^{2-}
黑色冶金(包括选矿、烧结、炼焦、炼钢、轧钢等)		SS、COD、挥发酚、CN^-、重金属	石油类、S^{2-}、F^-
选矿药剂		COD、SS、S^2、重金属	
有色金属矿山及冶炼(包括选矿、烧结、电解、精炼等)		pH、COD、SS、CN、重金属	黄药
火力发电(热电)		pH、SS	S^2-、铍
煤矿(包括洗煤)		pH、SS、S^2	
焦化		COD、挥发酚、CN^-、石油类、SS	石油类、S^2-
石油开采		石油类、COD、SS、S^{2-}	As、石油类
石油炼制		石油类、COD、SS、挥发酚、S^{2-}	苯并芘、氨氮
			挥发酚、总 Cr
			苯系物、苯并芘
化学矿开采	硫铁矿	pH、S^{2-}、SS、重金属、As	S^{2-}、As
	磷矿	pH、PO_4^{3-}、(P)、F^-、SS	S^{2-}、As
	汞矿	pH、Hg、SS	
无机原料	硫酸	pH、S^{2-}、重金属、SS	As、F^-
	氯碱	pH、COD、SS	Hg
	铬盐	pH、Cr(Ⅵ)、总 Cr、SS	
有机原料		COD、挥发酚、CN^-、SS	
塑料		COD、石油类、S^{2-}、SS	苯系物、硝基苯类、有机氯类
			苯系物、苯并芘、F^-、CN^-
化纤		COD、pH、SS、石油类、色度	苯系物、苯并芘、重金属
橡胶		COD、石油类、S^{2-}、Cr(Ⅵ)	苯胺类、硝基苯类
制药		COD、石油类、SS、挥发酚	硝基苯类、S^2-、TOC
染料		COD、苯胺类、挥发酚色度、SS	色度、重金属
颜料		COD、S^{2-}、SS、Hg、Cr(Ⅵ)	苯系物、硝基苯类
油漆		COD、挥发酚、石油类、Cr(Ⅵ)、Pb	
合成洗涤剂		COD、阴离子合成洗涤剂、石油类	苯系物、动植物油、PO_4^-
合成脂肪酸		COD、SS、动植物油、pH	Ag、显影剂及其氧化物
感光材料		COD、SS、挥发酚、S^2、CN	pH、硝基苯类
其他有机化工		COD、石油类、挥发酚、CN^-、SS	
化肥	磷肥	COD、PO_4^{3-}、pH、SS、F^-	P、As
	氮肥	COD、氨氮、挥发酚、SS	As、Cu^-
农药	有机磷	COD、挥发酚、S^{2-}、SS	有机磷、P
	有机氯	COD、SS、S^{2-}、挥发酚	有机氯

续表

类别	必测项目	选测项目
电镀	pH、重金属、CN⁻	
机械制造	COD、石油类、重金属、SS	CN⁻
电子仪器、仪表	pH、COD、CN⁻、重金属	F⁻
造纸	COD、pH、挥发酚、SS	色度、S^{2-}
纺织印染	COD、SS、pH、色度	S^{2-}、Cr(Ⅵ)
皮革	COD、pH、S^{2-}、SS、总Cr	动植物油、Cr(Ⅵ)
水泥	pH、SS	
油毡	COD、石油类、挥发酚、SS	S^{2-}、苯并芘
玻璃、玻璃纤维	SS、COD、CN⁻、挥发酚	Pb、F
陶瓷制造	COD、pH、SS、重金属	
石棉(开采与加工)	pH、SS	石棉、挥发酚
木材加工	COD、挥发酚、pH、甲醛、SS	S^{2-}
食品	COD、pH、SS	氨氮、硝酸盐氮、动植物油、BODₛ
火工	COD、硝基苯类、S^{2-}、重金属	
电池	pH、重金属、SS	甲醛
绝缘材料	pH、COD、挥发酚、SS	

注：① 表中必测项目、选测项目的增减，可由企业和地方环境监测站协商，并经地方环保行政主管部门认定。

② 重金属是指 Hg、Ce、Cd、Pb、Cu、Zn、Mn、Ni 及 Cr 等，各行业具体测定。

③ 本表摘自《重点工业污染源监测暂行技术要求(废水部分)》(国家环保局1991年)。

 小提示

根据高功能高保护的原则,必须从严控制向饮用水源保护区排放剧毒或"三致"有毒化学物质,对废水污染物实施优先监测。

剧毒化学物质有氰化物、汞、砷、六价铬、镉和有机磷农药等。

"三致"有毒化学物质包括石棉、苯系物、挥发性卤代烃(如氯仿、溴仿、四氯化碳、三氯乙烯、四氯乙烯等)、有机氯农药(如五氯酚、六氯苯和双氯醚等)、氯代苯类(如氯苯、三氯苯和五氯苯等)、苯胺类、硝基苯类、苯酚类(如苯酚、间甲酚、2,4-二氯酚和2,4,6三氯酚等)、萘类(如萘和萘胺等)、多环芳烃(如苯并芘等)。

对以上污染物的评价与控制,凡是没有国家标准的,地方环保行政主管部门可以结合当地污染实际参照国外饮用水标准的100倍制订工业废水排放控制标准。

各地环保行政主管部门和环境监测站要着眼于技术进步,结合本地区污染源排放实际,创造条件确定本辖区内优先控制的废水污染物,逐步增加监测项目。

(四)水体沉积物监测频率和监测项目

1.水体沉积物监测频率的确定

一般来说,沉积物的变化远比水质变化小,而且很少有突变性。枯水期采集水体沉积物比较方便。为此，一年内在枯水期采集一次即可。如果需要在一年内采两次，应分别在丰水期和枯水期采样。

2. 水体沉积物监测项目的确定

HJ641—2012《环境质量报告书编写技术规定》提出的监测项目可供参考。

①必测项目。砷、汞、铬、铅、镉、铜等。

②选测项目。锌、硫化物、有机氯农药、有机磷农药、有机物等。

为积累必要的资料，采样时应在现场测定沉积物的 pH 和氧化还原电位值。

二、水样的采集和保护

水分析的目的，在于获取所研究水体水质的监测数据，为水文地质、工程地质及环境质量评价等提供依据。这不仅要求有灵敏性高、精密度好的分析方法，还要根据使用目的，正确选定采样时间、地点、取样深度、取样方法以及样品的保存技术等，同时还需要科学而严谨的质量管理制度。像其他物质分析一样，水分析应注意控制分析误差，而往往采样环境、装样容器、采样技术以及采样人员，都有可能污染样品，这常常是误差的一个重要来源，必须注意工作的各个环节，以保证分析结果准确地反映水体的真实情况。

（一）采样容器的选择与洗涤

水样除必须现场分析外，从采取到分析，总要经过一段时间。这就提出了如何保持水样在保存期间的稳定性的问题。影响样品中组分稳定性的因素有很多，如样品的组成及性质、容器的材料与制造工艺以及保存样品的方法等。对痕量元素的测定，这种影响更为明显。现就容器的问题作些讨论。

理想的采样容器，应当不玷污样品，也不吸附样品中的组分。然而，即使材料的化学性质是最惰性的，也难免影响样品中某些组分的浓度。例如，氧、二氧化碳及水蒸气可透过容器壁的微小间隙，器壁的微小孔穴常是吸附的活泼据点；玻璃中的金属离子，不规则地分布在硅酸根网格之间，其中个别具有不同强度的键，可以吸附溶液中的离子；塑料既能微溶于水，也可吸附某些物质。

溶液中离子的化学性质与其稳定性密切相关。实验证明：聚乙烯强烈吸附海水中的磷酸根，而硬质玻璃却只有轻微吸附现象；储于聚乙烯瓶中的海水，3 周后金、铀损失达 75% 以上；钪、银、钴、铈、锌、铬、锑储于硬质玻璃瓶中半年而未见显著丢失。容器的透光性也有影响，例如，用棕色瓶采集测定溶解氧的专门样品比用无色瓶采集的分析结果要可靠些，后者的结果常显著偏高。目前认为，硼硅玻璃容器或聚乙烯瓶均可使用，而软质玻璃、胶塞或胶垫，容易引起金属元素的玷污，均不宜使用；对检测有机成分的样品，只能用玻璃容器，用聚乙烯瓶显然是不合适的。实验室习惯用铬酸洗液洗涤器皿，由于铬极易吸附在玻璃上，所以测铬时，铬酸洗液不能用来洗涤盛装含铬水样的器皿。塑料器皿也不能用铬酸洗涤，它会腐蚀塑料表面，使吸附金属离子的作用加强。

洗涤时，可先用自来水将容器表面灰尘洗净，然后用高级清洁剂将内外油污洗净，用水冲洗干净，再用(1＋1)盐酸溶液装满容器，浸泡一昼夜，倒出盐酸溶液〔若用来测定痕量组分,再用(1+1)硝酸溶液浸泡一昼夜后,倒尽硝酸溶液],最后用去离子水洗刷,至洗出液呈中性(用精密 pH 试纸检查)。

容器洗净以后,都应检查洗涤质量。为此,将超纯水装满洗净的容器,放置 48 h,然后用测定样品相同的方法,测定水中的杂质。对用作采集测定一般项目水样的容器可检测其 pH、Cl^- 及 NO_3^- 情况,对供取测定痕量金属元素用的水样瓶,应要求更严。洗净的采样容器,在干净房间晾干后,用纱布裹好瓶口,装于洗净的聚乙烯袋或清洁箱子内备用。

 小提示

对采样容器,有以下基本要求:

①采样前都要用欲采集的水样洗刷容器至少 3 次,然后正式取样。

②取样时使水缓缓流入容器,并从瓶口溢出,直至塞瓶塞为止。避免搅动水源,勿使泥沙、植物或浮游生物等进入瓶内。

③水样不要装满水样瓶,应留 10~20 mL 空间,以防温度变化时,瓶塞被挤掉。

④取好水样,盖严瓶塞,确保瓶口不漏水后用石蜡或火漆封好瓶口。如样品运送较远,则应先用纱布或细绳将瓶口缠紧,再用石蜡或火漆封住。

⑤当从一个取样点采集多瓶样品时,应先将水样注入一个大的容器中,再从大容器迅速分装到各个瓶中。

⑥采集高温热水样时,水样注满后,在瓶塞上插入一内径极细的玻璃管,待冷却至常温,拔去玻璃管,再密封瓶口。

⑦水样取好后,立即贴上标签,标签上应写明水温、气温、取样地点、取样深度、取样时间、要求分析的项目名称以及其他地质描述。如果样品经过了化学处理,则应注明加入化学试剂的名称、浓度和体积。

⑧尽量避免过滤样品,但当水样浑浊时,金属元素可能被悬浮微粒吸附,也可能在酸化后从悬浮微粒中溶出。应在采样时立即用 0.45 pm 滤器过滤,若条件不具备,也可以采取其他适当的方法处理。

(二)采样方法

①从地表水源(泉、河流、湖泊)采取水样时,如水深不越过 1 m,可直接使水缓缓流入容器。注意防止砂粒、植物及浮游生物等进入瓶内。对流动泉水,应从泉水流出的地方或水流最汇集的地方取样。取样前如需清理水泉,则应待水流澄清、流量稳定后再取样。在水流湍急地点取样时,可用漏斗接上塑料管,使水经漏斗缓慢流入瓶内。

从水源一定深度取样时,应用深水取样器。要求取样器耐腐蚀、不吸附也不玷污样品,能快速被水充满并能与周围水快速交换。在将水装入水样瓶以前,要保持水质稳定。

②在沼泽地取样时,最好在地下水流量大、水深及储水多而荫蔽的地点采取,并注意防止污泥、浮游生物及水面薄膜带入瓶内。

③从装有抽水机的水瓶取样时,应先开启抽水机,抽水 10~15 min,以抽出管道中的积水并清洗管道几次,然后将胶管的一端接在水龙头上,胶管的另一端插入瓶内,打开水龙头,

使水缓慢沿瓶壁流入瓶内,不能发出水流声,至水从瓶口溢出并使瓶内的水更换几次为止。

④从竖井、水井或非自喷井、非生产井取样时,取样前尽可能从井中抽出1~2倍水柱体积的水,待水位稳定以后,用取水器从水柱中部取样。

⑤从自喷井取样,须直接从喷出的水流采取,并尽可能距井口近些。如从装有水龙头的自喷井取样,取样前须将滞留在水管的水放掉并更换几次后再取样。

⑥为取样而专门开凿钻井时,钻孔尽量不要用水冲洗或泥浆钻进,待停钻且水位稳定以后再取样。如果钻孔用水冲洗成泥浆钻进,则在取样前必须先抽水,直到水的化学成分稳定后才能取样(可在抽水过程中定时取样,测定氯离子的含量,以判断水化学成分是否已经稳定)。

(三)水样的采集与保存

天然水样在储存时组分的稳定性,与水的化学成分、pH 值、离子的性质及浓度、容器材料与加工工艺以及储存条件等密切相关。这是一个复杂的问题,目前尚无理想的办法可以使天然水中的组分不发生变化,但可以采取一些措施控制或减缓这种变化。例如,选择合适材料制作的容器;加酸或碱调整溶液的 pH 值,以控制溶液的物理或化学变化;加入化学试剂以抑制生物化学作用;冷冻储存等。在对样品进行处理时,样品必须透明、不浑浊,否则应过滤后再加化学试剂;所用化学试剂必须有一定纯度,以免试剂不纯而玷污样品。对使用的试剂应先进行检查,如纯度达不到要求,则应改用更高级别的试剂或预先将试剂纯化。

 小提示

水样中需要现场测定的项目

水的 pH、游离二氧化碳等,极易发生变化,应在现场测定。对碳酸、重碳酸型泉水中的游离二氧化碳、重碳酸根、pH、钙、铁等项目,更应现场测定,以保证所得结果如实反映水质情况。

1. 测定主要组分钾、钠、钙、镁、氯离子、硫酸根等的水样

取样后不需处理,直接送实验室进行分析。

2. 测定痕量元素铜、铅、锌、镉、锰、镍等及特殊元素铀、铁等的水样

在取样时应用硝酸将样品酸化至 pH≤2,以防止样品因环境条件的改变而引起组分变化。为此可事先按使用的容器容积,计算出应加入的酸量[1 L 样品一般加(1+1)硝酸溶液5 mL],预先注入水样瓶内,转动样瓶,使酸润湿容器内壁,然后取样。

3. 测定酚、氰类的水样

在取样时应加氢氧化钠碱化至 pH>12,以防止微生物等的作用而造成损失。按 1 L 样品加 1 g 氢氧化钠即可,容器应用硬质玻璃瓶,不能用塑料瓶。

4. 测定侵蚀性二氧化碳的水样

取容积250~300 mL 具塞干净玻璃瓶,用水冲洗3次,再注水样至瓶口溢出,加入2~3 g化学纯碳酸钙粉末(或经处理过的大理石粉末),塞紧瓶塞,用石蜡或火漆封好,在标签上注明加入碳酸钙或大理石的量。与此同时,采取简分析或全分析样品,或另取一份不加碳酸钙

的样品。

 小提示

碳酸钙的制备

将化学纯碳酸钙研细(大理石粉研细过 0.2 mm 筛孔),取 100 g 置 1 L 量筒中,加入煮沸过的冷蒸馏水,搅拌数分钟,静置过夜。第二天,弃去上层清液再加入煮沸过的冷蒸馏水,搅拌数分钟并放置过夜,如此反复处理 4～5 次。将所得固体置于滤纸上,于通风处晾干,保存于玻璃瓶备用。

5. 测定溶解氧的水样

先用欲取水样刷洗溶解氧瓶,然后用倾注法或虹吸法沿瓶壁加入水样,使水溢出约 1 倍的容积为止。不要使水样暴露在空气中或在样品瓶内留有气泡。采样后最好在现场立即测定。如不能现场测定而需要储存、运输时,则应在取样后立即用移液管取 1.00 mL 碱性碘化钾溶液(如水样硬度大于 35 mgCaCO$_3$/L,则加 3.00 mL),将移液管插至瓶底,放出溶液。再如前操作,加入 3.00 mL 二氯化锰溶液,迅速盖好摇匀,注意勿使空气进入瓶内(瓶内不留空间)。在标签上注明加入试剂的总体积。

如没有溶解氧瓶,可用一般具塞玻璃瓶代替。为此,取 200～300 mL 具塞玻璃瓶,先称空瓶重(准确至 0.1 g),盛满蒸馏水后,再次称重,根据称重时的温度,查出水的相对密度,计算玻璃瓶的容量,即可使用。

 小提示

①二氯化锰溶液的配制。

80 g 二氯化锰(MnCl$_2$·H$_2$O)溶于 100 mL 蒸馏水中。

②碱性碘化钾溶液的配制。

40 g 氢氧化钠溶于 1 000 L 蒸馏水中,加入 20 g 碘化钾(配好的溶液用硫酸酸化后,加淀粉溶液不应呈现蓝色)。

6. 测定硫化物的水样

取 500 mL 干净的硬质玻璃瓶,加入 10 mL 20% 醋酸锌溶液, 1 mL 1 mol/L 氢氧化钠溶液,然后注入水样,盖好瓶塞,充分摇匀。标签上应注明外加试剂的准确体积。

7. 测定铁的水样

对三价铁和二价铁分别测定时,应单独取样,并加入适当的保护剂,以防止铁离子价态的变化或沉淀。取 250 mL 玻璃瓶或聚乙烯塑料瓶,注入水样后,加 2.5 mL 硫酸溶液(1＋1)和 0.5 g 硫酸铵,充分摇匀,密封。

8. 测定有机农药残留量的水样

取 3～5 L 水样于硬质玻璃瓶中(不能用塑料瓶),加硫酸酸化至 pH≤2,密封,低温保存。

三、水样的预处理

(一)悬浮物的除去

在水分析中,常常需要将待测成分中溶解的和悬浮状态的含量区分开。可选用高速离心机离心分离,使悬浮物沉聚。也可用红带定量滤纸或 G4 烧结玻璃滤器过滤。一般采用 450 nm 孔径的薄膜滤器过滤。能通过 450 nm 滤器的部分为溶解状态,被滤器保留的部分为悬浮状态。过滤操作应在取样过程中或在取样之后立即进行,以免待测成分的溶解状态和悬浮状态的浓度发生变化。有些测量技术,如离子选择性电极对不溶解的物质不发生响应,可不经分离而测定溶解状态的待测成分。

(二)有机干扰物的消除

当水样中含有有机物时,对某些元素的测定带来干扰,视不同情况可采用以下处理方法:

(1)硝酸 – 硫酸分解

硝酸氧化性强,但沸点低(86 ℃),而硫酸沸点高(340 ℃),两者混合使用效果较好。取适当不含悬浮物的水样,在电热板上低温蒸发浓缩至小体积,加硝酸 2~5 mL,低温蒸发至试液为 10 mL 左右,再加硝酸 2~5 mL 和硫酸 1~2 mL,在电热板上加热至冒白烟,室温冷却,加蒸馏水溶解并转移到容量瓶中,用蒸馏水稀释至刻度。该法不适于处理含铅和含汞的水样。

(2)硝酸-高氯酸分解

高氯酸的沸点较高,且氧化电位随温度升高而增大。高氯酸对有机物的破坏是有效的。为防止其爆炸,可先加硝酸氧化处理,一般 100 mL 水加 1 mL 硝酸和数滴高氯酸,蒸发至冒白烟,冷至室温,用蒸馏水溶解并转入容量瓶中稀释至刻度。

(3)加碱分解

某些测定成分在酸性条件下加热消解易挥发,这时可采用加碱分解有机物。一般是往水样中加入氢氧化钠和过氧化氢水溶液或氨水和过氧化氢水溶液(100 mL 水样,加约 2 g 氢氧化钠或约 5 mL 氨水),在电热板上低温加热蒸干。加少量盐酸浸溶后转入容量瓶,再用蒸馏水稀释至刻度。

(4)高温灰化分解

对某些有机物含量很高的水样,可采用高温灰化分解。这种方法适用于在 500~550 ℃ 的灰化温度下欲测组分不发生蒸发或升华的试样。取一定量的水样放入瓷蒸发皿中,在电热板上低温蒸发,蒸干后放入电炉中,升温至 550 ℃ 使有机物燃烧灰化。冷至室温,加 10 mL 盐酸溶液(1+1),在电热板上加热促使残渣溶解,再加入 20 mL 蒸馏水溶解残渣,转入容量瓶并稀释至刻度。

用于消解的各种酸、碱试剂,应有较高的纯度,否则将引入较多的金属杂质。

(三)分离、掩蔽和预富集

分离、掩蔽或预富集是水分析中经常采用的方法。虽然有的项目可不经分离或掩蔽而直接进行测定,但许多样品的测定常因有其他组分的干扰,需要先分离或掩蔽。有时待测组分的含量低于测定方法的检测下限,需要预先富集才能进行测定。

(1)挥发、蒸馏与蒸发浓缩法

挥发与蒸馏是利用某些组分固有的挥发性,或加入某些试剂,使原来在体系内的一些化合物、元素或离子转化为另一种易挥发的物质从而达到分离或预富集的目的。例如,利用砷化氢易挥发的特性,可将含砷试样酸化并加入锌片(或硼氢化钾),反应后生成易挥发的砷化氢,既可与干扰物分离,本身又得到富集。同样,利用苯酚、氢氟酸能随水蒸气一起蒸馏的性质和氢氰酸、氨易挥发的特性,经过蒸馏可达到消除干扰或富集的目的。再如,金属汞在常温下能挥发,可将含汞化合物样品,经过还原处理生成汞蒸气,而达到分离富集的目的。

蒸发浓缩也是常用的一种富集方法。但只能富集,起不到消除干扰的作用,在待测组分浓度增高的同时,干扰组分的浓度一般也会相应地增高。

(2)沉淀分离法

沉淀分离法是利用被测组分和干扰组分与某种沉淀反应生成的产物溶解度的不同,进行分离或富集的一种手段。为了提高沉淀分离的选择性有时还结合使用掩蔽剂。

一般天然水的总矿化度不太高,通常不需要利用沉淀反应进行分离。但对含铁量很高的矿区酸性水,由于铁对很多元素的测定有干扰,常采用加缓冲溶液,将铁沉淀为氢氧化铁而除去。滤液可进行钙、镁以及能形成可溶性氨络合物的金属元素的测定。用二磺酸酚比色法测定硝酸盐氮时,高含量的氯离子干扰此反应,常预先加入银盐以生成氯化银沉淀除去氯离子。也可利用沉淀反应将干扰离子以沉淀形式掩蔽。例如,乙二胺四乙酸络合滴定法测定钙,干扰此反应的镁离子以氢氧化镁沉淀形式掩蔽;4-氨基安替比林比色法测定挥发性酚,硫化物常预先加入铜盐,使其生成硫化铜沉淀而不随水蒸气蒸出而消除其干扰。在痕量元素的分析中常利用共沉淀富集某些被测元素。例如,天然水中铝的含量不高,测定时常用硫酸钡作为共沉淀剂,使镭从大体积水中分离并得到富集。

(3)溶剂萃取法

试样中的待测物质与试剂反应生成不带电荷的络合物,用一种与水不相混溶的有机溶剂与之共振荡,静置分层后,某些组分进入有机溶剂,另一些组分则仍留在水相,从而达到分离富集,这种方法称为萃取分离。

 小提示

能与亲水性物质发生化学反应,生成可被萃取的疏水性物质的试剂称为萃取剂。萃取剂一般是有机溶剂。主要有两类:

①螯合萃取剂,如二硫腙、铜试剂等。它们与金属离子反应可形成不带电荷的螯合物,利用螯合反应进行萃取的体系称为螯合萃取体系。

②离子缔合萃取剂,如有些醇、醚、酮、脂等。它们能和金属络阴离子形成离子缔合物而被萃取,这类萃取体系称为离子缔合体系。

萃取溶剂是与水不相混溶的有机溶剂。按其是否参与萃取反应,又可分为惰性溶剂(如三氯甲烷、四氯化碳、苯等)和活性溶剂(如磷酸三丁醋、甲基异丁酮等)。

(4)萃取实验条件的选择

①酸度的控制。当萃取剂浓度一定时,影响萃取效率的主要因素是溶液的酸度。必须控制一定的酸度,如汞离子的二硫腙萃取比色测定,就是严格控制 pH=1 的条件下,进行选择性萃取分离的。

 小提示

对于弱酸性螯合萃取体系来讲,在一定条件下,提高水相的 pH 值,有利于提高萃取比率(但要注意金属离子的水解及萃取的选择性),至于离子缔合体系,pH 值对许多镁盐类型的离子缔合反应有很大影响,如乙醚萃取分离氯化铁,必须在 6 mol/L 盐酸中才能取得最大的萃取比率。

②干扰离子的消除。一般采样控制酸度和加入掩蔽剂。a. 控制酸度:根据被萃取的离子与萃取剂在不同 pH 值下形成的化合物稳定性不同,控制适当的酸度,同时可以进行选择性萃取使相互干扰的离子彼此分离。b. 加入掩蔽剂:当调节溶液的 pH 值不能完全消除干扰时,常用络合掩蔽或氧化还原掩蔽的方法,采用的掩蔽剂有 EDTA、CYDTA、氰化物、酒石酸盐、柠檬酸盐、氟化物等。

 小提示

如用二硫腙-四氯化碳萃取镉离子,在强碱性溶液中,有氰化钾存在时,一些重金属离子将生成氰络合物而留在水相中,从而使镉离子得到分离。在金属离子的萃取比色分析中,三价铁离子常干扰测定,一般采取加入 EDTA 等络合剂进行络合掩蔽,或用盐酸羟胺等还原剂将三价铁离子还原为二价铁离子,从而消除其干扰。

③整合剂和萃取溶剂的选择。为了提高效率,一定要选择那些能与金属离子形成稳定整合物且在结构上含疏水基团多、亲水基团少的整合剂。萃取溶液则应首先满足金属螯合物在其中有较大的溶解度,同时还要求萃取溶剂具有在水中的溶解度要小、和水相的分配比相差较大、同水相不生成乳浊液、不易燃烧、毒性小等特点。为此,可根据金属螯合物的结构,选择结构相似的溶剂。在实际应用中,整合萃取体系尽量选用情性溶剂。

试验证明,在一定条件下,选用合适的萃取溶剂可使某些离子形成更稳定的三元络合物,从而提高萃取率。

 小提示

如含烷基的整合物应选用卤代烷烃(如三氯甲烷等)作萃取溶剂。含芳香基的整合物可用芳香烃(如苯等)作萃取溶剂。而对镁盐类型的离子缔合体系,则要选择含氧活性溶剂,这些含氧活性溶剂形成镁盐的能力,一般按醚、醇、醋、酮的顺序加强。常用的醚类有乙醚、异丙醚;醇类有异戊醇;醋类有乙酸乙酯、磷酸三丁酯;酮类有甲基异丁酮等。

④盐析剂的加入。在离子缔合萃取体系中,如果加入与萃取的化合物具有相同阴离子的盐类,可明显地提高萃取率,这种作用称为"盐析作用"。加入的盐类称作"盐析剂"。例如,在铀的测定中,磷酸三丁酯四氯化碳混合溶剂萃取硝酸铀醚时,常加入大量的硝酸铵以提高铀离子在有机相的分配比。这种效应可以粗略地用阳离子效应和降低水的溶剂效应来解释。一般来讲,离子半径小、价电荷高的阳离子,盐析作用强,但应注意加入的高价离子对下一步分析的干扰。

(5)萃取溶剂的体积及萃取次数

同样量的萃取溶剂,分几次重复萃取比全部一次萃取效率要高得多。例如,当 $D = 10$ 时,每次用与水样相同体积的有机溶剂萃取,只需要 3 次即能基本萃取完全。计算表明,分 3 次萃取后,被萃取离子的剩余浓度为原浓度的 $1/1\ 331$。若全部一次萃取,被萃取离子的剩余浓度为原浓度的 $1/30$,可见一次萃取效果要差得多。

采用连续萃取法,实际上就是用少量有机溶剂的多次萃取。在实际分析中,如果萃取的目的不是为了分离某些干扰离子,而是在于萃取富集后直接进行测定,一般只进行一次萃取即可。因为标准系列也是在相同条件下,进行一次萃取,对待测组分的萃取率是相同的,不影响最终的测定结果。凡以分离或富集为目的,需要进行多次萃取时,有机溶剂的相对密度最好大于水。

(6)溶剂萃取的操作方法

在化学分析中常用的萃取方法有间歇萃取法和连续萃取法。一般实验室多采用间歇萃取法,其主要操作分以下几个步骤:

①分液漏斗的准备。分液漏斗的活塞和顶塞应严密。根据溶剂的性质,在活塞上涂以合适的润滑剂,使其转动灵活,不漏水。使用时,应根据被处理溶液的体积选择适当容积,并应按照实验的具体要求进行必要的净化处理。分液漏斗除用硝酸溶液(1+1)洗涤,用蒸馏水冲洗干净外,还应该用所使用的试剂溶液和萃取溶剂进行洗涤。

②萃取振荡。一般用手工操作,分析大批样品时,可使用振荡器。萃取振荡的时间必须严格遵守实验项目操作步骤中所规定的时间。如果萃取的目的是直接用有机相测定吸光度或进行系列比色,则标准系列和试样的体积分别加入的有机溶剂的体积一定要准确一致。

③静置分层。萃取振荡后,将分液漏斗放在台架上静置。有时可轻轻碰一下分液漏斗的侧壁,使附着在两层界面或器壁上的有机溶剂微粒聚积合并而易于分层,待完全分层后即可进行分离。

④分离。打开分液漏斗顶塞,用滤纸卷成小卷吸去下管内壁上附着的水珠,慢慢转动活塞,将两相分离。

在水分析中溶剂萃取法经常应用于痕量金属元素或痕量有机组分的富集和测定、干扰物质的分离以及试剂的提纯等方面。

（7）离子交换法

离子交换法可分静态交换和动态交换。一般选用动态交换,在装有树脂的特制的交换柱中进行,具体操作有以下几个步骤:

①树脂的准备。根据分析的需要,选择好树脂的类型和量。首先用 2 mol/L 盐酸浸泡树脂,此时阳离子交换树脂呈 H 型,阴离子交换树脂呈 Cl 型。用盐酸浸泡后,再用蒸馏水冲洗树脂至流出液无 Cl^-,再将其浸泡在蒸馏水中备用。如果需要特殊的型式,可以用相应的盐或碱溶液进行处理。如果需要 Na^+ 型、OH^- 型时,可用氯化钠或氢氧化钠溶液浸泡。

上柱前树脂必须用水浸泡使其膨胀,以免在交换柱中吸收水分后发生膨胀将交换柱堵塞。

②装柱。在交换柱的下端放一些润湿的玻璃棉,防止树脂流失。在交换柱中装一些蒸馏水,将处理好的树脂搅起连水倒入柱中。装柱时,树脂始终都要浸没在水中,并不得有气泡混入(如有气泡可用一细的玻璃棒插入柱中,轻轻搅动使气泡排出)。在树脂上面盖一层玻璃棉,以防加入溶液时冲动树脂层。

③交换。将试液从柱的顶部注入,调节适当流速流出。

④洗涤。交换完毕后,用洗涤液(可以是水、稀酸或"试剂空白"溶液或残留的试液)将已被交换下来的离子洗掉。

⑤洗脱。用适当的洗脱剂溶液将树脂吸着的离子洗脱下来。

⑥再生。用适当的再生溶液使树脂恢复交换前的形式。再生剂一般为稀盐酸、氯化钠或氢氧化钠溶液。有时洗脱与再生同时完成。

【任务实施】

一、水体监测采样点布设质量保证与控制

1. 地表水监测断面采样点布设

按照 HJ/T91—2002《地表水和污水环境监测技术规范》中"4.1 地表水监测断面的布设"和"4.1.4 采样点位的确定"等规定执行。

2. 地下水监测断面采样点布设

按照 HJ164—2020《地下水环境监测技术规范》中"4. 地下水监测点布设"的规定执行。

3. 污水监测断面采样点布设

按照 HJ/T9—2002《地表水和污水环境监测技术规范》中"5.1 污水源污水监测点位的布设"的规定执行。

二、采集样品质量保证与控制

1. 确定采样负责人

采样负责人负责采样计划的制订和采样的组织实施。采样负责人一是应对采样的断面周围的情况作全面的了解;二是要准确把握监测项目任务的目的和要求;三是熟悉采样方

法、水样容器的洗涤、样品保存和现场测定技术。

2. 制订采样计划

一个完整的采样计划包括以下内容:确定采样垂线和点位、测定项目和频率数量、采样时间和线路、采样人员和分工、采样器材和交通工具、现场测定项目、采样质量保证措施以及安全保证等。

3. 采样实施

通常采集瞬时水样。采水量按照 HJ/T91—2002《地表水和污水环境监测技术规范》和 HJ493—2009《水质采样　样品的保存和管理技术规定》中的相关规定实施,并对特殊项目按标准规定加入保护剂、单独采样等措施。

4. 填写采样记录

认真填写采样记录表,做到及时完整,字迹清晰、工整。

三、样品运输和样品交接质量保证与控制

1. 样品运输

①不得将现场测定后样品作为采集样品送达实验室监测。

②样品装箱应区分不同采样点,尽量同一采样点装在一起,不能混装。要仔细检查瓶盖是否盖紧,用聚乙烯薄膜覆盖瓶口并用细绳子系紧。

③运输前,样品箱应贴上"切勿倒置"等标记。运输时,应避免阳光直晒样品,温度过高或过低应采取保温措施。

④专人负责押运,防止样品玷污或损坏。

2. 样品交接

①样品达到实验室时,应由样品管理员专人负责接收。

②样品管理员对样品进行符合性检查,包括对照采样记录表检查样品名称、采样地点、采样数量、形态是否一致,核对保存剂是否加入正确,样品是否存在污染。

③异常情况的处理。当发现样品存在异常,或对采集样品是否适合监测存在疑问时,样品管理人员应及时向送样人员或采样人员询问,记录有关说明及处理意见。

④样品登记和签字确认。将样品唯一性编号、标志固定在容器上并登记记录后,送样和接样人员需签字确认。

⑤完成上述程序后,样品管理人员尽快通知监测人员取样监测。

四、样品保存质量控制与保证

样品送到实验室后,应在 1～5 ℃下冷藏保存。加入的样品保存剂在采样前要进行空白实验,其纯度必须达到分析要求(按 HJ493—2009《水质采样　样品的保存和管理技术规定》的要求执行)。

阅读有益

监测分析前的准备

1. 试剂

用于水分析的化学试剂,除特别注明试剂的规格外,一般均用分析纯试剂,或经过提纯的试剂。

2. 溶剂

水分析所用的溶剂主要是水。金属蒸馏器和全玻璃蒸馏器制备的蒸馏水,含有痕量金属杂质和微量玻璃溶出物,这种蒸馏水只适用于配制一般定量分析试液,不宜用其配制分析重金属及痕量非金属的试液。对微量或痕量元素的分析,则要求用高纯水。高纯水可采用石英蒸馏器进行二次或三次再蒸馏而得到(为消除可能随水蒸气而挥发的杂质,还可采用亚沸石英蒸馏器),也可以通过离子交换树脂精制为去离子水。表6-2-3中列出了对溶剂水纯度的质量要求和检验方法。

此外,还要根据不同测定项目的具体要求,制备和检验无二氧化碳水、无氨水、无砷水、无汞金属水和无酚水等。

配制试剂溶液时,应严格按操作规程要求,对不稳定的试剂应现用现配,对见光易分解的溶液应储存于棕色瓶内。标准溶液储存期,浓度可能产生变化,应定期进行标定和检查。溶液配好后,应在瓶上写好标签,注明名称、浓度和配制日期。所有配制溶液的资料,如名称、数量和有关计算,都应记在原始记录上。

表 6-2-3　对溶剂水纯度的质量要求

检测项目	质量要求
电阻率	一次蒸馏水:大于 $3.5 \times 10^5 (\Omega \cdot cm)$ 高纯水:大于 $1 \times 10^6 (\Omega \cdot cm)$
pH 值	用 pH 试纸,酸碱指示剂或酸度计进行测定。pH 应该为 5.5~7.5
氯离子	取 100 mL 水,加硝酸酸化,加 1% 硝酸银溶液 2~3 滴,摇匀应无沉淀
硫酸根离子	取 100 mL 水,加 1% 氯化钡溶液 1 mL,应无沉淀生成
金属离子	取 50 mL 水,加入经纯化的氨缓冲溶液(pH=10)1 mL,铬黑 T 指示剂两滴,摇匀应显纯蓝色
重金属离子	取 100 mL 水,加入分液漏斗中,用纯化的氨水调 pH=9,加入 0.001% 双硫腙-四氯化碳溶液)2 mL 振摇 2 min,有机相应仍是绿色
有机质	取 100 mL 水,加硫酸溶液(1+1)2 mL,煮沸后加高锰酸钾溶液两滴,煮 10 min,显色不应消失

3. 器皿

(1)容量器皿

滴定管、量瓶和吸管是化学分析过程中准确度量溶液体积的3种基本容量器皿。它们的精度如何,直接影响分析结果。

对水中一般化学组分的常规分析,使用国产一级或二级容量器皿,其准确度已能满足要求。在进行准确度要求较高的分析工作时,应对所使用的容器进行校准。

（2）滤器

①滤纸有关资料见表 6-2-4 及表 6-2-5。

表 6-2-4　国产定量滤纸的类型

类型	色带标志	性能和使用范围
快速（201）	白	纸张组织松软,滤速快,适于过滤粗粒结晶及胶状沉淀物
中速（202）	蓝	纸张组织紧密,滤速适中,适于过滤中等粒的结晶
慢速（203）	红	纸张组织致密,滤速慢,适于过滤细粒度沉淀物

表 6-2-5　国产定量滤纸的规格

圆形直径	7	9	11	12.5	15	18
灰分每张含量/g	3.5×10^{-5}	3.5×10^{-5}	8.5×10^{-5}	1.0×10^{-4}	1.5×10^{-4}	2.2×10^{-4}

定性滤纸的类型与定量滤纸相同（无色带标志）。

对中性、弱酸性和弱碱性溶液,可以用滤纸过滤。强酸、强碱和强氧化性溶液不能用滤纸过滤。

②玻璃滤器是利用玻璃粉末烧结制成的多孔性滤片,再焊接在膨胀系数相近的玻壳上,按滤片的平均孔径大小分成 6 个号,用以过滤不同的沉淀物（表 6-2-6）。

表 6-2-6　滤片规格

滤片编号	滤片平均直径/mm	适用范围	滤片编号	滤片平均直径/mm	适用范围
1	80～120	过滤粗颗粒沉淀	4	5～15	过滤细颗粒沉淀
2	40～80	过滤粗颗粒沉淀	5	2～5	过滤极细颗粒沉淀
3	15～40	过滤一般结晶沉淀	6	<2	滤出细菌

实验室常用的有坩埚式滤器和漏斗式滤器。玻璃滤器不能过滤对滤片有侵蚀的溶液,如氢氟酸、热浓磷酸及浓碱液等,也不能过滤加活性炭的溶液。玻璃滤器切忌骤冷骤热。每次使用后,应根据所滤物质的性质及时进行有效的洗涤。

③滤膜是利用有机高分子（塑料、纤维素）制成的一种具有无数微孔的过滤器。孔径容量约占滤膜容量的 80%。滤膜速度很快,使用较方便。

天然水中可溶性物质和非可溶性残渣的测定,一般用 450 nm 孔径的滤膜过滤。未通过滤膜的为非滤性残渣,通过滤膜的水用以测定可溶性物质总量。

此外,还可用离心机进行离心分离。

【任务评价】

任务二　水质监测采样质量保证与控制评价明细表

序号	考核内容	评分标准	分值	小组评价	教师评价
1	基本知识(30分)	水质采集监测率和监测项目知识	10		
		水样采集与保护知识	10		
		水样预处理知识	10		
2	基本技能(60分)	水体监测采样点布设	10		
		采集样品技能	10		
		样品运输和交接	10		
		样品保存	10		
		水样预处理技能	20		
3	环保安全文明素养(10分)	环保意识	4		
		安全意识	4		
		文明习惯	2		
4	扣分清单	迟到、早退	1分/次		
		旷课	2分/节		
		作业或报告未完成	5分/次		
		安全环保责任	一票否决		
	考核结果				

【任务检测】

简答题

1. 本次学习任务有哪些内容? 有何意义?

2. 地表水水质采集监测率和监测项目如何确定?

3. 地下水水质采集监测率和监测项目如何确定?

4. 污废水水质采集监测率和监测项目如何确定?

5. 水体沉积物样品采集监测率和监测项目如何确定?

6. 水质采样容器如何选择与洗涤?

7. 地表水、地下水和污废水怎样确定采样点? 采样中应注意什么?

8. 简述水样预处理的方法及操作要点。

9. 水质样品运输和交接中需要注意什么?

10. 水样如何保存?

11. 简述水质采样过程中的质量保证与控制。

任务三　环境监测实验室质量保证与控制

【任务描述】

环境监测实验室质量保证与控制是整个实验室对环境监测过程的全面质量管理,它包含了保证环境监测结果正确、可靠的全部活动和措施,其意义在于保证监测数据结果的代表性、完整性、可比性、准确性和精密性。

本任务主要介绍标准分析方法与分析方法的标准化、数据处理与检验、实验室质量保证与控制的基本理论知识和相关控制方法。

【相关知识】

一、标准分析方法与分析方法的标准化

(一)标准分析方法

ISO 对标准的定义是经公认的权威机构批准的一项特定的标准化工作成果,它可以采用以下的表现形式:

①一项文件,规定一整套必须满足的条件。

②一个基本单位或物理常数,如安培、绝对零度开尔文。

③可用作实体比较的物体,如米。

标准分析方法也称分析方法标准,是技术标准的一种。标准分析方法是一项文件,是权威机构对某项分析所作的统一规定的技术准则和必须共同遵守的技术,依据它必须满足以下条件:

①按照规定的程序编写。

②按照规定的格式编写。

③方法的成熟性得到公认,通过协作试验确定了误差范围。

④由权威机构审批和公布。

编制和推行标准方法是为了保证分析结果良好的重复性、再现性和准确性。不但要求同一实验室的分析人员分析同一样品的结果要一致,而且要求不同实验室的分析人员分析同一样品的结果也要一致。

在标准分析方法这项文件中,要用规范化的术语和准确的文字对分析程序的各个环节进行描述并作出规定。分析方法学是以实验为基础的,必须对实验条件作出明确的规定,同时还要规定结果的计算方法和表达方式(包括基本单位)以及结果好坏的判断准则(如规定平行测定和重复测定的允许误差)。

小提示

标准分析方法按标准制订的级别，一般分为以下5级：

①国际级。如国际标准化组织（ISO）颁发的标准，如WHO或（和）FAO标准等。

②国家级。如中国标准（GB）、美国标准（ANSI）、苏联标准（FOCT）、英国标准（BS）、德国标准（DIN）、日本工业标准（JIS）和法国标准（NF）。

③行业（专业）或协会级。如我国的部颁标准（Q9）、美国材料与试验协会标准（ASTM）。

④公司（企业）或地方级标准。

⑤个别或特殊级标准。

我国标准分国家标准、部（专业）标准和企业标准3个级别。

（二）分析方法的标准化

ISO的国家级标准制订工作是由其技术委员会及其分委员会和工作组来承担进行的，其制订程序包括新标准的提出和审议、精密度试验的组织、实验室间的协作试验、数据的统计分析和公布等。例如，1971年成立的TC146空气质量技术委员会从事研究的大气分析方法标准化共59项，其中已公布的ISO标准为26项；水质技术委员会TC147从事研究的水质分析标准化项目83项，已公布的国际标准52项。

我国的分析方法标准化工作的组织和程序基本上是按ISO的规定进行的，其中的主要环节"精密度试验的组织"和"实验室间协作试验"的来源均取材于ISO5725—1981《测量方法精密度 通过实验室间试验确定标准测试方法的重复性和再现性》，详见GB 6379—1986《测试方法的精密度 通过实验室间试验确定标准测试方法的重复性和再现性》，分述如下：

1. 标准项目建议的提出

标准项目草案由一个专家委员会根据需要提出，当方法的准确度、精密度和检出限指标确定以后，可以从国际、国内文献中选择已有的分析方法，也可以进行新项目的开发研究。

根据ISO的规定，新项目建议者可以是ISO的一个成员团体、一个分委员会、一个技术处、一个理事委员会、秘书长或ISO以外的某个组织。技术委员会秘书处将此建议文件分发给技术委员会P成员（participating member，愿意积极参加工作的成品）进行通信表决，当半数P成员投了票并取得5票以上赞成票时，建议即被通过。有关技术委员会秘书处即可列项，并建立工作组，指定一名召集人，以后的一切技术研究工作全部由工作组负责，并向技术委员会汇报工作。工作组一直工作到这项建议被批准为国际标准，然后宣布解散。

2. 工作方案约写

工作方案是制订标准的原始文件，由指定负责研究工作的工作组起草。由技术委员会、分委员会秘书处或工作组召集人分发给各成员征求意见。工作方案中除了必须有详细的实验程序、制备，分发实验室样品和标准物质的计划以外，满足下述条件即可进入下一阶段工作，这些条件是：

①文件中已有完整的基本原理。

②已具备了设想的国际级（或其他级别的）标准形式。

③对理事会(或专家委员会)规定的必须遵守事项,作了特殊考虑。

④由技术委员会或工作组至少征求过一次意见。

⑤经投票表决通过,经登记注册为正式建议,并给以 V. P. 编号。

3. 精密度试验的组织

按 GB 6379—2012 参照 ISO 5725—1981 的要求,精密度试验的组织分以下 6 个步骤进行:

(1)试验机构与人员 由经批准的标准技术研究组的归属单位或起草单位负责组织领导小组,请有关单位参加。领导小组的成员必须熟悉该测试方法及其应用情况,其中至少有一名成员有数理统计的试验设计和数据分析的知识。

试验的具体组织工作应委托给一个实验室,该实验室应指定一名成员作为执行负责人,负责实验室间精密度试验的全部组织工作。各参与试验单位均应指定一名成员作为测试负责人,具体负责本单位的测试工作。各参与试验的实验室均应指定一名能按正规操作进行测试的成员作为操作员。

(2)试验水平个数、实验室个数和重复次数

①试验水平个数。在精密度试验中所取的水平个数 q,应考虑适用的水平范围和完成试验所需的费用,如果水平范围很宽,则重复性 r 和再现性 R 可能与水平值有关,此时至少选用 6 个水平,以便能较好地确定重复性 r 和(或)再现性 R 与水平值 m 之间的关系。如果水平范围较窄,且需确定 r 和 R 之间的关系时,则至少选用 4 个水平。

②实验室个数。实验室个数 P 与水平个数 q 有关。对单水平试验,实验室个数应不少于 15 个;对多水平试验,实验室个数应不少于 8 个。

③重复次数。对重复次数 n,除了习惯上要进行多次重复的情况以外,建议取值为 2。

(3)对参与试验的实验室的选择及要求

①参与精密度试验的实验室,应尽可能从应用该试验方法的实验室中随机选取,并考虑参与试验的实验室在不同气候区域的分布。

②对参与试验的实验室的要求是:必须具备测试所用的仪器设备、试剂及其他实验室条件。能严格按测试规程的要求组织操作,严格按指令处理试样。由合格的操作人员进行测试,保证测试质量。严格按计划规定时间和步骤完成测试。

(4)对试样的要求 根据重复性和再现性的定义,在精密度试验中各实验必须用相同试样进行测量,在试样的制备、分发、运输、储存和测试等方面必须确保试样的均匀性。

①必须按照标准测试方法的规定制备和分发试样,对每一水平应从一批物料中制备样,并保证试样的数量足够完成整个试验并有所储备。液体与微粒粉状料应搅拌均匀。对不稳定的物料,必须规定特别的保存方法。对所有试样均应在标签上写明名称、日期及试样的文字标记。在分发试样时必须注明试样名称、含量范围及有关运输、储存、抽取的详细说明。

②对某些不可运输的试样,可将各参与实验室的操作人员及其设备集中到试验地点进行测试。

③当被测参数是短暂的或可变的时候(如流动水体),应注意在尽可能接近相同的条件

下进行测试。

④对均匀性差的试样,试样的不均匀性将反映在重复性 r 和再现性 R 之中,这些值使用于特定的材料并且应予以注明。

(5)试验工作的具体组织

①每个实验室必须对 q 个水平各作 n 次测试,共需进行 $q \times n$ 次测试。

全部 $q \times n$ 次测试应由同一操作员使用同一设备进行。对同一水平的 n 次测试,必须在重复性定义中规定的条件下进行,即在短时间内由同一操作员测试,而且设备没有任何中间性的再校准(但这种中间性的再校准是测试的一个必要组成部分时例外)。

如在测试过程中确有必要更换操作员时,不能在同一水平的 n 次测试之间更换,只能在某一水平的 n 次测试完成之后更换,并且把更换情况和测试结果一起报告。

②如果担心操作员的第二次测试会受到第一次测试结果的影响,在 $n = 2$ 时,可采用分割水平试验。即制备出水平略有不同的两个系列试样 m_A 和 m_B($m_A - m_B$ 很小),P 个实验室中每个实验室都对 A、B 两个系列的试样各进行一次测试,从分割水平试验得到的重复性 r 和再现性 R 的数值对应于平均水平 $m = 1/2(m_A + m_B)$。

③必须限定自收到试样之时起到测试结束时为止所允许的时间。

④应事先按检验规程的规定对设备进行检验。

⑤对操作员的要求:在进行测试前,操作员不应得到测试方法和标准以外的附加指令。操作员应对测试标准提问题,特别是标准的规定中是否明确清楚,切实可行。操作员首次或间隔一段时间后,可能达不到正常的精确度,这时可允许操作员进行少量练习,以便在正式测试前熟练掌握测试方法,但这种练习不得在正式试样上进行。操作员还应报告一切不能遵守指令或遵守指令而偶然失误的情况。

⑥参与试验的实验室所报数据,应根据 GB 8170—1981《数值修约规则》的规定,进行统一有效位数。在精密度试验中,宜比通常测试方法规定多取一位小数。当重复性 r 或再现性 R 与水平值 m 有关时,对不同的水平值可作不同的修约规定。

(6)试验结果的报告

①最终试验结果,要特别防止抄写或打印中的错误,可采用操作员所得结果的复制件。

②用来计算最终试验结果的原始观测值,应尽可能复制操作员的工作记录。

③结果报告应包括操作员对测试方法标准的意见。

④除报告测试中发生的异常和干扰外,还应包括可能变更操作员及哪些测试由哪些操作员进行的说明。

⑤报告中还应包括收样日期、测试时间、与测试有关的设备情况及其他有关资料。

二、数据处理与检验

(一)基本名词的定义

1.误差

误差表示测量值(x)和真值(μ)的差值(ε)。

①绝对误差 = 测量值 – 真值

$$\varepsilon = x - \mu$$

②相对误差 $= \dfrac{测量值 – 真值}{真值} \times 100\%$

$$R_E = \frac{x - \mu}{\mu} \times 100\%$$

③偏差：测量值与多次测量均值之差。偏差 = 测量值 – 平均值

$$d = x - \bar{x}$$

偏差与真值无关，有别于误差。

④极差：一组测量数据中，最大值 x_{max} 与最小值 x_{min} 之差。

$$R = x_{max} - x_{min}$$

⑤标准偏差：无偏估计统计量、方差的正平方根，用于表达精密度。

$$s = \sqrt{\frac{\sum (x_i - \bar{x})^2}{n - 1}}$$

式中　x_i——各次测定值；

　　　$\bar{x}$——测定平均值；

　　　n——重复测定次数。

⑥相对标准偏差：是标准偏差与多次测量均值的比值，通称变异系数。

$$C_V = \frac{s}{\bar{x}} \times 100\%$$

2. 精密度

精密度是指在规定的分析条件下，该测试方法对同一样品实施多次测定所得结果之间的一致程度。它综合反映了分析过程中随机因素的作用，表现为重复性和再现性的水平。

精密度常用标准偏差或相对标准偏差来表示。

（1）重复性

重复性是指同一实验室、同一操作者，同一分析方法对同间隔进行多次重复测定时，各次测定结果间的符合程度。

（2）再现性

再现性是指不同实验室、不同操作者、不同设备，分析方法对同一样品单个测定结果间的符合程度。

3. 准确度

准确度是指测量值（或均值）与真值（名义值）之间的符合程度。它用来表示误差的大小。

误差：

$$E = \bar{x} - \mu$$

相对偏差：

$$R_E = \frac{\bar{x} - \mu}{\mu} \times 100\%$$

4.真值和单位

误差的定义为测量值与真值的差数。实际上大多数的真值是不可知的。

真值分为理论真值、约定真值和相对真值。

①理论真值。通过理论计算而得，实际工作中采样无穷次测定取平均值获得。

②约定真值。国际计量大会定义的单位是约定真值，此类单位目前有 7 个，即长度（m）、质量（kg）、时间（s）、电流（A）、热力学单位（K）、物质的量（mol）和光强度（cd）。

③相对真值。标准参考物质的给定值为相对真值。

 小提示

对于监测分析工作来说，经常使用到的只是标准参考物质的相对真值。

阅读有益

我国的计量单位

国家以法令的形式规定允许使用的计量单位称为法定计量单位。1984 年 1 月 20 日国务院第二次常务会议通过了《中华人民共和国法定计量单位》，于 1984 年 2 月 27 日由国务院发布命令执行。

我国的法定计量单位由国际单位制单位、国家选定的非国际单位制单位和由上述两种单位构成的单位 3 部分组成。与监测分析工作密切相关的为质量单位和物质的量单位。

YUEDUYOUYI

 小提示

质量（kg）单位

1878 年，国际米制委员会向英国一个公司定购了 3 个铂铱合金圆柱体（铝 90%、铱 10%，纯度为 99.99%，直径和高均为 39 mm），标记为 K Ⅰ，K Ⅱ和 K Ⅲ，直到 1883 年 10 月 3 日确定 K Ⅲ为国际千克原器。

此后又加工了 No.1～40 共 40 个这样的原器。1889 年第一届国际计量大会后，定 K Ⅲ为国际千克原器，9 号和 31 号为国际计量局的"千克工作原器"，K Ⅰ和 K Ⅱ为"国际千克作证原器"，7 号、8 号、29 号、32 号存留国际计量局备用。其余 34 个用抽签分配的办法归有关国家使用。

我国的千克原器编号为 60 号、61 号。1965 年经国际计量局检定，其中 60 号为我国的国家千克原器，其质量为 1 kg + 0.271 mg。

物质的量(mol)单位

1971年第十四届国际计量大会决定,摩尔(mol)是一系统的物质的量。该系统所包含的基本单元粒子数与0.012 kg碳12(C^{12})的原子数相等。此处所指基本单元可以是原子、分子、离子、电子或其他粒子,或是这些粒子的组合体。使用时应特别注意其基本单元,如Na_2SO_4、$1/2H_2SO_4$、HNO_3、$1/5$($KMnO_4$)、$1/6$($K_2Cr_2O_7$)、H^+以及OH^-等。

实验室所配制的试剂均应用mol/L、mg/L或百分比浓度等来表示其浓度,不允许出现已废除的M或N等符号。

(二)误差的来源和分类

对环境监测数据的基本要求是具有代表性、精密性、准确性、完整性和可比性。就实验室分析工作来说,准确性是最重要的因素。"一个错误的数据比没有数据更坏"已经成为广大监测分析工作者的信条。但是,误差分析结果与真实性之间的差异总是客观地存在一切分析测试的结果中,在任何测量和分析过程中,误差是不可避免的。按其来源误差可分为3类。

1. 系统误差

系统误差是指分析测试条件中,有一个或几个固定因素不能满足规定的要求而引起的误差。此类误差往往有一定的方向性,非正即负,其大小也往往是固定的,可以估算出来并加以修正。

 小提示

系统误差有以下几种案例:

①标准溶液浓度配制错误。标准错了,样品分析不可能得到正确的结果。例如,有人在配制硫酸根标准溶液时,把硫酸钾错当成硫酸钠来称量,这样配制出来的标准溶液的浓度只有规定浓度的81.61%,计算出来的样品浓度会高出原有浓度的22.53%。

②计量仪器未经校正。计量仪器本身是有误差的,使用前应按有关规定进行校正并应用校正值。例如,大气采样器的流量计要定期进行流量校正。如果某台采样器的流量有较大误差,使用时未经校正,使用该台仪器采样的所有数据将会存在系统的或正或负的误差。

③试剂和水的质量不合乎要求。含有某种干扰测定的杂质成分,大多情况下会带来正向的导致分析结果偏高的系统误差。

2. 随机误差

随机误差也称偶然误差。同一个样品进行数个试份平行测定时,其结果往往不是完全相同的,彼此间总是有些差异。此类误差是出于测定时的条件不可能完全等同而产生。

总的说来,随机误差没有一定的方向性,其大小也不是固定值,但与分析方法、性能、实验室条件和操作人员的技巧密切相关。

小提示

随机误差有以下几种案例：

①各次称量、吸取、读数的误差不可能完全相同。量器的误差不可能完全一致。

②消解、分离、富集等各种操作步骤中的损失量或玷污程度不尽相同。

③滴定终点的色调判断不可能完全一致。

④测量仪器受外界条件的限制，在使用过程中不可能是恒定不变的。

3. 过失误差

过失误差完全由一些意外的因素造成，无任何规律可言。此类误差往往导致一些离群数据的出现。

 小提示

过失误差常有以下几种案例：

①看错取样量。称样时看错了砝码从而引进了错误的称样量；用错了移液管，如有人错把 20 mL 移液管当成 25 mL 移液管来使用而导致分析结果偏低 20%。

②样品在加热消解过程中有大量的迸溅损失；萃取分离富集有大量泄漏。

③大批样品分析时，某个程序发生错号，简单情况下只影响到两份结果，复杂情况下将会造成众多样品的结果异常。

④算错了富集或稀释倍数，如某实验室在国家考核中把六价铬 0.50 mg/L 的浓度错报为 0.25 mg/L，此类误差可诊断为明显的过失误差。

⑤使用的计算器有误又未经审核复算，报出了不正确的数据。

（三）有效数字及其计算规则

例如，称量某物 1.250 39；移取摇瓶 0.50 mL；吸光度 0.345。

上述 3 种测量数据小，3、0 和 5 均为不确定数字。

1. 关于零是否属于有效数字的问题要根据具体情况分别对待

①数据中无整数，直接跟在小数点后的零无效。例如，吸光度 0.005，为一位有效数字。

②数据中有整数，小数点后的零有效。例如，称某物 1.000 g，为四位有效数字。

③整数后面的零为不确定数，需视其单位和测量精度而定。例如，250 000 不能一律定位为有效数字，应根据其测量精度用指数形式表示。如 2.5×10^6 为二位有效数字；2.50×10^4 为三位有效数字。

2. 修约规则

①运算中如需除去多余数字时，一律以"四舍六入五单双"原则，即除去数字第一位为 4 以下数字时，4（或其他数）及其以后数字全部舍去；除去数字第一位为 5 以上数时，在除去 6（或其他数）及其后数字的同时，其前面的一位数上要再加上 1。

②"五单双"有 3 种情况：

第一，除去的数字第一位为 5，其后仍跟有数字时，此时应按"六入"规则处理，即 5 及其后数字除去的同时,其前面的一位数上要加上 1。

第二,除去的数字为 5,其后没有其他数字时,若 5 的前面是偶数(包括 0),则 5 舍去;5 的前面为奇数时,在舍去 5 的同时其前面的一位数上要加 1。

第三,数据修约应一次完成,不得连续进行。

3. 计算规则

①小数的加减运算。当参与加减运算的数不超过 10 个时,小数点位数较多的测得数值的小数点位数比小数点位数最少的测得值的位数可多留一位,其余的均舍去(即先大体修约,再行计算),计算结果的位数应和原来测得值中的小数位数最少的那个相同。

例如,20.411、25.4、80.80 三数相加,20.411 + 25.4 + 80.80 = 125.611,最后结果修约成 125.6。

应注意加减法是同单位量值运算,整数部分全有效,只考虑小数后位数,不存在结果的有效数字位数的问题。

②小数的乘除运算。乘除运算时,有效位数较多的数字应比有效位数最少的那个多保留一位(先适当修约再进行计算),计算结果保留的有效数字位数与原来数值中有效位数最少的那个相同。

例如,以 0.5 L/min 的流量采样 30 min,测得 SO_2 1.20 μg,计算 SO_2 的浓度。

$$SO_2 \text{ 的浓度} = \frac{1.2 \text{ μg}}{0.5 \text{ L/min} \times 30 \text{ min}} = \frac{1.2}{0.5 \times 30} = 0.080 = 0.08 \text{ μg/L}$$

由此可知,监测分析中的每个环节,必须注意其测量精度,上例流量精度如较高,读取到 0.02 L/min 的话,则流量值可能取 0.48 L/min、0.50 L/min 或 0.52 L/min 参加计算,最终浓度可保留两位有效数字。

③作乘方、开方运算时,计算结果有效数字的位数与原数相同。

例如,$6.25^2 = 39.0625$,修约后得 3.91。

④算式中有常数 π、e 等数值或冠以 2、1/2 等系数时,其有效数字的位数不受限制,需要几位,就可以取几位。

⑤使用对数时,其对数位数应与真数的有效数字位数相等。

例如,pH = 12.25 对应为 $[H^+] = 5.6 \times 10^{-13}$ 对数小的整数部分为定位数,不是有效数字。

(四)异常值的舍去

在一组分析数据中(某样品的多次测定值),有时个别数据与其他数据相差较大称为离群值。在报告结果时,这个可疑的离群值要不要参加平均,能否将其舍去?离群值的去留往往会显著地影响平均值及精密度,离群值的处理:首先要仔细回顾和检查实验过程,如果存在某种可能导致结果异常的技术上的原因,即有明显的过失误差的存在,即可舍去此值。如果不存在上述因素,须进行检验后方能决定该数据的去留。

1. Dixon 检验

①适用范围。本法适用于异常值检出的重复使用。

②检验程序。将一组测定结果由小到大排列为 $x_1, x_2, x_3, \cdots, x_n$,

检验最小值是否离群时计算:

$$Q = \frac{x_2 - x_1}{x_n - x_1}$$

检验最大值是否离群时计算:

$$Q = \frac{x_n - x_{n-1}}{x_n - x_1}$$

③取舍原则。计算值与不同显著性水平的查表所得 Q 值相比较,取舍原则如下:

a. $Q > Q_{0.01}$,检验数据位偏离值,舍去。

b. $Q_{0.05} < Q < Q_{0.01}$,检验数据为偏离值,可保留。

c. $Q < Q_{0.05}$,检验数据为正常值。

例如,某组分某人 6 次测定结果按大小顺序为 14.56、14.90、14.90、14.92、14.95、14.96,检验中最小值 14.56 是否离群。

$$Q = \frac{x_2 - x_1}{x_n - x_1} = \frac{14.90 - 14.56}{14.96 - 14.56} = \frac{0.34}{0.40} = 0.85$$

查表 $n = 6$, $a = 0.01$ 时,$Q_{0.01} = 0.698$

$Q > Q_{0.01}$,该最小值为离群值,应舍去。

 小提示

一般说来,同一实验室对某样品重复测定的次数达 5~6 次足够,测定次数为 4~7 次时,用 Diixon 检验临界值 Q 表检验。超出时,参看有关手册。

2. Grubbs 检验

①使用范围。本法使用于至多只有一个异常均值的检验。

②检验程序。将多个数据由小到大排列为 $\bar{x}_1, \bar{x}_2, \bar{x}_3, \cdots, \bar{x}_{n-1}, \bar{x}_n$,计算出 $\bar{\bar{x}}$ 和 s 值。

检验最小均值是否离群的计算:

$$T = \frac{\bar{x} - x_{min}}{s}$$

检验最大均值是否离群的计算:

$$T = \frac{x_{max} - \bar{x}}{s}$$

③取舍原则。

a. $T > T_{0.01}$,检验数据为偏离值,舍去。

b. $T_{0.05} < T < T_{0.01}$,检验数据为偏离值,可保留。

c. $T < T_{0.01}$,检验数据为正常值。

例如,某浓度硫酸根考核,5 个实验室测定硫酸根均值由小到大为 12.0、12.1、12.2、12.5 和 13.4 mg/L,检验最大值 13.4 是否离群。

$$\bar{\bar{x}} = 12.4, s = 0.57$$

$$T = \frac{x_{max} - \overline{x}}{s} = \frac{13.4 - 12.4}{0.57} = 1.754$$

查表得：实验室数 $L = 5$，$\alpha = 0.01$ 时，$T_{5,0.01} = 1.749$

报出 13.4 mg/L 的实验均值结果判断为是离群值，应通知其查找原因。

3. Cochran 检验

①适用范围。用于多个实验室中对同一样品测定的一组数据的精密度检验。各个实验室的均值虽为合格，但如果实验室的精密度很差时，该实验室的均值数据仍不得采用。本检验多用于标准参考物质定值等特殊领域。

②检验程序。将 L 个实验室对同一样品几次测定的标准偏差依大小排列为 s_1，s_2，s_3，$\cdots$，s_L，计算统计量 C。

$$C = \frac{S_{max}^2}{\sum\limits_{i=L}^{L} S_i^2}$$

当 $n = 2$ 时，列出各实验室的极差值 R，排列为 R_1，R_2，R_3，$\cdots$，R_L，$R_L = R_{max}$

$$C = \frac{R_{max}^2}{\sum\limits_{i=L}^{L} R_i^2}$$

③取舍原则。计算值与不同显著性水平的查表所得值进行比较，取舍原则如下：

a. $C > C_{0.01}$，该组数据精密度过低，应剔除。

b. $C_{0.05} < C < C_{0.01}$，该组数据精密度为偏离值，但仍可保留。

c. $C \leq C_{0.01}$，该组数据精密度正常。

 小提示

Cochran 检验是针对一组数据的精密度而言的，只用于特定的情况而不能扩大使用范围。在有些协作试验的结果中，各实验室的精密度不尽一致，孰优孰劣，一方面取决于各实验室的操作水平；另一方面取决于方法的本身。特别是有些分析人员未正确理解协作试验验证的目的，有意识地把精密度做得好一些（任意挑选数据）。这样，采用本检验就要慎重。例如，在某组分 L mg/L 浓度水平的方法验证中，8 个实验室中 4 个的标准偏差为 0.005 mg/L，另 4 个则为 0.015 mg/L，就后者而言，其相对标准偏差只有 15%，应当说是正常的水平。而前者的相对标准偏差仅为 0.5%，反而偏小了。

统计检验是一种数学方法，而监测分析却有着自身的特点，不能一味死搬硬套数学方法来让监测分析数据全部"就范"。

【任务实施】

一、质量保证机构及其职责

根据国家环境保护局 1991 年发布的《环境监测质量保证管理规定（暂行）》的要求，质量保证工作实行分级管理。国家和省、自治区、直辖市环境保护行政主管部门分别组织国家和省质量保证管理小组,各地、市环境保护行政主管部门也可根据情况组织质量保证管理小组。

1. 质量保证管理小组

省级质量保证管理小组一般由省环境保护局主管监测工作的部门会同省环境监测中心站的质量保证专业人员组成,并应吸收下属地(市)监测站的有关专业人员参加,人数约为1 520人。

普遍建有县级监测站的地(市)也应根据各自的条件,建立相应的地(市)级质量保证管理小组。

各级质量保证管理小组的主要职责如下:

①负责所辖地区环境监测人员合格证考核认证工作。

②负责所辖地区环境监测优质实验室评比工作。

③审定有关质量保证的规章制度和工作计划。

④指导有关环境监测分析方法、规范、手册等的编写工作。

⑤组织仲裁环境监测数据质量方面的争议。

2. 质量保证管理机构

省级及规模较大的地(市)级监测站应设置质量保证专门机构,并配备专用实验室,其他监测站根据情况设置专门机构或专职人员。质量保证机构或人员由业务站长直接领导。

各级监测站质量保证机构和人员的主要职责如下:

①全面负责本站的质量保证工作,制订质量保证技术方案并组织实施,审查上报的质控数据。

②制订质量保证工作计划和规章制度并组织落实,定期向本站领导和上级站汇报工作。

③指导下级站开展质量保证工作,组织有关的技术培训和质量考核。

④负责监测人员考核认证和优质实验室评比的日常工作。

二、监测人员合格证及奖惩制度

(一)合格证制度

为提高环境监测人员的业务素质和工作质量,根据《环境监测质量保证管理规定(暂行)》的有关条款,各级环境监测人员必须进行承担项目的考核,考核合格人员方能上岗操作,单独报出监测数据。新调入人员、工作岗位变动人员等,在未取得合格证之前,可在持证人员指导下工作,其监测数据质量由持证者负责。

 小提示

1. 考核内容

合格证考核由基本理论、基本操作技能和实际样品分析3部分组成。

①基本理论包括分析化学基本理论,实验室基础知识,数理统计基础知识,质量保证和

质量控制基础知识,环境监测分析方法原理、操作、计算,干扰物质排除及有关注意事项。

②基本操作技能包括现场采样测试技术、玻璃器皿的正确使用、分析仪器的规范化操作等。

③实际样品分析是指按照规定操作程序对发放的考核样品进行分析测试。

 小提示

1. 考核方式

根据不同的考核内容,考核方式分为以下 3 种:

①基本理论考试。采取试卷评分法,统一命题,集中笔试,在全国统一的试题库建立以前,各省、自治区、直辖市的中心站负责拟定本地区的理论考试题。有大学本科以上(含大学本科)学历且所学专业与所在工作岗位基本相同者可以免试。

②基本操作技能考核。采用评估法,由被考者进行操作演示,考核人员现场观察,综合评分。

③实际样品分析。采取随机加入或单独测定两种方式。随机加入是指在进行例行监测时将考核样品作为密码样加入,考查其测定结果的准确度和精密度。单独测定是指未结合例行监测任务对考核样品进行专门分析测定,某些不适合用实际样品测定的项目,可不作实际样品测定。

 小提示

考核的实施与颁发合格证采取统一和分级 3 种方式。

①统一是指地、市级和区、县级站的监测人员考核均由其所属省、自治区、直辖市的中心站负责进行,合格证书由相应的省、自治区、直辖市环境保护局颁发。

②分级是指省级中心站负责组织所属地、市级站的监测人员的考核,合格证书由省级环境保护局颁发。地、市级监测站负责组织所属区、县级站的监测人员的考核,合格证书由地、市级环境保护局颁发。

③省级中心站监测人员的考核由国家总站负责进行,合格证书由国家环境保护局颁发。

 小提示

合格证书有效期为五年,期满后持证人员应进行该项目实际样品分析复查,复查合格者可换发新证。对连续从事某些项目监测且质控数据合格率合乎规定要求者,可直接换发新证。

为配合新增的监测项目和为使实习人员、工作岗位变动人员及考核不合格人员尽早取得合格证,考核组织单位应根据情况适时组织新项目考核和补考。

(二)奖惩制度

①监测人员的考核项目和成绩,记入本人技术档案,优秀者在奖金发放、工资晋升、职称评定、转正提干及评选先进等方面予以优先考虑。

②监测人员取得合格证后,如发现有下列情况之一者,即收回合格证并在一定范围内给批评:

a.违反操作规程,造成重大安全和质量事故。

b.工作不负责任,弄虚作假。

c.全年质控数据合格率低于80%。

三、实验室内质量控制

实验室内的分析测试是监测过程中的一个主要组成部分,在实验室基础条件均已得到保证并能满足要求后,方可进行实验室分析。实验室内质量控制的目的是取得准确可靠的监测数据,其过程包括验证检验、样品分析、数据处理、结果填报等环节。显然,在实施中缺少任何一个环节或是某个环节失控,都将使其他环节的努力变为无效之劳。

(一)分析方法选择及验证

1.分析方法选择原则

①优先选用国家或行业标准分析方法。

②尚无国家或行业标准分析方法的检测项目,可选用行业统一分析方法或行业规范。

③采用经过验证的ISO、美国EPA和日本JIS方法体系等其他等效分析方法,其检出限、准确度和精密度应能达到质控要求。

④采用经过验证的新方法,其检出限、准确度和精密度不低于常规分析方法。

2.分析方法验证

国家生态环境监测总院颁发的《统一方法》中,多数方法是经过多个实验室验证,已得出检出限、精密度、准确度等具体指标。但各指标常因分析条件的改变而变化,而且用于验证的标准物质代表范围有限,当遇有特殊组分的样品时,可能受干扰。为此,每个实验室或分析人员在启用各种方法和遇有特殊样品时都应进行方法验证,需作出肯定评价后,方可用于样品测定。

(二)标准曲线的统计检验

《统一方法》中的分析方法多数为间接的相对测定,即被测物的含量,跟已知浓度的标准系列进行比对而求得,这种比对通常是通过中间信号转换而实现的。为此,被测物的量(自变量X)跟信号(因变量Y)两个变量必须密切相关。反映两者相关程度的系数r,当浓度点4~6个时,不小于0.999。

1.校准曲线

校准曲线包括工作曲线和标准曲线。

①工作曲线是通过测定一系列具有一定目标物质含量的并具有一定浓度梯度变化的标准物质,从而得到一条具有浓度与响应值成比例关系的曲线。它能反映分析条件、操作水平、分析方法本身的现实状况,并且用于计算检出限、测定限、灵敏度等参数。

②标准曲线是通过测定一系列具有一定浓度梯度变化的标准溶液从而得到一条具有浓度与响应值成比例关系的曲线。测定时,必须分别扣除各自的空白值来计算统计量,绘制校

准曲线和根据曲线计算含量或浓度。

若以验证分析方法为目的,必须按工作曲线的程序制备标准系列。用于样品测定的校准曲线则按原方法中的规定实施。

2.标准系列的制备与测定

在精密度较差的浓度段,适当增加点数。

用于光度法的参比液,以纯溶剂(包括水)调零点更稳定,且能减小低浓度段的读数误差。

(三)回归直线的统计检验

1.标准系列各点测定值的离群检验

若相关系数 r 小于规定值或怀疑某一偏离较高浓度点是否为离群值,按下式计算容许值(A_V):

$$A_V = \frac{d_i}{S_r}$$

式中　A_V——容许值;

　　　d_i——残差;

　　　S_r——剩余标准差。

容许值通常为 1.5。若大于 1.5 须补测该浓度点,直到满意。当 $r > 0.999$ 时,通常不会出现离群值,不必进行检验。

2.截距 a 是否通过原点的检验

理想的回归直线截距 $a = 0$,曲线通过原点,由于存在难于控制的随机因素,多数直线在表现上通过原点。遇此情况则要按统计程序验证是否通过原点。

①计算统计量 。

$$t = \frac{a - a_0}{S_t \sqrt{\frac{1}{N} + \frac{X^2}{S_t}}} = \frac{0.004\ 9 - 0}{0.016\ 4 \sqrt{\frac{1}{6} + \frac{0.408^2}{0.702}}} = 0.470$$

②查 t 值表 $p_2, t_n(0.05, n-2) = 2.77$。

③判定。统计量小于理论值。$a = a_0$,曲线通过原点。一般当 $a < 0.005$ 时,即不必进行检验,以 $a = a_0$ 处理。

 小提示

校准曲线的绘制和应用

①在重复性较好的测定中,各数据对的坐标点能很好地落在一条直线上,此时可直观地将各个标点连线,绘成校准曲线图。

②当重复性较差时,各数据对的坐标点散落在直线两侧,此时画直线的任意性很大,对此则要按上述线性回归直线拟合,并按线性回归方程 $Y = a + bx$,分别计算零浓度 X_0、平均浓度 $\overline{X}$ 相对应的信号值 Y_0 和 $\overline{Y}$。以浓度 X 为横坐标,信号值 Y(吸收值)为纵坐标,X_0 对 Y_0,$\overline{X}$

对$\overline{Y}$,将两个数据点所相应的坐标点,通过两点画出直线,此即校准曲线。

③合理的做法是标准系列溶液与样品同步测定,同时绘制校准曲线,若分析条件和方法本身比较稳定,曲线最多延长一个监测期(一般不多于12周),并在分析样品时每次加测空白和两个浓度点的标准溶液以核对曲线。核对的吸光值应落入该浓度回归直线坐标点Y_i的置信区间。

$$\overline{Y} \pm VB_r = Y_i \pm S_r t \cdot \sqrt{\frac{1}{N} + \frac{1}{n} + \frac{(Y_t - Y)^2}{\sum (X_t - \overline{X})^2}}$$

$$Y_i = a + bX$$

式中　n——重复测定次数;

　　　N——浓度点数目;

　　　Y_t——t值表中临界值($N=2$);

　　　S_r——剩余标准。

（四）检出限的确定

检出限是指在概率为0.95时能定性地检出的最低浓度或量,此值与空白值有显著区别。

由多批次空白试验或校准曲线计算所获得的检出限,在实验室之间或同一实验室不同人员之间往往不尽相同,在实际应用中会因其没有可比性而感到不方便。

 小提示

在实际工作中对检出限的取值作以下规定:

①分光光度法(包括原子吸收分光光度法)以扣除空白值后的吸光度为0.010相对应的浓度值为检出限。

②气相色谱规定,气相色谱的最小检出限是指检测器恰能产生与噪声相区别的响应信号时,所需进入色谱柱的物质最小量。通常认为恰能辨别的响应信号最小应为噪声的两倍。最小检出浓度是指最小检出量与进样量(体积)之比。

③某些离子选择电极法规定,当某一方法的校准曲线的直线部分外延的延长线与通过空白电位且平行于浓度轴的直线相交,其交点所对应的浓度值即为这些离子选择电极法的检出限。

（五）空白试验测定方法与要求

1. 水和废水的空白试验

水和废水的测定项目均须进行全程序空白试验,除用蒸馏水(去离子水)代替实际样品外,其他所加试剂、操作步骤和样品分析过程完全相同。根据不同的目的,按照以下的规定和要求进行:

（1）实验室空白

作为实验室日常分析中质量控制的手段之一,为检查水、试剂和其他条件是否正常,分析人员在进行样品分析的同时,应加带实验室空白,空白试验值正常,本批分析结果有效。如空白值偏高,应查清原因,排除后方能报出分析结果。同一分析人员连续多天分析同类水质样品中的同一项时,如使用的主要试剂为同一批号且其他条件无变更,不必每天加带该项目的空白试验。

(2)现场空白

为检查样品采集和运输过程中是否有意外玷污发生,在采集外环境水样中(包括污染源)样品的同时,将事先带到现场的实验室用水灌装到另一个采样瓶中,按待测组分相同的条件在现场加固定剂连同采集的样品一并送至实验室,其分析结果即为该组分的现场空白。

①现场空白是样品采集、运输、保存过程中的质量检查手段,凡均匀性差或玷污机会较少的如石油类、六价铬等项目可不加带现场空白。

②进行现场空白试验的同时要做实验室空白,不做实验室空白试验只做现场空白试验,其结果无评价和实用意义。如采样全过程未发生意外玷污或损失,则两种空白试验结果应无显著差异。如现场空白明显高于实验室空白,表明采样过程可能有意外玷污发生,在查清原因后方能作出本次采样是否有效以及分析数据能否接受的决定。

例如,某站供重金属分析用的采样瓶上贴有医用胶布,测定锌时其现场空白明显高于实验空白,表明样品把胶布中的氧化锌玷污了,分析结果不能接受。应禁止使用此类不合规范要求的容器采集样品。

2. 大气常规监测的空白试验

大气常规监测项目在测定时须进行空白试验,其他项目暂不进行。

(1)实验室空白

大气常规监测中 SO、NO_3 的样品由采样泵采自环境大气,制作校准曲线的标准溶液由相当的化学试剂所配制,两者存有显著的差异。实验室的空白只相当于校准曲线的零浓度(零管)值,该两项目在实验室分析时不必另做实验室空白试验。

(2)现场空白

目前大气常规监测中 SO_2 和 NO_x 的采样仍以人工、间断方式为主,每个采样点在准备当天使用的采样吸收管时,应加带一个现场空白吸收管,和其他采样吸收管同时带到采样现场。该管不采集样品,采样结束后和其他采样吸收管一并送交实验室。此管即为该采样点当天该项目的静态现场空白管。

样品分析时测定现场空白值并与校准曲线的零浓度(零管)进行比较,如现场空白值明显高于或低于零浓度值且无解释依据时,应以该现场空白值为准,对该采样点当天的实测数据加以校正。当现场空白值高于零浓度值时,分析结果应减去两者的差值;当现场空白值低于零浓度值时,分析结果应加上两者差值的绝对值。采用上述方法可消除某些样品测定值可能会低于校准曲线空白值的不合理现象。24 h 连续采样和动态现场空白试验的问题比较复杂,暂时未作规定。

3. 土壤、底质、工业废渣等固体物料的空白试验

土壤、底质、工业废渣等固体物料的分析须经消解(溶解或熔融)步骤制备样品溶液,在

样品分析前应先做不加样品的全程序空白试验,每次两份,连续做 5 次,以计算方法的检出限,并据此和待测组分的含量确定称样量。

此后,在实际样品分析时,每批样品均要带两份全程序空白。如样品分析结果不是以相应的标准样品的含量计算,而是以纯标准溶液制作的校准曲线计算时,应使用上述全程序空白试验的溶液作参比或仪器调零之用。

 小提示

用 HNO_3 – HF – $HClO_4$ 消解,原子吸收分光光度法测定土壤中的重金属,用纯金属的标准溶液(未经与样品同样的消解步骤处理)制作校准曲线计算其含量,在制作校准曲线时可采用 1% HNO_3 溶液进行调零,但进行样品测定时则应用所带全程序空白试验溶液调零。

(六)精密度和准确度控制

1. 精密度控制

凡可以进行平行双样分析的项目,在样品分析时,每批样品每个项目均须做 10% ~15% 的平行双样,样品量不足 5 个时,应增加到 30% ~50%。

上述平行双样可根据具体情况,采取密码(质控员编入)或明码(分析者自行编入)两种方式,两者具有同等效果,不必重复。当平行双样超过允许偏差时,则最终结果以双样测试结果的平均值报出;当平行双样超过允许偏差时,在样品允许保存期内,再加测一次,取相对偏差符合允许偏差的两个测试结果的平均值报出。

①每批样品中,平行双样合格率在 90% 以上时,该批分析结果有效,超差部分的平行双样仍取两个结果的均值报出数据。

②平行双样合格率为 70% ~90% 时,应随机抽取 30% 的样品进行复查(包括超差部分的平行双样),复查结果与原结果的总合格率达 90% 以上时,分析结果有效,超差复查的平行双样,此时已有 3 个数据,以不超过的一对数据的均值作为该样品的结果报出数据,如 3 个数据间互不超差,则取三者的均值报出。

③平行双样合格率为 50% ~70% 时,应复查 50% 的样品(包括超差部分的平行双样),复查结果与原结果的合格率达 90% 以上时,分析结果有效,否则表明分析者的操作精度或实验室条件存在问题,需查清原因后加以纠正或重新取样。

④平行双样合格率小于 50% 时,该批样的分析结果不能接受,需重新取样分析。

2. 准确度控制

①当质控样超出允许误差时,按以下原则进行数据取舍:

 小提示

a. 质控样 100% 超出允许误差时,本批结果无效,需重新分取样品(或重新采样)再次分析。

b. 质控样部分超出允许误差时,应重新分析超差的质控样并随机抽取超差比例部分的样品进行复查,如复查的质控样合格且复变查样品的结果与原结果不超出平行双样允许偏差,则分析结果有效,如复查的质控结果仍不合格,表明本批分析结果准确度失控。无论复查样品的精密度如何,原结果与复查结果均不得接受,应找出失控原因并加以排除后才能再行分析,报出数据。

②加标回收。污染源监测中推荐以加标回收作为准确度控制的手段。每批样品应随机抽取 10% ~20% 的数量进行加标回收测定。样品数控少时适当加大加标比率,每批同类型样品中,加标试样不应少于一个。

四、实验室间的质量控制

实验室间的质量控制必须在具有完善的实验室内质量控制的基础上进行,由上一级监测站发放标准样品供所属监测站的实验室进行标准溶液比对,也可用质控样品采用随机考核的方式进行实际样品考核,以检查各实验室的标准溶液是否存在系统误差,日常例行监测分析和污染源监测分析的质量是否受控有效。

1. 标准溶液的比对

监测分析过程中使用的各类标准溶液是保证监测数据准确可靠的物质基础。目前尚不能全部使用国家统一配制提供的标准溶液作为日常监测工作中的标准使用液,其原因有:一是品种不全,不能满足工作的需要;二是所需数量巨大,研制单位不可能保证及时供应;三是所需费用相当可观,大多数基层监测站难于承受。

根据实际需要,各实验室可自行配制限于自用的标准溶液,为了检验基层站的标准溶液是否合乎要求,上级监测站应定期组织各实验室进行标准溶液的比对,进行量值追踪,有利于及时掌握质量情况,防止因标准溶液不准确而可能导致的系统误差。

(1)组织实施

省中心站负责组织所属市(地)站的标准溶液比对,市(地)站负责组织所属县级站标准溶液比对。不具备条件的市(地)站可委托省中心站对其所属县级站进行比对。

凡中国环境监测总站有标准溶液供应的常规监测项目,每项每年至少进行一次比对。所谓比对,是指用上级站下发的标准溶液与本实验室自行配制的同项同浓度(或相近浓度)的标准溶液进行比对。如本实验室不配制该项目的标准溶液,而直接使用总站的标准溶液时则不必参加该项目的比对。

(2)比对方法

同时各取若干份对发放的供量值追踪用的标准溶液(A)与本实验室自行配置相同浓度的标准溶液(B)按规定方法进行分析,分别获得两组数据:

$A_1, A_2, \cdots, A_n$,平均值 $\bar{A}$,标准偏差 S_A;

$B_1, B_2, \cdots, B_n$,平均值 $\bar{B}$,标准偏差 S_B;

$$t = \frac{|\bar{A} - \bar{B}|}{\bar{S}_{A-B}} \cdot \sqrt{\frac{n}{2}}$$

$$\bar{S}_{A-B} = \sqrt{\frac{(N-1)(S_A^2 - S_B^2)}{2n - 2}}$$

式中的$\overline{S}_{A-B}$为合并标准差。

当$t \leqslant t_{(0.05)}(2n-2)$查表所得临界值时,两者无显著差异。

当$t \geqslant t_{(0.05)}(2n-2)$临界值时,表明本实验室自行配置的标准溶液和上级下发的标准溶液存在误差,应找出原因加以纠正。

当$t < t_{0.01}$时,表明自配制的标准溶液与标准溶液间无显著差异。

2. 实验室间的质量考核

实验室间的质量考核是指上一级监测站定期或不定期对下属站用质控样品进行的考核以检查各实验室的实际质量水平和常规监测所报数据的可比性。

因为是随机抽查考核,所以考核期间该实验室做什么项目就考核什么项目。如分析项目太多,可用抽签方式确定,一般说来,每次考核以3~5项为宜。考核由当日承担该项目分析任务的监测人员承担,不得随意挑选人员。考核工作根据分析对象采用以下两种方法:

(1)常规例行监测

如当天实验室开展的项目是地表水等例行监测,可由考核主持人将考核样品进行适当稀释,使其浓度和当天分析的样品浓度相近。其意义在于由该考核样品的结果可直接判断出本批样品分析结果的可靠性,克服以往考核中样品浓度过高和实际样品脱节,从而无法由考核结果划定实际样品分析结果是否准确有效。

例如,地表水中Hg、Cd等贵金属含量一般均在10 μg以下,进行实验室间的质量考核时,考核样品也应在此水平上,通过考核才能断定该实验室的分析结果是否准确可靠。

(2)污染源监测

污染源监测的样品,组成复杂、干扰因素众多、含量变化范围较大,污染源监测数据的可靠性难于掌握。要考核该实验室污染源监测结果的质量,应采用加标回收的方法,即在分析人员进行样品分析时,由考核主持人用考核样品进行密码加标考核,加标量应符合规范规定,加标回收率为70%~110%即为合格,加标回收率过高或过低表明样品中含有某种干扰组分,应加以检查并排除,重新取样分析才能获得该组分的正确结果。

阅读有益

水质监测实验室监测数据的五性及相互关系
①保证监测数据的五性。监测数据的五性是指代表性、完整性、可比性、精密性和准确性。
②数据的精密性、准确性主要体现在监测实验室内。
③代表性、完整性主要体现在现场调查、设计布点、采样等环节。
④可比性是监测全过程的综合反映。
⑤只有具有代表性、完整性、可比性、精密性、准确性的监测数据,才能称为有效数据,才具有权威性和法律性。

 小提示

代表性是指在时空整体中代表样品的程度。

完整性是指与监测数据应用有关的完整信息。

可比性是指在检测方法、环境条件、数据表达方式等可比条件下所获得的数据的一致性程度。

精密性是指测定值具有良好的重复性和再现性,是保证准确性的前提。

准确性是指测定值与真值的符合程度,即测定结果准确可靠。

【任务评价】

任务三　水质监测实验室质量保证与控制评价明细表

序号	考核内容	评分标准	分值	小组评价	教师评价
1	基本知识(30分)	标准分析法和分析方法标准化知识	12		
		数据处理与检验	18		
2	基本技能(60分)	质量保证机构及其职责	10		
		监测人员合格证及奖惩制度	10		
		实验室内质量控制	30		
		实验室间质量控制	10		
3	环保安全文明素养(10分)	环保意识	4		
		安全意识	4		
		文明习惯	2		
4	扣分清单	迟到、早退	1分/次		
		旷课	2分/节		
		作业或报告未完成	5分/次		
		安全环保责任	一票否决		
	考核结果				

【任务检测】

简答题

1. 本次学习任务有哪些内容? 有何意义?

2. 水质监测实验室监测数据的五性是指什么? 简述五性之间的相互关系。

3. 地下水水质采集监测率和监测项目如何确定?

4. 监测异常值的取舍有哪几种检验方法?

5. (1)合格证考核由哪几部分组成? 考核的基本内容有哪些?

　　(2)合格证考核的方式分为哪几种? 监测人员违反哪些规定将会取消合格证书?

6. 简述空白试验测定的方法与要求。

7. 简述标准曲线的统计检验。

8. 分析方法选择原则是什么?

9. 实验室内如何进行精密度和准确度控制?

10. 怎样进行标准溶液的比对?

11. 简述常规例行监测和污染源监测。

12. 简述误差的来源和分类。

13. 简述质量保证机构及其职责。

14. 简述标准分析法和分析方法标准化。

项目七　水质在线监测运营管理

目前,全国重点污染源已实现在线监测,自动、连续的监测能够及时掌握水质的变化情况,为污染物总量控制、节能减排以及水环境管理提供技术支持,同时节省人力物力,检测方便、简单、有效。

随着国家环保政策日益完善和管理的加强,水质在线监测系统在实际监测中得到广泛应用。如何保证水质在线监测系统实现长周期运行,保证数据的有效性,一直以来是监测、监理人员共同关注的问题。水质在线监测系统的维护与质量控制工作优劣,直接决定监测数据的准确性、精密性、代表性、完整性和可比性。水质在线监测系统具有连续运行、维护周期长、工作环境较恶劣等特点。影响在线监测数据的因素是多方面的,主要有采水和配水、仪器运行、试剂与标准溶液等方面,实际工作中有针对性地从在线监测系统的维护与管理、室内外质量控制及校正等方面展开细致工作,就可以有效地提高在线监测的准确性,使其数据具有代表性,同时可实现系统长周期、有效、平稳地运行。

【项目目标】

知识目标

- 掌握维护维修的一些基本常识。
- 掌握在线自动监测仪常见故障分析与排除。
- 了解水污染源在线监测系统安装技术规范。
- 了解运营管理的意义、环境保护设施专门运营单位资质认定的有关内容。

技能目标

- 能够维护维修在线自动监测仪器。
- 能够规范安装在线监测系统。

情感目标

- 培养学员团结协作的能力;
- 培养学员的职业素养。

任务一　走进水质在线自动监测运营管理

【任务描述】

环保设施运营市场化,是彻底打破原有的计划经济管理模式,实现环保设施的社会化投资、专业化建设、市场化运营、规范化管理、规模化发展的目标。运营的市场化,可以加强对环境保护设施运行状况的监督,提高环境保护设施运行管理的水平,发挥环境保护投资效益。

本任务通过学习水质在线监测运营管理,使学员了解运营管理的意义和环境保护设施专门运营单位资质认定的有关内容,熟悉在线监测仪器的维护维修常识。

【相关知识】

运营的市场化给环境保护行政主管部门、排污企业、监测仪器生产厂商以及环保运营公司都带来诸多益处。在排污企业中,环保专业人员较少,对在线监测仪器了解甚少,在运营质量上便大打折扣,试剂更换不及时,仪器故障无法修复,数据传输,不仅导致运营费用高,而且常常出现超标排污的现象。当专业运营公司接管了排污企业环保设施的运营后,首先,要对排污企业负责,精心维护在线监测设备,在线监测设备是排污企业监督污水处理效率的依据。其次,为环境保护行政主管部门服务,在线监测设备是环境保护行政主管部门征收排污费的依据。

市场化运营管理是趋势。运营公司不仅要受到环保部门的监督检查,还要接受排污企业的监管。作为专业化运营公司来说,要想在环保设施运营市场上有所作为,就必须深入了解在线监测设备的原理、方法,掌握相关的化学分析知识,把环保设施管理好,充分发挥好污染治理的投资效能。专业化的市场运营,维护维修效率高,服务相对周到,运营成本相对较少。运营市场化使得排污企业和环境保护行政主管部门真正实现了"双赢"。

一、常见运营模式与责任划分

1.各方责任与义务

(1)运营单位

①承担委托责任,负责所辖区域污染源在线系统的日常运行、维护、检修换件、耗材更换等事项,保证污染源在线系统的正常运转,保证监测工作正常开展。

②负责每天进行一次仪器运行状态检查,发现问题在第一时间内解决。

③定期进行仪器现场巡查,进行必要的校准、维护、维修、耗材更换工作,以保障仪器准确可靠运行。

④按仪器运行要求定期对系统进行校准,保证仪器数据准确、有效。

⑤运行机构应对所有在线监测站一一对应建立专人负责制。制订操作及维修规程和日常保养制度,建立日常运行记录和设备台账,建立相应的质量保证体系,并接受环境保护管理部门的台账检查。

⑥运行机构应每月向有关环境保护管理部门作运行工作报告,陈述每个站点和在线监测系统的运行情况。

⑦应设立固定的运营维护站,并有相对固定人员负责运行维护工作。

⑧维护站应备有常用耗材与配件及必要的交通工具,以保障维修及时。

⑨运行机构必须接受环保局的监督、指导、考核,及时汇报重大事故或仪器严重故障的情况。

(2)环境保护行政主管部门

①对运营商的运营维护工作进行监督、指导、考核。

②定期对监测仪器进行年检、抽检,以保证数据的准确性。考核不合格,可对运营商进行相应程度的惩罚。

③协助运营商进行运营费的收缴或按合同拨付运营费。

(3)排污企业

①为仪器的正常运转提供必要的条件保证(如正常供电、空调、防雷、防磁、防火等)。

②负责提供仪器运转的场地场所,负责仪器的安全保护工作。

③按合同要求支付运营维护费。

2. 运营承包方式

(1)部分托管

部分托管运营指运营商只负责用户仪器设备的日常维护、维修、校准、管理工作,确保用户仪器设备的正常运转,确保用户数据准确可靠。对仪器运行过程中需要更换的耗材及配件由用户负责购买,运营商负责更换。对用户购买耗材及配件不及时造成的仪器设备数据不准确或停止运行,运营商不承担任何责任。

部分托管运营收费由运营管理费和运营维护费组成。

(2)全面托管

全面托管运营指运营商全面负责用户仪器的日常维护、维修、校准、管理工作,负责仪器设备的耗材、配件供应及更换,用户只需调取数据,其他工作由运营商负责完成。运营商确保用户仪器设备的正常运转,确保用户数据及时、准确、可靠上报。

全面托管运营收费由年耗材费、年配件费、运营管理费、运营维护费组成。

二、运营公司的日常管理

1. 环境监测质量管理规定

为提高环境监测质量管理水平,规范环境监测质量管理工作,确保监测数据和信息的准确可靠,为环境管理和政府决策提供科学、准确的依据、根据《中华人民共和国环境保护法》及有关法律法规,制定了环境监测质量管理规定。本规定适用于环境保护系统各级环境监测中心(站)和辐射环境监测机构(以下统称环境监测机构)。

环境监测质量管理工作,是指在环境监测的全过程中为保证监测数据和信息的代表性、准确性、精密性、可比性和完整性所实施的全部活动和措施,包括质量策划、质量保证、质量控制、质量改进和质量监督等内容。环境监测质量管理是环境监测工作的重要组成部分,应贯穿监测工作的全过程。

国务院环境保护行政主管部门对环境监测质量管理工作实施统一管理。地方环境保护行政主管部门对辖区内的环境监测质量管理工作具有领导和管理职责。各级环境监测机构在同级环境保护行政主管部门的领导下,对下级环境监测机构的环境监测质量管理工作进行业务指导。

各级环境监测机构应对本机构出具的监测数据负责,应主动接受上级环境监测机构对环境监测质量管理工作的业务指导,并积极参加环境监测质量管理技术研究、监测资质认证、持证上岗考核、质量管理评比评审、信息交流和人员培训等工作,持续改进、不断提高环境监测质量。

环境监测机构应当完成以下工作内容:

①从事监测、数据评价、质量管理以及与监测活动相关的人员必须经国家、省级环境保护行政主管部门或其授权部门考核认证,取得上岗合格证。

②所使用的环境监测仪器应由国家计量部门或其授权单位按有关要求进行检定或按规定程序进行校准,应具备运行过程中定期自动标定和人工标定功能,以保证在线监测系统监测结果的可靠性和准确性。

③所使用的标准物质应是有证标准物质或能够溯源到国家基准的物质。若考虑运行成本采用自配标样,应用有证标准样品对自配标样进行验证,验证结果应在标准值不确定度范围内。标样浓度应与被测废水浓度相匹配。每周用国家认可的质控样(或按规定方法配制的标准溶液)对自动分析仪进行一次标样溶液核查,质控样(或标准溶液)测定的相对误差不大于标准值的 ±10%,若不符合,应重新绘制校准曲线,并记录结果。

④样品的测定值应在校准曲线的浓度范围内。

⑤应建立健全质量管理体系,使质量管理工作程序化、文件化、制度化和规范化,并保证其有效运行。

⑥环境监测布点、采样、现场测试、样品制备、分析测试、数据评价和综合报告、数据传输等全过程均应实施质量管理。

a.监测点位的设置应根据监测对象、污染物性质和具体条件,按国家标准、行业标准及国家有关部门颁布的相关技术规范和规定进行,保证监测信息的代表性和完整性。

b.采样频次、时间和方法应根据监测对象和分析方法的要求,按国家标准、行业标准及国家有关部门颁布的相关技术规范和规定进行,保证监测信息能准确反映监测对象的实际状况、波动范围及变化规律。

c.样品在采集、运输、保存、交接、制备和分析测试过程中,应严格遵守操作规程,确保样品质量。

d. 现场测试和样品的分析测试,应优先采用国家标准和行业标准方法。需要采用国际标准或其他国家的标准时,应进行等效性或适用性检验,检验结果应在本环境检测机构存档保存。

e. 监测数据和信息的评价及综合报告,应依照监测对象的不同,采用相应的国家或地方标准或评价方法进行评价和分析。

f. 数据传输应保证所有信息的一致性和复现性。

⑦各级环境监测机构应积极开展和参加质量控制考核、能力验证、比对和方法验证等质量管理活动,并采取密码样、明码样、空白样、加标回收和平行样等方式进行内部质量控制。

⑧质量管理实行报告制度。下级环境监测机构应于每年年底向同级环境保护行政主管部门和上一级环境监测机构提交本机构及本辖区内各环境监测机构当年的质量管理总结,向上一级环境监测机构提交下一年度的质量管理工作计划。

2. 实验室管理

(1)仪器管理

①实验室应正确配置进行检验的全部仪器设备。

②应对所有仪器设备进行正常维护,并有维护程序。

③每一台仪器设备都应有明显的标志来表明其校准状态。

④应保存每一台仪器设备以及对检验有重要意义的标准物质的档案。

(2)试剂管理

①实验室内使用的化学试剂应由专人保管,分类存放,并定期检查使用及保管情况。

②易燃易爆物品要放在远离实验室的阴凉通风处,在实验室内保存的少量易燃易爆试剂要严格管理。

③剧毒试剂应放在毒品柜内由专人保管。使用时要有审批手续,两人共同称量,登记用量。

④取用化学试剂的器皿应洗涤干净,分开使用。倒出的化学试剂不准倒回,以免污染。

⑤挥发性强的试剂必须在通风橱内取用。

⑥纯度不符合要求的试剂,必须提纯后再用。

⑦不得使用过期试剂。

(3)人员管理

①实验室应有足够的人员。这些人员应经过与其承担的任务相适应的教育培训,并有相应的技术知识和经验。

②实验室应确保人员得到及时培训。检验人员应考核合格持证上岗。

③实验室应保持技术人员有关资格、培训、技能和经历等技术业绩档案。

(4)安全管理

①实验室需装设各种必备的安全设施。

②对消防灭火器材应做到定期检查,不任意挪用,保证随时可取用。

③实验室内各种仪器设备应按要求放置在固定场所,不得任意移动。各种标签要保证

清晰完整,避免拿错用错造成事故。

④加强对剧毒、易燃易爆物品,放射源及贵重物品的管理。凡属危险品必须设专人保管。剧毒药品或试剂应储于保险柜中,其内外门钥匙应由两人分别掌管。要严格领用手续。

⑤使用易燃易爆和剧毒化学试剂要先了解其物理化学性质,遵守有关规定进行操作。

⑥使用各种仪器设备必须严格遵守安全使用规则和操作规程,认真填写使用登记表,发现问题及时报告。

⑦剧毒试剂的废液必须排入废水处理池进行转化处理。

⑧用电、用气、用火时,必须按有关规定操作以保证安全。

⑨实验室发生意外安全事故时,应迅速切断电源或气源、火源,立即采取有效措施及时处理,并上报有关领导。

⑩下班时,应有专人检查门、窗、水、电、气等,避免因疏忽大意造成损失。

(5)实验室事故预防管理措施

1)废水

①试验时不可避免地产生的废水,如分析 COD_{Cr},务必将废水集中储存在专用塑料桶内,送有关单位处理,并做好记录。

②对各部门送来化验的剩余废水,由各部门带回处理。

2)废气

使用有挥发性气体逸出的试剂如盐酸、氨水等,必须在通风柜进行,极少量气体由专门设备高空排放。

3)化学品泄漏

①试验分析室工作人员思想上必须高度重视,态度上要严肃认真地对待本部门环境因素所造成的环境影响。做好预防工作,杜绝事故的发生。

②对有强腐蚀的酸性试剂,平时使用如有泄漏在工作台上,立即用抹布抹去并用水擦洗干净。

③如遇到试剂瓶损坏时,立即用水大面积进行冲洗,并及时打开通风柜或窗户,使影响减少到最低程度。

4)火灾

①工作人员特别要重视对火灾事故的高度认识,遇到事故要有责任感,做到挺身而出、临危不惧、冷静沉着,既要有勇敢精神更要具有科学态度及时抢救。

②如由电源引起火灾时要紧急关闭电源总开关,并使用干粉灭火器进行初期灭火、报警,并立即通知总经理办公室和有关领导。

③如由低沸点试剂(如石油醚、酒精等)引起火灾,立即用干粉灭火器进行灭火,或用大烧杯罩住起火源隔绝空气,使可能发生的火灾消灭在初始状态。

3.监测子站管理

(1)管理制度

①必须保持清洁、整齐、安静,与监测分析无关的人和物品不得进入监测子站。

②无关人员未经批准不得随意进入监测子站,外来人员进入监测子站须经有关负责人许可,并由相关人员陪同。

③监测子站各种仪器、设备和工具应分类放置,妥善保管。

④监测过程中产生的"三废",必须按规定进行处理,不得随意排放、丢弃。有毒、有害化学物品的使用发布严格遵守《化学试剂管理制度》。

⑤管理人员必须每天打扫卫生,对使用完毕后的仪器设备进行清理、清洁并恢复到原位。

⑥监测子站发生意外事故时,应迅速切断电源、水源等。立即采取有效措施,及时处理,并报告单位领导。

⑦使用各种仪器及电、水、火等设施时,应按使用规则进行操作,保证安全。

⑧离开监测子站前,必须认真检查电源、水源、门窗,确保监测子站的安全。

（2）操作人员职责

①操作人员具有良好的职业道德,坚持实事求是的科学态度和一丝不苟的工作作风,遵守监测子站的一切规章制度,不得违规操作。

②仪器设备使用人员,必须先经过培训,才能上机操作。操作人员应按要求认真填写运行记录。

③仪器出故障时,应及时报告主管,约定专业维护人员及时检查、修理,并做好维修记录,经检定性能正常后才能继续使用。

④熟练掌握本岗位监测分析技术,熟悉和执行本岗位技术规范、方法等,确保监测数据准确,并及时向有关部门提供监测结果。

⑤规范原始记录,做到记录完整、正确。

⑥爱护仪器设备,节约试剂、水电,及时地完成每天的监测子站清洁工作,保持室内卫生,做好安全检查。

⑦做好仪器使用记录,协助仪器专业维护人员定期进行仪器检定和校验。

4. 仪器仪表技术档案

（1）总体要求

①技术档案是指各监测站活动中形成的归档保存的各种图纸、图表、文字材料、计算材料等技术文件材料,还包括各种与技术相关的文件、行文、信函、标准、规范、制度。

②技术档案工作是技术管理、科研管理的重要组成部分,各站必须将技术文件材料的形成、整理、归档纳入各站责任范围,现场记录必须在现场及时填写,有专业维护人员的签字。落实工作程序和有关人员的岗位责任制,并进行严格考核。

③归档要及时、准确,严禁有重要档案丢失破损现象发生。可从技术档案中查阅和了解仪器设备的使用、维修和性能检验等全部历史资料,以对运行的各台仪器设备作出正确评价。技术档案应对入库的档案进行收集、分类、整理、编号、编辑、立卷、登记、建账,做到账物相符。与仪器相关的记录可放置在现场,所有记录均应妥善保存,并用计算机管理档案,做到科学管理。

④各站形成的技术文件材料,必须按一个技术项目进行配套,加以系统管理,组成案卷,填写保管期限,注明密级,经技术负责人审查后,集中统一管理,任何人不得据为己有。

⑤已归档技术图纸、说明书的修改、补充应先请示领导,履行审批手续,并做好标记。

⑥建立技术档案的收进、移出总登记簿和分类登记簿,及时登记。编制检索工具,做好档案的借阅、查阅登记和利用工作。每年年末,要对技术档案的数量、利用情况进行统计。

⑦认真做好技术档案的八防工作(即防火、防盗、防潮、防晒、防鼠、防尘、防污染、防蛀),定期检查,发现问题,及时处理。保持库房和办公室的整洁卫生。

⑧技术档案管理实行专人管理、专人负责制度。库房管理人员工作变动时,必须办理交接手续。

⑨档案中的表格应采用统一的标准表格。

⑩记录应清晰、完整,现场记录应在现场及时填写,有专业维护人员的签字。

⑪可从技术档案中查阅和了解仪器设备的使用、维修和性能检验等全部历史资料,以对运行的各台仪器设备作出正确评价。

⑫与仪器相关的记录可放置在现场,所有记录均应妥善保存。

（2）技术档案内容

①仪器的生产厂家、系统的安装单位和竣工验收记录。

②监测仪器校准、零点和量程漂移、重复性、实际水样比对和质控样试验的例行记录。

③监测仪器的运行调试报告。

④监测仪器的例行检查记录。

⑤监测仪器的维护保养记录。

⑥检测机构的检定或校验记录。

⑦仪器设备的检修、易耗品的定期更换记录。

⑧各种仪器的操作、使用、维护规范。

（3）在线 COD 维修服务程序

1）工作流程

①准备工作。维修人员出发前应领取派修单、工作记录、仪器状态记录 3 个表。

②现场工作。

a. 到达现场后,和用户了解情况后,如实在仪器状态表上填写仪器的工作环境。

b. 观察仪器的状态,外表是否干净,蒸馏水是否需要添加,试剂是否够,废液是否满。

c. 如实记录仪器的线性数据。

d. 解除用户反映的故障,并如实填写派修单。

e. 观察计量泵和止回阀处是否有漏酸,并记录。

f. 检查仪器的报警记录,分析报警次数多的原因,并记录。

g. 检查阀体是否有破裂,如有破裂或脏污进行清洗或更换,检查阀体在手动状态下是否开关自如。

h. 检查蒸馏水、试剂、污水样是否都在误差范围内,对有误差的要调整,并记录。

i. 检查光度计内是否有漏酸,如有进行清洗。

j. 检查冷却泵和蠕动泵以及排水阀是否正常。

k. 检查仪器内部是否有短路、漏酸、漏水等异常现象。

l. 检查污水箱是否漏水,潜污泵是否能打上水,潜水泵是否有污泥和杂物缠绕。

m. 将仪器和现场打扫干净。

n. 对仪器状态和可能存在的问题及隐患进行评价。

o. 以上各部均需填写状态表。

p. 对自己的行踪以及工作安排及时填写工作记录。

2)相关记录

①派修单。

②工作记录。

③仪器状态记录表。

阅读有益

运营人员职业守则

爱岗敬业,忠于职守。

按章操作,确保安全。

认真负责,诚实守信。

遵规守纪,着装规范。

团结协作,相互尊重。

保护环境,文明运营。

不断学习,努力创新。

反应迅速,合理收费。

【任务实施】

一、运行与日常维护

1. 监测数据与运转要求

在连续排放情况下,化学需氧量(COD_{Cr})水质在线自动监测仪、总磷水质自动分析仪、总有机碳(TOC)水质自动分析仪、紫外(UV)吸收水质自动在线监测仪和氨氮水质在线自动监测仪等至少每小时获得一个监测值,每天保证有 24 个测试数据;pH 值、温度和流量至少每 1 min 获得一个监测值。间隙排放期间,根据厂家的实际排水时间确定应获得的监测值。

对于化学需氧量(COD_{Cr})水质在线自动监测仪、总磷水质自动分析仪、总有机碳(TOC)水质自动分析仪、紫外(UV)吸收水质自动在线监测仪和氨氮水质在线自动监测仪而言,监测数据数不小于污水累计排放小时数。

对于 pH 值、温度和流量而言,监测数据数不小于污水累计排放小时数的 6 倍。设备运

转率应达到90%,以保证监测数据的数量要求。设备运转率公式为

$$设备运转率(\%) = \frac{实际运行天数}{企业排放天数} \times 100\%$$

2.维护工作

(1)每日工作

①每日上午、下午远程检查仪器运行状态,检查数据传输系统是否正常,如发现数据有持续异常情况,应立即前往站点进行检查。

②每48 h自动进行总有机碳(TOC)水质自动分析仪、氨氮水质在线自动监测仪、总磷水质自动分析仪及化学需氧量(COD_{Cr})水质在线自动监测仪、紫外(UV)吸收水质自动在线监测仪的零点和量程校正。

(2)每周工作

每周1~2次对监测系统进行现场维护,现场维护内容如下:

①检查各台自动分析仪及辅助设备的运行状态和主要技术参数,判断运行是否正常。

②检查自来水供应、泵取水情况,检查内部管路是否通畅,仪器自动清洗装置是否运行正常,检查各自动分析仪的进样水管和排水管是否清洁,必要时进行清洗。定期清洗水泵和过滤网。

③检查站房内电路系统、通信系统是否正常。

④对用电极法测量的仪器,检查标准溶液和电极填充液,进行电极探头的清洗。

⑤若部分站点使用气体钢瓶,应检查载气气路系统是否密封,气压是否满足使用要求。

⑥检查各仪器标准溶液和试剂是否在有效使用期内,按相关要求定期更换标准溶液和分析试剂。

⑦观察数据采集传输仪运行情况,并检查连接处有无损坏,对数据进行抽样检查,对比自动分析仪、数据采集传输仪及上位机接收到的数据是否一致。

(3)月度工作

每月现场维护内容如下:

①总有机碳(TOC)水质自动分析仪:检查TOC-COD_{Cr}转换系数是否适用,必要时进行修正。对总有机碳(TOC)水质自动分析仪载气气路的密封性、泵、管、加热炉温度等进行一次检查,检查试剂余量(必要时添加或更换),检查卤素洗涤器、冷凝器水封容器、增湿器,必要时加蒸馏水。

②pH水质自动分析仪:用酸液清洗一次电极,检查pH电极是否钝化,必要时进行更换,对采样系统进行一次维护。

③化学需氧量(COD_{Cr})水质在线自动分析仪:检查内部试管是否污染,必要时进行清洗。

④流量计:检查超声波流量计高度是否发生变化。

⑤紫外(UV)吸收水质自动在线分析仪:检验UV-COD_{Cr}转换曲线是否适用,必要时进行修正。

⑥氨氮水质在线自动监测仪:气敏电极表面是否清洁,仪器管路进行保养、清洁。

⑦总磷水质自动分析仪:检查采样部分、计量单元、反应器单元、加热器单元、检测器单元的工作情况,对反应系统进行清洗。

表 7-1-1　性能指标要求

仪器名称		响应时间	零点漂移	量程漂移	重复性误差	实际水样比对试验相对误差
pH 水质自动分析仪		0.5 min		±0.1 pH	±0.1 pH	±0.5 pH
水温						±0.5 ℃
总有机碳(TOC)水质自动分析仪		参照仪器说明书	±5%	±5%	±5%	按 COD_{Cr} 实际水样比对试验相对误差要求考核
化学需氧量水质在线自动监测仪(COD_{Cr})		—	±5 mg/L	±10%	±10%	±10% 以接近于实际水样的低浓度质控样替代实际水样进行试验(COD_{Cr} < 30 mg/L)
						±30%(30 mg/L≤COD_{Cr} < 60 mg/L)
						±20%(60 mg/L≤COD_{Cr} < 100 mg/L)
						±15%(COD_{Cr}≥100 mg/L)
总磷水质自动分仪		参照仪器说明书	±5%	±10%	±10%	±15%
紫外(UV)吸收水质自动在线监测仪		参照仪器说明书	±2%	±4%	±4%	按 COD_{Cr} 实际水样比对试验相对误差要求考核
氨氮水质在线自动监测仪	电极法	5 min 内	±5%	±5%	±5%	±15%
	光度法	参照仪器说明书	±5%	±10%	±10%	±15%

⑧水温:进行现场水温比对试验。

⑨每月的现场维护内容还包括对在线监测仪器进行一次保养,对水泵和取水管路、配水和进水系统、仪器分析系统进行维护。对数据存储/控制系统工作状态进行一次检查,对自动分析仪进行一次日常校验。检查监测仪器接地情况,检查监测用房防雷措施。

除流量外,运行维护人员每月应对每个站点所有自动分析仪至少进行一次自动监测方法与实验室标准方法的比对试验,试验结果应满足 HJ355—2019《水污染源在线监测系统(COD_{Cr}、NH_3-N 等)运行技术规范》的要求。实际水样比对试验或校验的结果不满足此标准表 8 中规定的性能指标要求时,应立即重新进行第二次比对试验或校验,连续 3 次结果不符合要求,应采用备用仪器或手工方法监测。备用仪器在正常使用和运行之前应对仪器进行校验和比对试验。

(4)季度工作

①季度维护。每 3 个月至少对总有机碳(TOC)水质自动分析仪试样计量阀等进行一次

清洗。检查化学需氧量(COD_{Cr})水质在线自动监测仪水样导管、排水导管、活塞和密封圈,必要时进行更换,检查氨氮水质在线自动分析仪气敏电极膜,必要时进行更换。

根据实际情况更换化学需氧量(COD_{Cr})水质在线自动监测仪水样导管、排水导管、活塞和密封圈,每年至少更换一次总有机碳(TOC)水质自动分析仪注射器活塞、燃烧管、CO_2吸收器。

②季度校验。每3个月应进行现场校验,现场校验可采用自动校准或手工校准。现场校验内容包括重复性试验、零点漂移和量程漂移试验。

a. pH值水质在线自动分析仪校验方法详见 HJ/T 96—2003《pH值水质自动分析仪技术要求》第8章。

b. 化学需氧量(COD_{Cr})水质在线自动监测仪校验方法详见 HJ 377—2019《化学需氧量(COD_{Cr})水质在线自动监测仪技术要求及检测方法》第5章。

c. 总有机碳(TOC)水质在线自动分析仪校验方法详见 HJ/T104—2003《总有机碳(TOC)水质自动分析仪技术要求》第9章。

d. 氨氮水质在线自动分析仪校验方法详见 HJ 101—2019《氨氮水质自动监测仪技术要求及检测方法》第8章。

e. 总磷水质在线自动分析仪校验方法详见 HJ/T 103—2003《总磷水质自动分析仪技术要求》第8章。

f. 紫外(UV)吸收水质在线自动监测仪校验方法详见 HJ/T 191—2005《紫外(UV)吸收水质自动在线监测仪技术要求》第7章。

g. 当仪器发生严重故障,经维修后在正常使用和运行之前亦应对仪器进行一次校验。

h. 校验的结果应满足 HJ 355—2019《水污染源在线监测系统(COD_{Cr}、NH_3 – N 等)运行技术规范》表1技术要求。

i. 在测试期间保持设备相对稳定,作好测试记录和调整、校验、维护记录。

此处未提及的校验内容,参照相关仪器说明书要求执行。

(5)其他预防性维护

①保持机房、实验室、监测用房(监控箱)的清洁,保持设备的清洁,避免仪器振动,保证监测用房内的温度、湿度满足仪器正常运行的需求。

②保持各仪器管路通畅,出水正常,无漏液。

③对电源控制器、空调等辅助设备要进行经常性检查。

④此处未提及的维护内容,按相关仪器说明书的要求进行仪器维护保养、易耗品的定期更换工作。

⑤操作人员在对系统进行日常维护时,应作好巡检记录,巡检记录应包含该系统运行状况、系统辅助设备运行状况、系统校准工作等必检项目和记录,以及仪器使用说明书中规定的其他检查项目和校准、维护保养、维修记录。

⑥仪器废液应送相关单位妥善处理。

3. 仪器的检修

①在线监测设备需要停用、拆除或者更换的,应当事先报经环境保护有关部门批准。

②运行单位发现故障或接到故障通知,应在 24 h 内赶到现场进行处理。

③对一些容易诊断的故障,如电磁阀控制失灵、膜裂损、气路堵塞、数据仪死机等,可携带工具或者备件到现场进行针对性维修,此类故障维修时间不应超过 8 h。对不易诊断和维修的仪器故障,若 72 h 内无法排除,应安装备用仪器。

④仪器经过维修后,在正常使用和运行之前应确保维修内容全部完成,性能通过检测程序,按国家有关技术规定对仪器进行校准检查。若监测仪器进行了更换,在正常使用和运行之前应对仪器进行一次校验和比对试验,校验和比对实验方法详见 HJ 355—2019《水污染源在线监测系统(COD_{Cr}、NH_3-N 等)运行技术规范》第 4 章、第 5 章。

⑤若数据存储/控制仪发生故障,应在 12 h 内修复或更换,并保证已采集的数据不丢失。

⑥第三方运行的机构,应备有足够的备品备件及备用仪器,对其使用情况进行定期清点,并根据实际需要进行增购,以不断调整和补充各种备品备件及备用仪器的存储数量。

⑦在线监测设备因故障不能正常采集、传输数据时,应及时向环境保护有关部门报告,必要时采用人工方法进行监测,人工监测的周期不低于每两周一次,监测技术要求参照 HJ/T 91—2002《地表水和污水检测技术规范》执行。

4. 运营工作技术考核要求

技术考核从运行与日常维护、校验、检修、质量保证和质量控制、数据准确性、数据数量要求、设备运转率、仪器技术档案等方面来考核,运行工作考核方法详见表 7-1-2。技术考核成绩作为评定运行单位工作质量的重要依据。

5. 巡检维护项目

(1)总有机碳(COD)水质自动分析仪

①检查冷却水的量及冷却水管路,确认冷却系统正常。

②检查进样及流程系统是否有漏液、漏酸问题。

③检查主控电路电子器件有无过热现象。

④确认各阀体、部件工作正常有效。

⑤清洗采样过滤器,确认采样系统工作正常。

⑥清理收集废液,进行集中处理。

⑦添加蒸馏水。

⑧当试剂不足一周使用时,配制、添加试剂。

⑨对仪器室进行通风。

⑩对仪器设备进行保洁,包括工控机过滤网、机壳尘土、机内污渍、室内卫生。

⑪巡检维护工作不定期进行,认真填写"巡检维护记录"。

⑫每月对比色阀清洗更换一次。

⑬每3个月对仪器校准一次。

（2）氨氮水质在线自动监测仪

①工作人员要定期检查仪器的运行情况，半个月检查1次管路有无泄漏，1个月检查1次管路有无固体沉积物及藻类的积累，保证管路没有堵塞现象。

②定期检查试剂、清洗液及标准溶液的液位，至少半个月补充1次试剂、清洗液及标准溶液，1个月彻底洗刷试剂桶1次。

③定期检查夹管阀及泵管的情况，一般1个月挪动1次夹管阀处硅胶管的位置，两个月挪动1次泵管的位置，4个月更换1次仪器全部管路及连接管路的两通、三通接头。

④定期检查气透膜，一般半个月检查1次气透膜上是否有气泡或气透膜是否被玷污，1个月更换1次气透膜及内充液。

⑤时常注意仪器的过滤情况是否正常，半个月检查1次精过滤的过滤效果，1个月清洗1次钛过滤芯，1年更换1次钛过滤芯。

⑥视被测水质的情况，定期检查电极的性能，1年更换1次电极（电极法仪器）。

⑦定期检查采水泵的运行情况，采水异常时维修、维护采水泵，必要时更换采水泵。

⑧当仪器长期停机时，将电极的内充液弃击，用无氨水将内电极和电极外套管洗净并用滤纸擦干，组装好后在电极包装中小心存放。

具体维护项目见表7-1-2。

表7-1-2 氨氮水质在线自动监测仪日常维护项目

序号	项目	维护周期	备注
1	更换电极	1年	
2	补充溶液	—	根据实际情况及时补充
3	检查电极内充液和电极膜状态	两周	更换电极膜后必须补充内充液
4	移动夹管阀处软管	3周	
5	检查管路情况	两周	
6	泵管移位	6个月	
7	更换泵管	12个月	
8	清洗滤芯（采水单元）	两周	拆下滤芯进行超声波清洗，清洗时水温为40～50 ℃
9	检查采样泵	两周	
10	检查采样头	两周	
11	更换电路板	2～3年	

（3）五参数在线监测仪日常维护

五参数在线监测仪日常维护项目见表7-1-3。

表 7-1-3　五参数在线监测仪日常维护项目

序号	项目		维护周期	备注
1	更换电极		1~2 年	视应用环境可适当调整
2	检查电极	pH 电极	1 个月	清洗、浸泡电极
		EC 电极	1 个月	清洗,(视准确度要求)校准
		DO 电极	2~3 个月	更换膜和电解液或进行再生处理,校准
		温度电极	2~3 个月	一般不需维护,视准确度要求而定
		浊度	1 个月	擦拭镜片或进行校准检查
3	人工清洗电极		1 个月	擦拭干净电极表面的附着物
4	检查管路情况		1 个月	检查流量是否适当,是否堵塞
5	检查各参数示值		1 个月	检查示值准确度是否满足要求
6	更换电路板		2~3 年	不更换可能会影响仪器性能

（4）总有机碳（TOC）水质自动分析仪日常维护

总有机碳（TOC）水质自动分析仪日常维护项目见表 7-1-4。

表 7-1-4　总有机碳（TOC）水质自动分析仪日常维护项

序号	项目	周期	备注（损坏现象）
1	催化剂	1~2 年	效率下降、测定值偏低
2	石英管	4 个月	损坏或有盐垢
3	陶瓷棉	2~5 个月	测定值偏低
4	O 形圈	4 个月	测定值偏离
5	泵管	1 年	无水样报警
6	盐酸	10 个月~1 年	无试剂报警
7	蒸馏水	1 年	无蒸馏水报警
8	邻苯二甲酸氢钾	1 个月	
9	燃烧炉	2~3 年	温度报警
10	石灰	1 年	变黄
11	活性炭	1 年	
12	注入管	两个月	脏
13	阀芯	半年	测定值偏离
14	滤膜	两个月	测定值偏低
15	N_2 瓶	1 个月	测定值异常
16	远红外分析仪	1 年	零点无法调整

（5）配水单元日常维护

配水单元日常维护项目见表 7-1-5。

表 7-1-5 配水单元日常维护项目

序号	项目	维护周期	备注
1	气泵、清水泵、除藻泵	1 个月	检查气泵和清水泵工作状况
2	沉沙池内壁及过滤网	经常	检查是否需要清洗(检查周期视情况而定)
3	配水管路	两个月	检查是否有滴漏现象,根据样品污染情况进行清洗
4	电动(球)阀	经常	开关两三次,检查其工作情况,清除阀内杂物,清洗阀体
5	除藻装置	经常	检查是否有滴漏现象,清洗除藻泵及除藻池等

注:"经常"表示到水站作其他维护时要视情况顺便检查。

(6)采水单元日常维护

采水单元日常维护项目见表 7-1-6。

表 7-1-6 采水单元日常维护项目

序号	项目	维护周期	备注
1	采水浮筒	1 周	检查浮筒固定情况
2	加压泵	1 个月	检查水泵管路和电缆连接情况、叶轮运转及水量情况
3	过滤网		清洗
4	清水泵		清洗泵体、入水口滤网
5	采水管路	两周	检查是否出现打折现象,是否畅通。清理管路周边杂物,在含沙量大或者藻类密集的水体断面应根据具体情况进行人工清洗
6	水泵	1 年	聘请专业人员维护维修,建议更换水泵

注:具体维护操作规程细节详见各部分说明书。

二、维修维护常识

1. 基本配件

(1)铂电阻

铂电阻是众多监测仪用来测量温度的传感器。定性地判断铂电阻是否损坏的方法是:铂电阻在 0 ℃的阻值一般为 100 Ω,温度每升高 1 ℃,电阻值升高 0.4 Ω 左右。即若在室温(25 ℃)下用万用表电阻挡测其阻值,其值应为 110 Ω 左右。符合上述规律,说明铂电阻是好的;否则,说明铂电阻已损坏。

(2)61-FG 液位继电器

将继电器的 E1、E2、E3 三端通过导电引线引入污水中,按正确方法给液位继电器通电后,指示灯应亮;拿出 E1,灯不灭;拿出 E2,灯灭;放入 E2,灯不亮;放入 E1,灯亮。不符合上述规律说明继电器坏。

2. 化学需氧量(COD$_{Cr}$)水质在线自动监测仪常见故障分析与排除

在线自动监测仪常见故障分析与排除见表7-1-7。

表 7-1-7　化学需氧量(COD$_{Cr}$)水质在线自动监测仪常见故障分析与排除

序　号	故障现象	故障原因
1	阀体动作不到位	阀体内有杂物堵塞
		电路故障
2	进样阀堵或不进样	水量太小,不足以进样
		进样时间短
		进样阀坏
3	消解器温度过高或过低(正常为165 ℃ ±2 ℃)	铂电阻坏
		温度变送器坏
		温控仪坏
		加热装置坏
4	实时 AD = 0	光度计电源故障
		发光二极管坏
		光敏二极管坏
		AD 模块故障
5	液位探测器无信号	液位过低
		电缆脱落
		电路故障
		液位监测器坏
		驱动器故障
6	COD 超高	报警上限设置过低
		水样计量偏大
		试剂量小
		试剂过期失效
		观察光度计与试剂是否配套
7	无流量	人工液位调试错误
		流量计反馈电压超5 V
		流量探头无电流电压
		流量探头有电流电压但无信号电压
		数据接口未接好
		AD 模块坏(无 AD 信号)

续表

序 号	故障现象	故障原因
8	仪器不按程序设定运行	有个别设定处于非正常状态
		程序乱
9	试剂不能自动加入(1 mL 或 5 mL)	光耦失控。计量电路板对应的发光二极管亮,手动时试剂按键无法按红;或手动时接"1 mL"(或"5 mL")接键,液柱上升到光控位置,光耦不响应
		光耦与光耦座间未连接好,有漏光
		光耦线故障
10	试剂漏	管路老化损坏
		两位三通阀坏
11	触摸屏显示通信错误或者无法传输程序	数据线虚接或坏
		PLC 坏
		触摸屏损坏
12	不采水或不进样	液位计问题
		设定问题
		采样口液位过低,仪器提示"排水口无水"信息
		采样管路球阀没有处于合适位置,导致进样压力不够
		进样阀堵
		自吸泵叶轮坏

3. 氨气敏电极的安装与更换

(1)电极的安装

1)氨气敏电极构造

氨气敏电极简易图如图 7-1-1 所示。

2)新电极的初次使用与安装

在第一次使用氨气敏电极(或第一次使用本监测仪配套氨气敏电极)前,务必先认真对照图 7-1-1 熟悉结构,并严格按照说明进行安装使用。

①玻璃电极的准备。将电极小心地从包装中取出。用手捏住电极帽,将固定螺帽松开,轻轻地把内部玻璃电极取下。将玻璃电极浸泡在 0.1 mol/L 氯化铵溶液中 2 h 以上。

②检验原装气透膜。在进行此操作前,请认真阅读下文④加入内充液和⑤电极的组装两个部分。

a.将浸泡好的氨气敏电极按照原来的方法装好。

b.用无氨水清洗电极到一个比较稳定的电压值。

c.向此无氨水中加入饱和氢氧化钠(优级纯)溶液 3~4 滴,观察其电极电位 mV 值变化,如果电极电位变化值不大,不下降,即证明此电极性能装配良好,气透膜不渗水,可以进行测试,若 mV 值急剧下降 100 mV 以上,证明气透膜渗水或电极组装不紧密,应换膜或重新装。

注意:当电压值上升,但上升较慢并且上升的幅度不大时,可能有以下两个原因:一是此电极的气透膜有微渗现象;二是所用水不纯,含有微量铵离子,在强碱的作用下转化为氨并由电极测得。

③更换气透膜。

a. 拧下电极下部外腔管。

b. 使外腔管的下部向上,轻轻磕动,使内套管、垫圈及旧的气透膜松动并取出。

c. 将原装气透膜弃去。

d. 取出一片新的气透膜(千万不要碰及气透膜中部,以免将其弄脏或损坏)置于电极外腔管下部上端开口处,使其同心,然后小心地将垫圈放在气透膜上,使其与气透膜同心,最后用内套管对准垫圈轻轻地将垫圈和气透膜一并压入外腔管内。

④加入内充液。

a. 向电极外腔管中加入约 2 mL 0.1 mol/L 氯化铵溶液。

b. 检查新装气透膜是否漏水,若漏水,必须重装,再检验,直到不漏水为止;若不漏水,按原来的方式组装好电极。

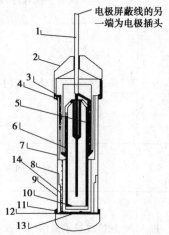

图 7-1-1　氨气敏电极

1—屏蔽线;2—电极帽;3—垫圈;
4—固定螺帽;5—银/氯化银电极;
6—指示电极腔体;7—上部外腔管;
8—垫圈;9—下部外腔管;10—敏感玻璃膜;11—垫圈;12—气透膜;
13—中介液薄层;14—内套管

⑤电极的组装。将加好内充液的电极下部外腔管与上部外腔管安装在一起。

注意:电极组装时,玻璃电极敏感膜与气透膜之间的紧压程度应调节得当,接触过松时,形成的中介溶液层不够薄,平衡时间显著延长;接触过紧,敏感玻璃膜与气透膜之间的中介溶液形成的液膜可能过薄而不连续,电位漂移不定,液接电位增大,且膜可能破裂。

⑥安装电极于监测仪上。查看仪器运行状态,设置仪器状态为蠕动泵静止状态,并确保在电极的整个安装过程中,蠕动泵保持静止的状态。

a. 用手触摸金属制品,以消除手上的静电。

b. 打开监测仪的后门,将旧电极的电极插头从前置放大板上拔出。

c. 将流通池上的废水管路拔下。

d. 将旧电极小心地从流通池中拔出,并将其固定在固定架上。

e. 把刚组装好的新电极小心地插入流通池。

f. 将电极的屏蔽线穿过前面板的开口。

g. 消除手上的静电。

h. 将电极的电极插头插入前置放大板的电极插座上。

（2）电极的使用与保存

1）正常工作状况下电极的使用

电极在正常工作状况下,用户可参照电极的维护部分同时根据数据的实际变化情况,对电极进行必要的维护与保养。

2）电极的保存

电极的短期保存是指在 24 h 内存放电极。将电极浸泡在 0.1 mol/L 氯化铵溶液中,或更换新的内充液,并将电极固定在固定架上。

超过 24 h 的电极存放定义为长期存放。将内充液弃去,用无氨水将内电极和电极外套管洗净并用滤纸擦干,组装好放在电极包装中小心存放。

3）电极的维护

在测定浓度波动较大的水样时,按照浓度从小到大的顺序进行,以免损坏电极,为了保证测定值的可靠性,应在测定前校准。

在监测仪的搬运或存储过程中,一定要把电极从监测仪上拆下,按照电极的长期存放方法进行保存。

电极是监测仪的主要测试部分,监测仪的可靠性很大程度上依赖于电极的可靠性。

在电极使用几个月后,玻璃电极可能在近中性 pH 下的缓冲溶液中的连续使用而最终降低其性能,表现在传感器的响应慢、响应斜率下降。为了恢复其原始性能,应经常将电极浸泡在 0.1 mol/L 盐酸中达 12 h。浸泡时,一定要小心地将玻璃电极浸泡在盐酸中,千万不要将参比电极浸入盐酸。

4）检查玻璃电极的性能

①方法。采用实验室用的甘汞参考电极,通过测量 pH 缓冲溶液中电对的电位来单独检查玻璃电极的性能。

②步骤。

a. 将玻璃电极浸入 pH 缓冲溶液,不要使参比电极接触液体。

b. 将电极与 pH 计相连,按通常的方法用 pH 缓冲溶液进行校准。

4. 氨氮水质在线自动监测仪故障分析

氨氮水质在线自动监测仪故障分析见表 7-1-8。

表 7-1-8　氨氮水质在线自动监测仪故障分析

故　障	可能的原因	排除方法
测定值偏高	配制的校准溶液不准确或时间太长	重新配制校准溶液
	气透膜有气泡	用手轻轻向下按电极,排除气泡
	气透膜玷污	清洗气透膜
	电极故障	维护或更换电极
	气透膜老化或损坏	更换气透膜

续表

故　障	可能的原因	排除方法
测定值偏低	配制的校准溶液不准确	重新配制校准溶液
	试剂用完	添加试剂
	电极响应缓慢	换内充液重装电极
	气透膜老化	更换气透膜
	电极故障	维护或更换电极
	气透膜玷污	清洗气透膜
校准无效	配制的校准溶液不准确	重新配制校准溶液
	电极响应缓慢	换内充液重装电极
	气透膜玷污	清洗气透膜
	校准溶液用光	配制校准溶液
	气透膜老化	更换气透膜
	电极故障	电极维护或更换电极
流通池温度异常	温度传感器出现故障	与销售商或直接与厂家联系维修
	环境温度超出仪器环境温度范围	检查室内空调运行情况

5.流量槽的选择与安装

①根据本企业最大瞬时排水量查表7-1-9,确定需要选择的流量槽"序号"。流量槽结构如图7-1-2所示。

②根据所查到的槽号,按槽的最大宽度表7-1-10中的"B1"规范排放的渠宽,即排水渠的宽度不能小于"B1"。

③流量槽的中心线要与渠道的中心线重合,使水流进入量水堰槽不出现偏流。

④流量槽通水后,水的流态要自由流。临界淹没度可在表7-1-9查得。要求流量槽后的排水要通畅。

⑤流量槽的上游应有大于5倍渠道宽前平直段,使水流能平稳进入流量槽。

⑥流量槽安装在渠道上要牢固。与渠道侧壁、渠底连接要紧密,不能漏水。使水流全部流经流量槽的计量部位,流量槽的计量部位是槽内喉道段。

⑦巴歇尔槽水位观测点在距喉道2/3收缩段长位置(图7-1-3的La)。

⑧巴歇尔槽安装时应保证图7-1-3中水位零点处于水平状态。

⑨浮子采样器可根据现场情况安装在流量槽的上游或下游。

表 7-1-9　巴歇尔槽水位-流量公式

类别	序号	喉道宽度 b/m	流量公式 $Q = Cha^n$/$(\mathrm{L \cdot s^{-1}})$	水位范围 h/m 最小	水位范围 最大	流量范围 Q/$(\mathrm{L \cdot s^{-1}})$ 最小	流量范围 最大	界淹没度/%
小型	1	0.025	$60.4\,ha^{1.55}$	0.015	0.21	0.09	5.4	0.5
	2	0.051	$120.7\,ha^{1.55}$	0.015	0.24	0.18	13.2	0.5
	3	0.076	$177.1\,ha^{1.55}$	0.03	0.33	0.77	32.1	0.5
	4	0.152	$381.2\,ha^{1.54}$	0.03	0.45	1.50	111.0	0.6
	5	0.228	$535.4\,ha^{1.53}$	0.03	0.60	2.5	251	0.6
标准型	6	0.25	$561\,ha^{1.513}$	0.03	0.60	3.0	250	0.6
	7	0.30	$679\,ha^{1.521}$	0.03	0.75	3.5	400	0.6
	8	0.45	$1\,038\,ha^{1.537}$	0.03	0.75	4.5	630	0.6
	9	0.60	$1\,403\,ha^{1.548}$	0.05	0.75	12.5	850	0.6
	10	0.75	$1\,772\,ha^{1.557}$	0.06	0.75	25.0	1\,100	0.6
	11	0.90	$2\,147\,ha^{1.565}$	0.06	0.75	30.0	1\,250	0.6
	12	1.00	$2\,397\,ha^{1.569}$	0.06	0.80	30.0	1\,500	0.7
	13	1.20	$2\,904\,ha^{1.577}$	0.06	0.80	35.0	2\,000	0.7
	14	1.50	$3\,668\,ha^{1.586}$	0.06	0.80	45.0	2\,500	0.7
	15	1.80	$4\,440\,ha^{1.593}$	0.08	0.80	80.0	3\,000	0.7
	16	2.10	$5\,222\,ha^{1.599}$	0.08	0.80	95.0	3\,600	0.7
	17	2.40	$6\,004\,ha^{1.605}$	0.08	0.80	100.0	4\,000	0.7
大型	18	3.05	$7\,463\,ha^{1.6}$	0.09	1.07	160.0	8\,280	0.8
	19	3.66	$8\,859\,ha^{1.6}$	0.09	1.37	190.0	14\,680	0.8
	20	4.57	$10\,960\,ha^{1.6}$	0.09	1.67	230.0	25\,040	0.8
	21	6.10	$14\,450\,ha^{1.6}$	0.09	1.83	310.0	37\,970	0.8
	22	7.62	$17\,940\,ha^{1.6}$	0.09	1.83	380.0	47\,160	0.8
	23	9.14	$21\,440\,ha^{1.6}$	0.09	1.83	460.0	56\,330	0.8
	24	12.19	$28\,430\,ha^{1.6}$	0.09	1.83	600.0	74\,700	0.8
	25	15.24	$35\,410\,ha^{1.6}$	0.09	1.83	750.0	93\,040	0.8

注:1.根据现场使用的量水堰槽设置相应的水位流量表。涉及的参数有"h"参数,水位间隔;"4"参数,4~20 mA 中,20 mA 对应的流量;"$H = 0 \times h$""$H = 1 \times h$",…,水位流量对应关系。

2.设置"L"参数,使仪表显示的液位与量水堰槽的水位相同。"L"参数,校水位。有左右偏流,没有渠道坡降形成的冲力。

表 7-1-10 巴歇尔槽构造尺寸

单位:m

类别	序号	喉道段			收缩段			扩散段			墙高
		b	L	N	B1	L1	La	B2	L2	K	D
小型	1	0.025	0.076	0.029	0.167	0.356	0.237	0.093	0.203	0.019	0.23
	2	0.051	0.114	0.043	0.214	0.406	0.271	0.135	0.254	0.022	0.26
	3	0.076	0.152	0.057	0.259	0.457	0.305	0.178	0.305	0.025	0.46
	4	0.152	0.305	0.114	0.400	0.610	0.407	0.394	0.610	0.076	0.61
	5	0.228	0.305	0.114	0.575	0.864	0.576	0.381	0.457	0.076	0.77
标准型	6	0.25	0.60	0.23	0.78	1.325	0.883	0.55	0.92	0.08	0.80
	7	0.30	0.60	0.23	0.84	1.350	0.902	0.60	0.92	0.08	0.95
	8	0.45	0.60	0.23	1.02	1.425	0.948	0.75	0.92	0.08	0.95
	9	0.60	0.60	0.23	1.20	1.500	1.0	0.90	0.92	0.08	0.95
	10	0.75	0.60	0.23	1.38	1.575	1.053	1.05	0.92	0.08	0.95
	11	0.90	0.60	0.23	1.56	1.650	1.099	1.20	0.92	0.08	0.95
	12	1.00	0.60	0.23	1.68	1.705	1.139	1.30	0.92	0.08	1.0
	13	1.20	0.60	0.23	1.92	1.800	1.203	1.50	0.92	0.08	1.0
	14	1.50	0.60	0.23	2.28	1.95	1.303	1.80	0.92	0.08	1.0
	15	1.80	0.60	0.23	2.64	2.10	1.399	2.10	0.92	0.08	1.0
	16	2.10	0.60	0.23	3.00	2.25	1.504	2.40	0.92	0.08	1.0
	17	2.40	0.60	0.23	3.36	2.40	1.604	2.70	0.92	0.08	1.0
大型	18	3.05	0.91	0.343	4.76	4.27	1.794	3.68	1.83	0.152	1.22
	19	3.66	0.91	0.343	5.61	4.88	1.991	4.47	2.44	0.152	1.52
	20	4.57	1.22	0.457	7.62	7.62	2.295	5.59	3.05	0.229	1.83
	21	6.10	1.83	0.686	9.14	7.62	2.785	7.32	3.66	0.305	2.13
	22	7.62	1.83	0.686	10.67	7.62	3.383	8.94	3.96	0.305	2.13
	23	9.14	1.83	0.686	12.31	7.93	3.785	10.57	4.27	0.305	2.13
	24	12.19	1.83	0.686	15.48	8.23	4.785	13.82	4.88	0.305	2.13
	25	15.24	1.83	0.686	18.53	8.23	5.776	17.27	6.10	0.305	2.13

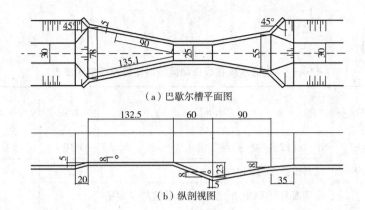

（a）巴歇尔槽平面图

（b）纵剖视图

图 7-1-2　巴歇尔槽结构图

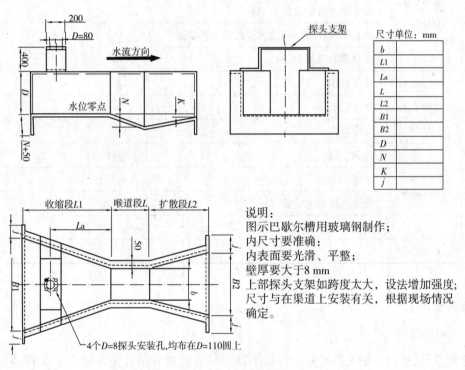

尺寸单位：mm	
b	
$L1$	
La	
L	
$L2$	
$B1$	
$B2$	
D	
N	
K	
j	

说明：
图示巴歇尔槽用玻璃钢制作；
内尺寸要准确；
内表面要光滑、平整；
壁厚要大于 8 mm
上部探头支架如跨度太大，设法增加强度；
尺寸与在渠道上安装有关，根据现场情况
确定。

4个 $D=8$ 探头安装孔，均布在 $D=110$ 圆上

图 7-1-3　巴歇尔槽构造

【任务评价】

任务一 走进水质在线自动监测运营管理评价明细表

序号	考核内容	考核标准	分值	小组评	教师评
1	基本知识（30分）	水质在线自动监测运营模式	10		
		仪器设备维修维护常识	20		
2	基本技能（60分）	化学需氧量COD_{Cr}水质在线自动监测仪常见故障分析排除	15		
		氨气敏电极的安装与更换	20		
		氨氮水质在线自动检测仪故障分析排除	15		
		流量槽的选择和安装	10		
3	环保安全文明素养（10分）	环保意识	4		
		安全意识	4		
		文明习惯	2		
4	扣分清单	迟到、早退	1分/次		
		旷课	2分/节		
		作业或报告未完成	5分/次		
		安全环保责任	一票否决		
	考核结果				

【任务检测】

一、判断题

除流量外，运行维护人员每月应对每个站点所有自动分析仪至少进行1次自动监测方法与实验标准方法的比对试验，试验结果应满足本标准的要求。　　　　　（　　　）

二、选择题

氨气敏电极法氨氮水质在线分析仪测定值偏高的原因是（　　　）。

A. 试剂用完　　B. 温度传感器出现故障　　C. 电极响应缓慢　　D. 气透膜老化

三、问答题

仪器档案一般应包括哪些基本内容？

任务二　认识法律法规与规范

【任务描述】

随着国家环保政策日益完善和管理的加强,水质在线监测系统在实际监测中得到广泛应用。如何保证水质在线自动监测系统实现长周期运行,保证数据的有效性,一直以来是监测、监理人员共同关注的问题。水质在线监测系统的维护与质量控制工作优劣,直接决定监测数据准确性、精密性、代表性、完整性和可比性。水质在线自动监测系统具有连续运行、维护周期长、工作环境较恶劣等特点。影响在线自动监测数据的因素是多方面的,主要是在采水和配水、仪器运行、试剂与标准溶液等方面,实际工作中有针对性地从在线自动监测系统的维护与管理、室内外质量控制及校正等方面展开细致工作,就可以有效地提高在线监测的准确性,使其数据具有代表性,同时可实现系统长周期有效平稳地运行。

本任务通过学习法律法规和规范,使学员了解环境污染设施运营资质许可管理办法的内容和水污染源在线自动监测系统安装技术规范的有关内容,了解相关排放标准。

【相关知识】

一、生态环境监测技术人员持证上岗考核实施细则

为进一步做好生态环境监测技术人员持证上岗考核工作,确保考核工作的规范化、程序化和制度化,依据生态环境部《生态环境监测技术人员持证上岗考核规定》,制定本细则。本细则适用于环境保护系统各级环境监测中心(站)和辐射环境监测机构中一切为环境管理和社会提供环境监测数据和信息的监测、数据分析和评价、质量管理以及与监测活动相关人员的持证上岗考核。持有合格证的人员,方能从事相应的监测工作;未取得合格证者,只能在持证人员的指导下开展工作,监测质量由持证人员负责。

1. 考核程序

①主考单位在每年第一季度,依据被考核单位报送的考核计划制订并印发年度考核计划,拟订的考核时间至少在合格证有效截止日期前30个工作日。主考单位按年度考核计划组织实施持证上岗考核。因特殊情况需进行计划外考核的,被考核单位须提前30个工作日向主考单位提出书面申请。

②被考核单位应在申请现场考核前完成对被考核人员的岗前技术培训(新上岗人员需至少经过3个月技术培训及见习,转岗人员需至少经过1个月技术培训,需保留培训记录),并对被考核人申请的全部新增项目(方法)进行自行考核认定。自认定合格人员方可申请参加持证上岗考核。

③主考单位与被考核单位协商确定考核时间。被考核单位应在计划考核前至少30个

工作日,按要求完成申请材料填报。被考核单位应按要求做好考核准备工作,提供现场考核所需的工作条件,保证场所环境、设备设施等条件满足相关标准、技术规范要求。一般情况下,实验室监测项目考核地点为被考核单位自有实验室;实验室以外的现场监测项目(如锅炉废气、噪声、加油站、机动车排放监测等),需被考核单位提供考核现场(场所);自动监测运维考核需在监测站房或质控实验室内进行。生态环境主管部门下达监测任务的专项考核,其考核地点由主考单位确定。

④主考单位审核并通过申报材料后,根据被考核单位申请的监测领域及考核类别组建考核组、指定考核组长,并书面通知考核组成员及所在单位。所在单位同意后,应及时将派出意见书面回复主考单位。

⑤考核组人数和考核天数根据考核内容的多少确定。考核组不少于两人,现场考核时间一般为 2~4 d。

⑥考核组长根据考核基本要求和被考核人的申请项目,组织理论考试出题、确定现场操作考核的考核项目、考核方式和具体日程安排,形成现场考核方案。考核方案应至少包括考核组分工、考核时间及地点、考核项目(方法)、考核方式以及联络人员等,并于现场考核前10 个工作日通知被考核单位。

⑦考核流程主要包括首次会议、理论考核、实验室考察、现场操作考核、自认定材料抽查及末次会议等环节。不可抗力因素导致考核组无法到达被考核单位进行现场考核的,可选择远程考核方式。考核组对自认定材料进行抽查并查看,抽查比例不少于单位自认定总项目(方法)的20%。现场考核工作完成后,考核组形成持证上岗考核意见,并在末次会议上向被考核单位通报。末次会议议程包括:考核组成员对考核中发现的主要问题进行反馈;考核组长代表考核组向被考核单位通报考核情况,并宣读考核组意见;被考核单位主要负责人讲话。

⑧考核工作结束后,考核组长应在考核系统中填写考核意见并提交《生态环境监测技术人员持证上岗考核报告》,于5 个工作日内将考核组意见纸质文件(需签字)报送主考单位。

⑨主考单位收到纸质考核意见审核无误后,于5 个工作日内将考核结果报送合格证核发部门(单位)。合格证核发部门(单位)收到考核结果并审核无误后,于10 个工作日内向被考核单位发放合格证。

2. 自认定要求

①被考核单位应成立自认定工作组负责持证上岗考核的自认定工作。根据持证上岗考核的申报安排,制订自认定计划,组织技术人员进行相关知识、技术、技能等培训,完成自认定工作。

②自认定包括理论考核和现场操作考核。

③被考核单位应当将自认定的相关材料完整保存。自认定材料包括单位和个人两部分。单位部分主要包括自认定计划、《技术人员自认定结果确认汇总表》等;个人部分主要包括技术人员自认定结果确认表,考核评价记录表、相关的监测原始记录(或复印件)、理论考核试卷、符合免考条件的项目(方法)证明材料等,要求一人一档。被考枝单位在申请持证上

岗考核时一并提交《技术人员自认定结果确认汇总表》。

3.考核内容、方式和结果评定

①根据被考核人员的工作性质和岗位,考核分为监测分析类(包括样品采集、现场测试、实验室分析以及自动监测运维等)、质量管理类(包括质量保证和质量控制等)和综合技术类(包括综合分析与评价、生态遥感监测与评价等)。

②不同类别考核内容如下:

A.监测分析类人员的考核分为理论考核和现场操作考核。理论考核内容包括基础知识科目及所申报项目(方法)对应的理论科目;现场操作考核根据所申报项目(方法)确定。

B.质量管理类人员进行理论考核,考核内容包括生态环境保护基本知识、生态环境监测基本知识、生态环境保护标准和监测规范基本要求、质量管理相关规章制度、实验室分析和现场监测的基本知识和质控技术、数理统计知识、计量基础知识、量值溯源及案例分析等。

C.综合技术类人员进行理论考核,考核内容包括生态环境保护基本知识、生态环境监测基本知识、生态环境保护标准和监测规范基本要求、监测数据的传输及管理知识、数据合理性判断、监测数据分析评价方法、报告编写要点、遥感解析技术和环境形势综合分析等。

D.所有报考人员均需进行理论考核(包括基础知识科目和专业知识科目),考核内容根据申请的持证项目而定,专业知识应覆盖被考核人员申报的所有理论科目,每人每次考核限申报8个二级科目。理论考核方式为笔试或计算机考核,原则上采取闭卷形式。年满45周岁且从事监测工作10年以上(含10年)的人员可开卷考试。

E.现场操作考核采取基本技能与样品分析相结合的方式进行,并优先选用样品分析考核方式,每人每次考核最多申请50个项目(方法)的现场操作考核。

现场操作考核采取抽考形式。抽考的项目应具有代表性,覆盖被考核人申报项目(方法)的所有项目类别、方法类别和仪器设备类别。抽考项目(方法)数量一般不少于被考核人申报项目(方法)数量的30%,免考项目(方法)计入抽考比例,现场考核时需至少抽考一项非免考项目(方法)。

基本技能考核包括手工监测考核和自动监测考核,通过实际操作并结合提问等方式进行,必要时需提交原始记录。

样品分析考核是指对考核样品(标样品等有准确赋值的样品)或实际样品的测定。有考核样品的项目,原则上进行考核样品的测定:没有考核样品的项目,可采用加标回收实验、留样复测、实际样品测试等方式进行。样品分析后需提交原始记录,涉及考核样品分析,加标回收实验、留样复测等考核方式的需提交监测报告。

F.理论考核成绩达到试卷总分数的60%为合格,否则为不合格,理论考核不可补考。

基本技能考核以每个项目的操作过程达到基本要求和回答问题正确为合格,否则视为不合格。

样品分析考核依据分析结果进行判定,分为合格和不合格。考核样品分析可报两次结果。对现场操作考核中的不合格项目。考核组应对相同原理的未抽考项目(方法)通行核查,必要时进行现场考核确认,若考核组确认不合格。则同类项目(力法)均判定为不合格,对环境条件、设备设施不满足要求的申报项目(方法),按不合格处理。

监测分析类人员理论考核、现场操作考核均合格,则评定为该项目考核合格,否则评定为该项目不合格。质量管理类和综合技术类人员理论考核合格即评定为合格。

G. 理论各科目及现场操作考核成绩单科有效期3年,有效期内再次申请相应项目(方法)的持证上岗考核,可免考已通过理论科目或现场操作考核。

H. 自认定项目抽查不合格的,则评定该项目不合格,并技不合格项目数的两倍增加抽查项目,最终结果评定以抽查结果为准。

I. 被考核人员在最近3个自然年内(包含本自然年)参加以下活动并符合要求的,可免除相应项目(方法)的现场操作考核,成绩按通过计:

a. 自参加国家级、省级机构或其他权威机构组织(如国际组织、被授权的能力验证提供者等)的能力验证(比对、考核)取得满意结果的。

b. 参加标准样品协作定值被采纳的。

c. 参加检验检测机构资质认定或实验室认可评审盲样测试考核合格的。

d. 承担国家、行业标准制修订项目研究或参加标准方法验证的。

e. 在国家或省级技能技术比赛(大比武、技术练兵等)中获得个人奖项的(不包括理论单科奖项)。

其中a、b每个项目(方法)限申请免考两人,需提供结果合格或满意的证明文件及原始记录(免考人员为分析人员)复印件;c需提供现场考核项目表复印件;d需为已正式发布的方法标准并提供可证明申请免考人员贡献的文件复印件,如标准证书或验证报告复印件等;e需提供获奖证书复印件。

4. 合格证的管理

①合格证有效期一般为6年,标准规范中另有规定的按其要求执行。

②合格证到期人员,若其持证期间持续从事所持证项目(方法)的监测工作(一个持证周期内至少在该岗位工作满4年),按要求提供相关证明材料,被考核单位本年度有考核计划的提交给考核组,本年度无考核计划的提交至主考单位,经考核组或主考单位审核通过,可直接换发已持证项目(方法)的合格证。一般情况下,被考核单位根据证书到期情况每年只能申请一次换证,换证需在证书到期前1年内申请。

a. 监测分析类人员提供在岗期间每年1份(至少4年)包含相应项目(方法)的监测报告或原始记录。

b. 质量管理类人员提供被考核单位出具的两年从事该工作的证明或本人近两年参加该工作的相关证明(如内审、管理评审、质量监督、社会化机构检查等)。

c. 综合技术类人员提供近两年本人参与编制的综合分析报告、环境质量报告、遥感解析报告等证明材料。

监测分析类人员在最近3个自然年内(包含本自然年)达到免考条件并提供相应证明材料,相应项目(方法)可直接换证。

③新标准方法发布代替原标准方法,若不涉及方法原理、仪器设备等关键内容变化,可

由被考核单位对相应持证人员进行自认定,并将相关人员自认定材料及方法变更确认材料报送主考单位备案,视为相应人员及项目(方法)已持证,被考核单位后续申请持证上岗考核时予以核发。

④当需要撤销合格证时,主考单位对被撤销合格证人员姓名、所在单位、证书编号及撤销证书原因予以公示。

阅读有益

污染源自动监控管理办法

(国家环保总局令第28号)

第一章　总　则

第一条　为加强污染源监管,实施污染物排放总量控制与排污许可证制度和排污收费制度,预防污染事故,提高环境管理科学化、信息化水平,根据《水污染防治法》《大气污染防治法》《环境噪声污染防治法》《水污染防治法实施细则》《建设项目环境保护管理条例》和《排污费征收使用管理条例》等有关环境保护法律法规,制定本办法。

第二条　本办法适用于重点污染源自动监控系统的监督管理。

重点污染源水污染物、大气污染物和噪声排放自动监控系统的建设、管理和运行维护,必须遵守本办法。

第三条　本办法所称自动监控系统,由自动监控设备和监控中心组成。

自动监控设备是指在污染源现场安装的用于监控、监测污染物排放的仪器、流量(速)计、污染治理设施运行记录仪和数据采集传输仪等仪器、仪表,是污染防治设施的组成部分。

监控中心是指环境保护部门通过通信传输线路与自动监控设备连接用于对重点污染源实施自动监控的计算机软件和设备等。

第四条　自动监控系统经环境保护部门检查合格并正常运行的,其数据作为环境保护部门进行排污申报核定、排污许可证发放、总量控制、环境统计、排污费征收和现场环境执法等环境监督管理的依据,并按照有关规定向社会公开。

第五条　国家环境保护总局负责指导全国重点污染源自动监控工作,制订有关工作制度和技术规范。

地方环境保护部门根据国家环境保护总局的要求按照统筹规划、保证重点、兼顾一般、量力而行的原则,确定需要自动监控的重点污染源,制订工作计划。

第六条　环境监察机构负责以下工作:

(一)参与制订工作计划,并组织实施;

(二)核实自动监控设备的选用、安装、使用是否符合要求;

(三)对自动监控系统的建设、运行和维护等进行监督检查;

(四)本行政区域内重点污染源自动监控系统联网监控管理;

(五)核定自动监控数据,并向同级环境保护部门和上级环境监察机构等联网报送;

(六)对不按照规定建立或者擅自拆除、闲置、关闭及不正常使用自动监控系统的排污单位提出依法处罚的意见。

第七条　环境监测机构负责以下工作:

(一)指导自动监控设备的选用、安装和使用;

(二)对自动监控设备进行定期比对监测,提出自动监控数据有效性的意见。

第八条　环境信息机构负责以下工作:

（一）指导自动监控系统的软件开发；

（二）指导自动监控系统的联网，核实自动监控系统的联网是否符合国家环境保护总局制订的技术规范；

（三）协助环境监察机构对自动监控系统的联网运行进行维护管理。

第九条　任何单位和个人都有保护自动监控系统的义务，并有权对闲置、拆除、破坏以及擅自改动自动监控系统参数和数据等不正常使用自动监控系统的行为进行举报。

第二章　自动监控系统的建设

第十条　列入污染源自动监控计划的排污单位，应当按照规定的时限建设、安装自动监控设备及其配套设施，配合自动监控系统的联网。

第十一条　新建、改建、扩建和技术改造项目应当根据经批准的环境影响评价文件的要求建设、安装自动监控设备及其配套设施，作为环境保护设施的组成部分，与主体工程同时设计、同时施工、同时投入使用。

第十二条　建设自动监控系统必须符合下列要求：

（一）自动监控设备中的相关仪器应当选用经国家环境保护总局指定的环境仪器检测机构适用性检测合格的产品；

（二）数据采集和传输符合国家有关污染源在线自动监控（监测）系统数据传输和接口标准的技术规范；

（三）自动监控设备应安装在符合环境保护规范要求的排污口；

（四）按照国家有关环境监测技术规范，环境监测仪器的比对监测应当合格；

（五）自动监控设备与监控中心能够稳定联网；

（六）建立自动监控系统运行、使用、管理制度。

第十三条　自动监控设备的建设、运行和维护经费由排污单位自筹，环境保护部门可以给予补助；监控中心的建设和运行、维护经费由环境保护部门编报预算申请经费。

第三章　自动监控系统的运行、维护和管理

第十四条　自动监控系统的运行和维护，应当遵守以下规定：

（一）自动监控设备的操作人员应当按国家相关规定，经培训考核合格、持证上岗；

（二）自动监控设备的使用、运行、维护符合有关技术规范；

（三）定期进行比对监测；

（四）建立自动监控系统运行记录；

（五）自动监控设备因故障不能正常采集、传输数据时，应当及时检修并向环境监察机构报告，必要时应当采用人工监测方法报送数据。

自动监控系统由第三方运行和维护的，接受委托的第三方应当依据《环境污染治理设施运营资质许可管理办法》的规定，申请取得环境污染治理设施运营资质证书。

第十五条　自动监控设备需要维修、停用、拆除或者更换的，应当事先报经环境监察机构批准同意。

环境监察机构应当自收到排污单位的报告之日起 7 日内予以批复，逾期不批复的，视为同意。

第四章　罚　则

第十六条　违反本办法规定，现有排污单位未按规定的期限完成安装自动监控设备及其配套设施的，由县级以上环境保护部门责令限期改正，并可处 1 万元以下的罚款。

第十七条　违反本办法规定，新建、改建、扩建和技术改造的项目未安装自动监控设备及其配套设施，或者未经验收或者验收不合格的，主体工程即正式投入生产或者使用的，由审批该建设项目环境影响评价文件的环境保护部门依据《建设项目环境保护管理条例》责令停止主体工程生产或者使用，可以处 10 万元以下的罚款。

第十八条　违反本办法规定,有下列行为之一的,由县级以上地方环境保护部门按以下规定处理:

(一)故意不正常使用水污染物排放自动监控系统,或者未经环境保护部门批准擅自拆除、闲置、破坏水污染物排放自动监控系统,排放污染物超过规定标准的;

(二)不正常使用大气污染物排放自动监控系统,或者未经环境保护部门批准,擅自拆除,闲置、破坏大气污染物排放自动监控系统的;

(三)未经环境保护部门批准,擅自拆除、闲置、破坏环境噪声排放自动监控系统,致使环境噪声排放超过规定标准的。

有前款第(一)项行为的,依据《水污染防治法》第四十八条和《水污染防治法实施细则》第四十一条的规定,责令恢复正常使用或者限期重新安装使用,并处 10 万元以下的罚款;有前款第(二)项行为的,依据《大气污染防治法》第四十六条的规定,责令停止违法行为,限期改正,给予警告或者处 5 万元以下罚款;有前款第(三)项行为的,依据《环境噪声污染防治法》第五十条的规定,责令改正,处 3 万元以下罚款。

第五章　附　则

第十九条　本办法自 2005 年 11 月 1 日起施行。

YUEDUYOUYI

二、水污染源在线监测系统(COD$_{Cr}$、NH$_3$-N 等)安装技术规范

1. 适用范围

本标准规定了水污染源在线监测系统的组成部分,水污染源排放口、流量监测单元、监测站房、水质自动采样单元及数据控制单元的建设要求,流量计、水质自动采样器及水质自动分析仪的安装要求,以及水污染源在线监测系统的调试、试运行技术要求。

本标准适用于水行染源在线监测系统各组成部分的建设,以及所采用的流量计、水质自动采样器、化学需氧量(COD$_{Cr}$)水质自动分析仪、总有机碳(TOC)水质自动分析仪、氨氮(NH$_3$-N)水质在线自动监测仪、总磷(TP)水质自动分析仪、总氮(TN)水质自动分析仪、温度计、pH 水质自动分析仪等水污染源在线检测仪器的安装、调试及试运行。

本标准所规范的水污染源在线监测系统适用于化学需氧量(COD$_{Cr}$)、氨氮(NH$_3$ − N)、总磷(TP)、总氮(TN)、pH、温度及流量监测因子的在线监测。

2. 规范性引用文件

本标准内容引用了下列文件中的条款。凡是不注日期的引用文件,其有效版本适用于本标准。

GB 15562.1　环境保护图形标志——排放口(源)

GB 50057　建筑物防雷设计规范

GB 50093　自动化仪表工程施工及验收规范

GB 50168　电气装置安装工程电缆线路施工及验收规范

GB 50169　电气装置安装工程接地装置施工及验收规范

GB/T 17214　工业过程测量和控制装置工作条件 第 1 部分:气候条件

HJ 15　超声波明渠污水流量计技术要求及检测方法

HJ 91.1　污水监测技术规范

HJ 101　氨氮水质在线自动分析仪技术要求及检测方法

HJ 212　污染源在线监控(监测)系统数据传输标准

HJ 354 – 2019　水污染源在线监测系统(COD$_{Cr}$、NH$_3$ – N 等)验收技术规范

HJ 355 – 2019　水污染源在线监测系统(COD$_{Cr}$、NH$_3$ – N 等)运行技术规范

HJ 377　化学需氧量(COD$_{Cr}$)水质在线自动监测仪技术要求及检测方法

HJ 477　污染源在线自动监控(监测)数据采集传输仪技术要求

HJ 828　水质 化学需氧量的测定 重铬酸盐法

HJ/T 70　高氯废水 化学需氧量的测定 氯气校正法

HJ/T 96　pH 水质自动分析仪技术要求

HJ/T 102　总氨水质自动分析仪技术要求

HJ/T 103　总磷水质在线自动分析仪技术要求

HJ/T 104　总有机碳(TOC)水质在线自动分析仪技术要求

HJ/T 367　环境保护产品技术要求 电磁管道流量计

HJ/T 372　水质自动采样器技术要求及检测方法

CJ/T 3008.1　城市排水流量堰槽测量标准三角形薄壁堰

CJ/T 3008.2　城市排水流量堰槽测量标准矩形薄壁堰

CJ/T 3008.3　城市排水流量堰槽测量标准巴歇尔量水槽

DGJ 08 – 114　临时性建筑物应用技术规程

JJG 711　明渠堰槽流量计(试行)

JJF 1048　数据采集系统校准规范

3. 术语和定义

下列术语和定义适用于本标准。

(1)水污染源在线监测仪器

指水污染源在线监测系统中用于在线连续监测污染物浓度和排放量的仪器、仪表。

(2)水污染源在线监测系统

指由实现水污染源流量监测、水污染源水样采集、分析及分析数据统计与上传等功能的软硬件设施组成的系统。

(3)瞬时水样

指某个采样点某时刻一次采集到的水样。

(4)混合水样

指同一个采样点连续或不同时刻多次采集到的水样的混合体。

(5)水质自动采样单元

指水污染源在线监测系统中用于实现采集水样及混合水样、超标留样、平行监测留样、比对监测留样的单元,供水污染源在线监测仪器分析测试。

(6)数据控制单元

指实现控制整个水污染源在线监测系统内部仪器设备联动,自动完成水污染源在线监测仪器的数据采集、整理、输出及上传至监控中心平台,接受监控中心平台命令控制水污染源在线监测仪器运行等功能的单元。

4.仪器设备主要技术指标

(1)一般要求

1)工作电压和频率

工作电压为单相(220±22) V 频率为(50±0.5) Hz。

2)通信协议

支持 RS-232、RS-485 协议,具体要求按照 HJ/T 212 规定。

3)相关认证要求

①应具有中华人民共和国计量器具型式批准证书及生产许可证。

②应通过国家环境保护总局环境监测仪器质量监督检验中心适用性检测。

4)基本功能要求

①应具有时间设定、校对、显示功能。

②应具有自动零点、量程校正功能。

③应具有测试数据显示、存储和输出功能。

④意外断电且用度上电时,应能自动排出系统内残存的试样、试剂等,并自动清洗,自动复位到重新开始测定的状态。

⑤应具有故障报警、显示和诊断功能,并具有自动保护功能,并且能够将故障报警信号输出到远程控制网。

⑥应具有限值报警和报警信号输出功能。

⑦应具有接收远程控制网的外部触发命令、启动分析等操作的功能。

⑧对总有机碳(TOC)自动分析仪,应具有将 TOC 数据自动换算成 COD_{Cr},并显示和输出数据的功能。

⑨对紫外(UV)吸收水质自动在线检测仪,应具有将检测结果自动换算成 COD_{Cr},并显示和输出数据的功能。

⑩对排放水质不稳定的水污染源,不宜使用总有机碳碳(TOC)水质自动分析仪或紫外(UV)吸收水质自动在线检测仪。

⑪对排放高氯废水(氯离子浓度在 1 000~20 000 mg/L)的水污染源,不宜使用化学需氧量(COD_{Cr})水质在线自动检测仪。

(2)化学需氧量(COD_{Cr})水质在线自动检测仪

1)方法原理

在酸性条件下,将水样中有机物和无机还原性物质用重铬酸钾氧化的方法,检测方法有光度法、化学滴定法、库仑滴定法等。如果使用其他方法原理的化学需氧量(COD_{Cr})水质在线自动监测仪,其各项性能指标应满足相关要求。

2)测定范围

15～2 000 mg/L。

(3)总有机碳(TOC)水质自动分析仪

1)方法原理

①干式氧化原理:填充铂系、钴系等催化剂的燃烧管保持在680～1 000 ℃,将由载气导入的试样中的 TOC 燃烧氧化。干式氧化反应器常采用的方式有两种:一种是将载气连续通入燃烧管;另一种是将燃烧管关闭一定时间,在停止通入载气的状态下,将试样中的 TOC 燃烧氧化。

②湿式氧化质理:向试样中加入过硫酸钾等氧化剂,采用紫外线照射等方式施加外部能量将试样中的 TOC 氧化。

2)检测方法

非分散红外预收法。

3)测定最小范围

0～50 mg/L,可扩充。

(4)氨氮水质在线自动监测仪

1)方法原理

光度法:在水样中加入能与氨离子产生显色反应的化学试剂,利用分光光度计分析得出氨氮浓度。

2)测定范围

测量最小范围: 0.1～150 mg/L。

(5)总磷水质自动分析仪

1)方法原理

将水样用过硫酸钾氧化分解后,用钼锑抗分光光度法测定。氧化分解方式主要有3种:水样在 120 ℃、30 min 加热分解;水样在 120 ℃以下紫外分解;水样在 100 ℃以下氧化电分解。

使用其他方法原理的总磷水质自动分析仪,其各项性能指标应满足相关要求。

2)测定范围

测定最小范围: 0～50 mg/L。

(6)pH 水质自动分析仪

1)测定原理

玻璃电极法。

2)测量范围

测量最小范围:pH2～12(0～40 ℃)。

(7)流量计

流量计是指用于测定污水排放流量的仪器,一般宜采用超声波明渠污水流量计。

1）超声波明渠污水流量计

指采用超声波原理测量明渠堰槽指定位置液位。并按照标准公式计算流量的仪表。不包含堰槽部分。

2）方法原理

用超声波发射波和反射波的时间差测量标准化计量堰（槽）内的水位通过变送器用 ISO 流量标准计算法换算成流量。

（8）数据采集传输仪

数据采集传输仪通过数字通道、模拟通道、开关量通道采集监测仪表的监测数据、状态等信息,然后通过传输网络将数据、状态传输至上位机;上位机通过传输网络发送控制命令,数据采集传输仪根据命令控制监测仪表工作。

1）通信协议

应符合 HJ/T 212 规定的要求。

2）通信方式要求

数积采集传输仪应至少具备下列通信方式之一:无线传输方式,通过用 GPRS、CDMA 等无线方式与上位机通信,数据采集传输仅应能通过串行口与任何标准透明传输的无线模块连接。以太网方式,直接通过局域网或 Interent 与上位机通信。有线方式,通过电话线、IDSN 或 ASDL 方式与上位机通信。

3）构造要求

数据采集传输仅从功能上可分为数据采集单元、数据存储单元,数据传输单元、电源单元、接线单元、显示单元和壳体组成。

数据采集单元应满足以下要求:

a.应至少具备 5 个 RS 232（或 RS 485）数字输入通道,用于连接监测仪表,实现数据、命令双向传输。

b.应至少具备 8 个模拟量输入通道,应支持 4~20 mA 电流输入或 1~5 V 电压输入,应至少达到 12 位分辨率。

c.应至少具备 4 个开关量输入通道,用于接入污染治理设施工作状态。开关量输入电压为 0~5 V。

①数据存储单元。

用于存储所采集到的监测仪表的实时数据和历史数据,存储容量应至少存储 14 400 条记录,存储单元应具备断电保护功能,断电后所存储数据应不丢失。

②数据传输单元。

数据传输单元应采用可靠的数据传输设备,保证连续、快速、可靠地进行数据传输;与上位机的通信协议应符合 HJ/T 212 要求。

③电源单元。

负责将220 V交流电转换为直流电,为控制主板提供电源,要求具备防浪涌、防雷击功能,要求在输入电压变化±15%条件下保持输出不变。

④接线单元。

用于实现监测仪表与数据采集传输仪的连接,要求采用工业级接口,接线牢靠、方便,便于拆卸,接线头应被相对密封,防止接线头腐蚀、生锈和接触不良。

⑤显示单元。

数据采集传输仪应自带显示屏,应能显示所连接监测仪表的实时数据,小时均值、日均值和月均值,还应能够显示污染物的小时总量、日总量和月总量。

⑥壳体。

数据采集传输仪壳体应坚固,应采用塑料、不锈钢或经处理的烤漆钢板等防腐材料制造。壳体应密封,以防水、灰尘、腐蚀性气体进入壳体腐蚀控制电路。

⑦断电保护功能。

仪器应自带备用电池或配装不间断电源(UPS),在外部供电切断情况下能保证数据采集传输仪连续工作6 h,并且在外部电源断电时自动通知上位机或维护人员。数据采集传输仪必须能够在供电(特别是断电后重新供电)后可靠地自动启动运行,并且所存数据不丢失。

⑧数据导出功能。

数据采集传输仪应具有数据导出功能,可通过磁盘、U盘、存储卡或专用软件导出数据。

⑨看门狗复位功能。

数据采集传输仪应具有看门狗复位功能,防止系统死机。

⑩系统防病毒功能。

数据采集传输仪如果采用工控机,应具有硬件/软件防病毒、防攻击机制。

⑪数据保密功能。

数据采集传输仪应具备保密功能,能设置密码,通过密码才能调取相关的数据资料。

【任务实施】

一、监测站房与仪器设备安装技术要求

(1)排放口设置

按照HJ 91.1—2019《污水检测技术规范》中的布设原则选择水污染源排放口位置。

①排放口依照要求设置环境保护图形标志牌。

②排放口应能满足流量监测单元建设要求。

③排放口应能满足水质自动采样单元建设要求。

用暗管或暗渠排污的,需设置能满足人工采样条件的竖井或修建一段明渠,污水面在地面以下超过1 m的,应配建采样台阶或梯架。压力管道式排放口应安装满足人工采样条件的取样阀门。

（2）监测站房

①应建有专用监测站房,新建监测站房面积应满足不同监控站房的功能需要并保证水污染源在线监测系统的摆放、运转和维护,使用面积应不小于 15 m²,站房高度不低于2.8 m。

②监测站房应尽量靠近采样点,与采样点的距离应小于 50 m。

③应安装空调和冬季采暖设备,空调具有来电自启动功能,具备温湿度计,保证室内清洁,环境温度、相对湿度和大气压等应符合要求。

④监测站房内应配置安全合格的配电设备,能提供足够的电力负荷,功率≥5 kW,站房内应配置稳压电源。

⑤监测站房内应配置合格的给、排水设施,使用符合实验要求的用水清洗仪器及有关装置。

⑥监测站房应配置完善规范的接地装置和避雷措施、防盗和防止人为破坏的设施。

⑦监测站房应配备灭火器箱、手提式二氧化碳灭火器、干粉灭火器或沙桶等,按消防相关要求布置。

⑧监测站房不应位于通信盲区,应能够实现数据传输。

⑨监测站房的设置应避免对企业安全生产和环境造成影响。

⑩监测站房内、采样口等区域应安装视频监控设备。

（3）采样取水系统安装要求

采样取水系统应保证采集有代表性的水样,并保证将水样无变质地输送至监测站房供水质自动分析仪取样分析或采样器采样保存。

采样取水系统应尽量设在废水排放堰槽取水口头部的流路中央,采水的前端设在下流的方向,减少采水部前端的堵塞。测量合流排水时,在合流后充分混合的场所采水。采样取水系统宜设置成可随水面的涨落而上下移动的形式。应同时设置人工采样口,以便进行比对试验。

采样取水系统的构造应有必要的防冻和防腐设施。

采样取水管材料应对所监测项目没有干扰,并且耐腐蚀。取水管应能保证水质自动分析仪所需的流量。采样管路应采用优质的硬质 PVC 或 PPR 管材,严禁使用软管做采样管。

采样泵应根据采样流量、采样取水系统的水头损失及水位差合理选择。取水采样泵应对水质参数没有影响,并且使用寿命长、易维护。采样取水系统的安装应便于采样泵的安置及维护。

采样取水系统宜设有过滤设施,防止杂物和粗颗粒悬浮物损坏采样泵。

氨氮水质在线自动监测仪采样取水系统的管路设计应具有自动清洗功能,宜采用加臭氧、二氧化氯和加氯等冲洗方式。应尽量缩短采样取水系统与氨氮水质在线自动监测仪之间输送管路的长度。

（4）现场水质自动分析仪安装要求

现场水质自动分析仪应落地或壁挂式安装，有必要的防震措施，保证设备安装牢固稳定。在仪器周围应留有足够空间，方便仪器席护。安装高温加热装置的现场水质自动分析仪。应避开可燃物和严禁烟火的场所。

现场水质自动分析仪与数据采集传输仪的电缆连接应可靠稳定，并尽量缩短信号传输距离，减少信号损失。

各种电缆和管路应加保护管铺于地下或空中架设，空中架设的电缆应附着在牢固的桥架上，并在电缆和管路以及电缆和管路的两端作明显标记。电缆线路的施工应满足相关要求。现场水质自动分析仪工作所必需的高压气体钢瓶，应稳固固定在监测站房的墙上，防止钢瓶跌倒。

COD_{Cr}、TOC、NH_3-N、TP、TN 水质自动分析仪可自动调节零点和校准量程值，两次校准时间间隔不小于 24 h。

根据企业排放废水实际情况，水质自动分析仪可安装过滤等预处理装置，经过预处理装置所安装的过滤等预处理装置应防止过度过滤。

必要时（如南方的雷电多发区），仪器和电源也应设置防雷设施。

（5）调试

在完成水污染源在线监测系统的建设之后，需要对流量计、水质自动采样器、水质自动分析仪进行调试，并联网上报数据。

数据控制单元的显示结果应与测量仪表一致，可方便查阅各种报表。

明渠流量计采用 HJ 354—2019《水污染源在线监测系统（COD_{Cr}、NH_3-N 等）验收技术规范》中 6.3 章节规定的方法进行流量比对误差和液位比对误差测试。

水质自动采样器采用 HJ 354—2019《水污染源在线监测系统（COD_{Cr}、NH_3-N 等）验收技术规范》中 6.3 章节规定的方法进行采样量误差和温度控制误差测试。

水质自动分析仪应根据排污企业排放浓度选择量程，并在该量程下进行 24 h 漂移、重复性和示值误差的测试，按照 HJ 354—2019《水污染源在线监测系统（COD_{Cr}、NH_3-N 等）验收技术规范》中 6.3 章节规定的方法进行实际水样比对测试。

（6）试运行

应根据实际水污染源排放特点及建设情况，编制水污染源在线监测系统运行与维护方案以及相应的记录表格。试运行期间应按照所制订的运行与维护方案及 HJ 355—2019《水污染源在线监测系统（COD_{Cr}、NH_3-N 等）运行技术规范》相关要求进行作业。

试运行期间应保持对水污染源在线监测系统连续供电，连续正常运行 30 d。排放源故障或在线监测系统故障等造成运行中断，在排放源或在线监测系统恢复正常后，重新开始试运行。

试运行期间数据传输率应不小于90%。

数据控制系统已经和水污染源在线监测仪器正确连接,并开始向监测中心平台发送数据。

编制水污染源在线监测系统试运行报告表,见表7-2-1。

表 7-2-1 水污染源在线监测仪器调试期性能指标

仪器类型	调试项目		指标限值
明渠流量计	液位比对误差		12 mm
	流量比对误差		±10%
水质自动采样器	采样量误差		±10%
	温度控制误差		±2℃
化学需氧量(COD_{Cr})水质在线自动监测仪/总有机碳(TOC)水质自动分析仪	24 h 漂移	20% 量程上限值	±5% F.S.
		80% 量程上限值	±10% F.S.
	重复性		≤10%
	示值误差		±10%
	实际水样比对	COD_{Cr} < 30 mg/L(用浓度为 20 ~ 25 mg/L 的标准样品替代实际水样进行试验)	±5 mg/L
		30 mg/L≤实际水样 COD_{Cr} < 60 mg/L	±30%
		60 mg/L≤实际水样 COD_{Cr} < 100 mg/L	±20%
		实际水样 COD_{Cr}≥100 mg/L	±15%
氨氮水质在线自动监测仪	24 h 漂移	20% 量程上限值	±5% F.S.
		80% 量程上限值	±10% F.S.
	重复性		≤10%
	示值误差		±10%
	实际水样比对	实际水样氨氮 < 2 mg/L(用浓度为 1.5 mg/L 的标准样品替代实际水样进行试验)	±0.3 mg/L
		实际水样氨氮≥2 mg/L	±15%
TP 水质自动分析仪	24 h 漂移	20% 量程上限值	±5% F.S.
		80% 量程上限值	±10% F.S.
	重复性		≤10%
	示值误差		±10%
	实际水样比对	实际水样总磷 < 0.4 mg/L(用浓度为 0.3 mg/L 的标准样品替代实际水样进行试验)	±0.06 mg/L
		实际水样总磷≥0.4 mg/L	±15%

续表

仪器类型	调试项目		指标限值
TN 水质自动分析仪	24 h 漂移	20% 量程上限值	±5% F. S.
		80% 量程上限值	±10% F. S.
	重复性		≤10%
	示值误差		±10%
	实际水样比对	实际水样总氮<2 mg/L(用浓度为 1.5 mg/L 的标准样品替代实际水样进行试验)	±0.3 mg/L
		实际水样总氮≥2 mg/L	±15%
pH 水质自动分析仪	示值误差		±0.5
	24 h 漂移		±0.5
	实际水样比对		±0.5

二、水污染源在线监测系统(COD_{Cr} 、$NH_3 - N$ 等)数据有效性判别技术规范

（1）适用范围

本标准规定了利用水污染源在线监测系统获取的化学需氧量(COD_{Cr})、氨氮($NH_3 - N$)、总磷(TP)、总氮(TN)、pH 值、温度和流量等监测数据的有效性判别流程、数据有效性判别指标、数据有效性判别方法、有效均值的计算以及无效数据的处理。

本标准适用于利用水污染源在线监测系统获取的化学需氧量(COD_{Cr})、氨氮($NH_3 - N$)、总磷(TP)、总氮(TN)、pH 值、温度和流量等监测数据的有效性判别。

（2）规范性引用文件

本标准内容引用了下列文件中的条款。凡是不注日期的引用文件,其有效版本适用于本标准。

GB/T 6920　　水质　pH 值的测定　　玻璃电极法

GB 11893　　水质　总磷的测定　　钼酸铵分光光度法

GB 13195　　水质　水温的测定　　温度计或颠倒温度计测定法

HJ 535　　水质　氨氮的测定　　纳氏试剂分光光度法

HJ 536　　水质　氨氮的测定　　水杨酸分光光度法

HJ 636　　水质　总氮的测定　　碱性过硫酸钾消解紫外分光光度法

HJ 828　　水质　化学需氧量的测定　　总铬酸盐法

HJ/T 70　　高氯废水　化学需氧量的测定　　氯气校正法

HJ/T 355—2019　水污染源在线监测系统运行与考核技术规范

（3）术语和定义

有效数据

水污染源在线监测系统正常采样监测时段获得的经审核符合质量要求的数据。

（4）数据有效性判别指标

1）COD_{Cr}、TOC、NH_3-N、TP、TN 水质自动分析仪

对每个站点安装的 COD_{Cr}、TOC、NH_3-N、TP、TN 水质自动分析仪进行自动监测方法与表7-2-2 中规定的国家环境监测分析方法标准的比对试验，两者测量结果组成一个测定数据对，至少获得 3 个测定数据对。比对过程中应尽可能保证比对样品均匀一致，实际水样比对试验结果应满足 HJ 355—2019 中表 1 的要求。按照式(7.1)、式(7.2)分别计算实际水样比对试验的绝对误差、相对误差。

实际水样比对试验绝对误差计算公式：

$$C = X_n - B_n \tag{7.1}$$

实际水样比对试验相对误差计算公式：

$$\Delta C = \frac{(X_n - B_n)}{B_n} \times 100\% \tag{7.2}$$

式中　C——实际水样比对试验绝对误差，(mg/L)；

　　　ΔC——实际水样比对试验相对误差，%；

　　　X_n——第 n 次测量值，(mg/L)；

　　　B_n——第 n 次国家环境监测分析方法的测定值，(mg/L)；

　　　n——比对次数。

2）pH 水质自动分析仪与温度计

对每个站点安装的 pH 水质自动分析仪、温度计通行自动监测方法与表7-2-2 中规定的国家环境监测分析方法标准的比对试验，两者测量结果组成一个测定数据对，比对过程中应尽可能保证比对样品均匀一致，实际水样比样比对试验结果应满足 HJ 355—2019 表 1 的要求。按照式(7.3)计算实际水样比对试验的绝对误差：

实际水样比对试验绝对误差计算公式：

$$C = x - B \tag{7.3}$$

式中　C——实际水样比对试验绝对误差，pH 无量纲或℃；

　　　x——pH 水质自动分析仪(温度计)测量值，pH 无量纲或℃；

　　　B——国家环境监测分析方法的测定值，pH 无量纲或℃。

表 7-2-2　实际水样国家环境监测分析方法

项目	分析方法名称	标准号
COD_{Cr}	水质　化学需氧量的测定　重铬酸盐法	HJ 828
	高氯废水　化学需氧量的测定　氯气校正法	HJ/T 70
$NH_3 - N$	水质　氨氮的测定　纳氏试剂分光光度法	HJ 535
	水质　氨氮的测定　水杨酸分光光度法	HJ 536
TP	水质　总磷的测定　钼酸铵分光光度法	GB/T 11893
TN	水质　总氮的测定　碱性过硫酸钾消解紫外分光光度法	HJ 636
pH 值	水质　pH 值的测定　玻璃电极法	GB/T 6920
水温	水质　水温的测定　温度计或颠倒温度计测定法	GB/T 13195

（5）标准样品试验误差

标准样品试验包括自动标样核查、标准溶液验证。

对每个站点安装的 COD_{Cr}、TOC、NH_3-N、TP、TN 水质自动分析仪，采用有证标准样品作为质控考核样品，用浓度约为现场工作量程上限值 0.5 倍的标准样品进行自动标样检查试验，试验结果应满足 HJ 355—2019 表 1 的要求，否则应对仪器进行自动校准，仪器自动校准完成后应使用标准溶液进行验证（可使用自动标样核查代替该操作），验证结果应满足 HJ 355—2019 表 1 的要求。按照式(7.4)计算标准样品试验相对误差：

$$\Delta A = \frac{X-B}{B} \times 100\% \qquad (7.4)$$

式中　ΔA——标准样品试验相对误差，%；

　　　X——标准样品测试值，(mg/L)；

　　　B——标准样品标准值，(mg/L)。

（6）有效数据判别

正常采样监测时段获取的监测数据，满足数据有效性判别标准，可判别为有效数据。

监测值为零值、零点漂移限值范围内的负值或低于仪器检出限时，需要通过现场检查、实际水样比对试验、标准样品试验等质控手段来识别，对因实际排放浓度过低而产生的上述数据，仍判断为有效数据。

监测值如出现急剧升高、急剧下降或连续不变时，需要通过现场检查、实际水样比对试验、标准样品试验等质控手段来识别，再作判别和处理。

水污染源在线监测系统的运维记录中应当记载运行过程中报警、故障维修、日常维护、校准等内容，运维记录可作为数据有效性判别的证据。

水污染源在线监测系统应可调阅和查看详细的日志，日志记录可作为数据有效性判别的证据。

（7）无效数据判别

当流量为零时，在线监测系统输出的监测值为无效数据。

水质自动分析仪、数据采集传输仪以及监控中心平台接收到的数据误差大于 1% 时，监控中心平台接收到的数据为无效数据。

发现标准样品试验不合格、实际水样比对试验不合格时，从此次不合格时刻至上次校准校验（自动校准、自动标样核查、实际水样比对试验中的任何一项）合格时刻期间的在线监测数据均判断为无效数据，从此次不合格时刻起至再次校准校验合格时刻期间的数据，作为非正常采样监测时段数据，判断为无效数据。

水质自动分析仪停运期间、因故障维修或维护期间、有计划（质量保证和质量控制）地维护保养期间、校准和校验等非正常采样监测时间段内输出的监测值为无效数据，但对该时段数据作标记，作为监测仪器检查和校准的依据予以保留。

判断为无效的数据应注明原因，并保留原始记录。

(8)无效数据的处理

正常采样监测时段,当 COD_{Cr}、NH_3-N、TP 和 TN 监测值判断为无效数据,且无法计算有效日均值时,其污染物日排放量可以用上次校准校验合格时刻前 30 个有效日排放量中的最大值进行替代,污染物浓度和流量不进行替代。

非正常采样监测时段,当 COD_{Cr}、NH_3-N、TP 和 TN 监测值判断为无效数据,且无法计算有效日均值时,优先使用人工监测数据进行替代,每天获取的人工监测数据应不少于 4 次,替代数据包括污染物日均浓度,污染物日排放量。如无人工监测数据替代,其污染物日排放量可以用上次校准校验合格时刻前 30 个有效日排放量中的最大值进行替代,污染物浓度和流量不进行替代。

流量为零时的无效数据不进行替代。

三、水污染源在线监测系统(COD_{Cr}、NH_3-N 等)运行技术规范

1. 适用范围

本标准规定了为保障水污染源在线监测设备稳定运行所要达到的运行单位及人员要求、参数管理及设置、采样方式及数据上报、检查维护、运行技术及质控、系统检修和故障处理、档案记录等方面的要求,并规定了运行比对监测的具体内容。

本标准适用于通过 HJ 354 验收的水污染源在线监测系统各组成部分以及所采用的流量计、水质自动采样器、化学需氧量(COD_{Cr})水质在线自动监测仪、总有机碳(TOC)水质自动分析仪、氨氮水质在线自动监测仪、总磷水质自动分析仪、总氮水质自动分析仪、温度计、pH 水质自动分析仪等水污染源在线监测仪器的运行。本标准适用于水污染源在线监测系统运行单位的日常运行和管理。

2. 规范性引用文件

本标准内容引用了下列文件中的条款,凡是不注日期的引用文件,其有效版本适用于本标准。

GB/T 6920　　水质　pH 值的测定　玻璃电极法

GB/T 11893　　水质　总磷的测定　钼酸铵分光光度法

GB/T 13195　　水质　水温的测定　温度计或颠倒温度计测定法

GB 18597　　危险废物贮存污染控制标准

HJ 15　　超声波明渠污水流量计技术要求及检测方法

HJ/T 70　　高氯废水　化学需氧量的测定　氯气校正法

HJ/T 91.1　　污水监测技术规范

HJ 212　　污染源在线监控(监测)　系统数据传输标准

HJ 353　　水污染源在线监测系统(COD_{Cr}、NH_3-N 等)　安装技术规范

HJ 354　　水污染源在线监测系统(COD_{Cr}、NH_3-N 等)　验收技术规范

HJ 356　　水污染源在线监测系统(COD_{Cr}、NH_3-N 等)　数据有效性判别技术规范

HJ 493　　水质　采样样品的保存和管理技术规定

HJ 535　　水质　氨氮的测定　纳氏试剂分光光度法

HJ 536　　水质　氨氮的测定　水杨酸分光光度法

HJ 636　　水质　总氮的测定　碱性过硫酸钾消解紫外分光光度法

HJ 828　　水质　化学需氧量的测定　重铬酸盐法

3. 术语和定义

下列术语和定义适用于本标准。

①水污染源在线监测系统。

指由实现废水流量监测、废水水样采集、废水水样分析及分析数据统计与上传等功能的软硬件设施组成的系统。

②瞬时水样。

指某个采样点某时刻一次采集到的水样。

③混合水样。

指同一个采样点连续或不同时刻多次采集到的水样的混合体。

④水质自动采样系统。

指水污染源在线监测系统中用于实现采集瞬时水样及混合水样、超标留样、平行监测留样、比对监测留样的系统,供水污染源在线监测仪器分析测试用。

⑤仪器运行参数。

指在现场安装的水污染源在线监测仪器上设置的能表征测量过程以及对测量结果产生影响的相关参数。

⑥有效数据率。

指在某个周期内,仪器实际获得的有效数据个数占该周期内应获得的有效数据个数的比率。

⑦维护状态。

指水污染源在线监测系统处于非正常采样监测时段进行维护操作时其所处的状态,包括对仪表维护、检修、校准及水质自动采样系统的维护等。

⑧自动标样核查。

指水污染源在线监测仪器自动测量标准溶液,自动判定测量结果的准确性。

4. 运行单位及人员要求

（1）运行单位要求

运行单位应具备与监测任务相适应的技术人员、仪器设备和实验室环境,明确监测人员和管理人员的职责、权限和相互关系,有适当的措施和程序保证监测结果准确可靠。应备有所运行在线监测仪器的备用仪器,同时应配备相应仪器参比方法实际水样比对试验装置。

（2）运行人员要求

运行人员应具备相关专业知识,通过相应的培训教育和能力确认/考核等活动。

5. 仪器运行参数管理及设置

①仪器运行参数设置要求。

　　在线检测仪器量程应根据现场实际水样排放浓度合理设置,量程上限应设置为现场执行的污染物排放标准限值的 2~3 倍。当实际水样排放浓度超出量程设置要求时应按要求进行人工监测。

　　针对模拟量采集时,应保证数据采集传输仪的采集信号量程设置、转换污染物浓度设置与在线监测仪器设置的参数一致。

　　②仪器运行参数管理要求。

　　对在线监测仪器的操作、参数的设定修改,应设定相应操作权限。

　　对在线监测仪器的操作、参数修改等动作,以及修改前后的具体参数都要通过纸质成电子的方式记录并保存。同时在仪器的运行日志里作相应的不可更改的记录,应至少保存1 年。

　　纸质或电子记录单中需注明对在线监测仪器参数的修改原因,并在启用时进行确认。

　　6.采样方式及数据上报要求

　　(1)采样方式

　　①瞬时采样:pH 水质自动分析仪、温度计和流量计对瞬时水样进行监测。连续排放时,pH 值、温度和流量至少每 10 min 获得一个监测数据。间歇排放时, 数据数量不小于污水累计排放小时数的 6 倍。

　　②混合采样: COD_{Cr}、TOC、NH_3-N、TP、TN 水质自动分析仪对混合水样进行监测。连续排放时,每日从零点计时,每 1 h 为一个时间段,水质自动采样系统在该时段进行时间等比例或流量等比例采样(如每 15 min 采 1 次样,1 h 内采集 4 次水样,保证该时间段内采集样品量满足使用)。水质自动分析仪测试该时段的混合水样,其测定结果应计为该时段的水污染源连续排放平均浓度。间歇排放时,每 1 h 为一个时间段,水质自动采样系统在该时段进行时间等比例或流量等比例采样(依据现场实际排放量设置,确保在排放时可采集到水样),采样结束后由水质自动分析仪测试该时段的混合水样,其测定结果应计为该时段的水污染源排放平均浓度。如果某个采样周期内所采集样品量无法满足仪器分析之用,则对该时段作无数据处理。

　　(2)数据上报

　　应保证数据采集传输仪、在线监测仪器与监控中心平台时间一致。

　　数据采集传输仪应在 COD_{Cr}、TOC、NH_3-N、TP、TN 水质自动分析仪测定完成后开始采集分析仪的输出信号。并在 10 min 内将数据上报平台,监测数据个数不小于污水累计排放小时数。

　　COD_{Cr}、TOC、NH_3-N、TP、TN 水质自动分析仪存储的测定结果的时间标记应为该水质自动分析仪从混匀桶内开始采样的时间,数据采集传输仪上报数据时报文内的时间标记与水质自动分析仪测量结果存储的时间标记保持一致。水质自动分析仪和数据采集传输仪应能存储至少一年的数据。

　　数据传输应符合 HJ 212 的规定,上报过程中如出现数据传输不通的问题,数据采集传输仪应对未传输成功的数据作记录,下次传输时自动将未传输成功的数据进行补传。

7. 检查维护要求

（1）日检查维护

每天应通过远程查看数据或现场查看的方式检查仪器运行状态、数据传输系统以及视频监控系统是否正常，并判断水污染源在线监测系统运行是否正常，如发现数据有持续异常等情况，应前往站点检查。

（2）周检查维护

①每7 d对水污染源在线监测系统至少进行一次现场维护。

②检查自来水供应、泵取水情况，检查内部管路是否通畅，仪器自动清洗装置是否运行正常，检查各仪器的进样水管和排水管是否清洁，必要时进行清洗。定期对水泵和过滤网进行清洗。

③检查监测站房内电路系统、通信系统是否正常。

④对用电极法测量的仪器，检查电极填充液是否正常，必要时对电极探头进行清洗。

⑤检查各水污染源在线监测仪器标准溶液和试剂是否在有效使用期内，保证按相关要求定期更换标准溶液和试剂。

⑥检查数据采集传输仪运行情况，并检查连接处有无损坏，对数据进行抽样检查，比对水污染源在线监测仪、数据采集传输仪及监控中心平台接收到的数据是否一致。

⑦检查水质自动采样系统管路是否清洁，采样泵、采样桶和留样系统是否正常工作，留样保存温度是否正常。

⑧若部分站点使用气体钢瓶，应检查载气气路系统是否密封，气压是否满足使用要求。

（3）月检查维护

每月的现场维护应包括对水污染源在线监测仪器进行一次保养，对仪器分析系统进行维护；对数据存储或控制系统工作状态进行一次检查；检查监测仪器接地情况，检查监测站房防雷措施。

①水污染源在线监测仪器：根据相应仪器操作维护说明，检查和保养易损耗件，必要时更换；检查及清洗取样单元、消解单元、检测单元、计量单元等。

②水质自动采样系统：根据情况更换蠕动泵管，清洗混合采样瓶等。

③TOC水质自动分析仪：检查 TOC – COD$_{Cr}$ 转换系数是否适用，必要时进行修正。对 TOC 水质自动分析仪的泵、管、加热炉温度进行一次检查，检查试剂余量（必要时添加或更换），检查卤素洗涤器、冷凝器水封容器、增湿器，必要时加蒸馏水。

④pH水质自动分析仪：用酸液清洗一次电极，检查 pH 电极是否钝化，必要时进行校准或更换。

⑤温度计：每月至少进行一次现场水温比对试验，必要时进行校准或更换。

⑥超声波明渠流量计：检查流量计液位传感器高度是否发生变化，检查超声波探头与水面之间是否有干扰测量的物体，对堰体内影响流量计测定的干扰物进行清理。

⑦管道电磁流量计：检查管道电磁流量计的检定证书是否在有效期内。

（4）季度检查维护

水污染源在线监测仪器：根据相应仪器操作维护说明，检查及更换易损耗件，检查关键零部件可靠性，如计量单元准确性、反应室密封性等，必要时进行更换。

对水污染源在线监测仪器所产生的废液应以专用容器予以回收，并按照 GB 18597 的有关规定，交由有危险废物处理资质的单位处理，不得随意排放或回流入污水排放口。

（5）检查维护记录

运行人员在对水污染源在线监测系统进行故障排查与检查维护时，应作好记录。

（6）其他检查维护

①保证监测站房的安全性，进出监测站房应进行登记，包括出入时间、人员、出入站房原因等，应设置视频监控系统。

②保持监测站房的清洁，保持设备的清洁，保证监测站房内的温度、湿度满足仪器正常运行的需求。

③保持各仪器管路通畅，出水正常，无漏液。

④对电源控制器、空调、排风扇、供暖、消防设备等辅助设备要进行经常性检查。

⑤其他维护按相关仪器说明书的要求进行仪器维护保养、易耗品的定期更换工作。

8.运行技术及质量控制要求

对 COD_{Cr}、TOC、NH_3-N、TP、TN 水质自动分析仪按照要求定期进行自动标样检查和自动校准，自动标样核查结果应满足表 7-2-3 要求。

对 COD_{Cr}、TOC、NH_3-N、TP、TN、pH 水质自动分析仪、温度计及超声波明渠流量计按照要求定期进行实际水样比对试验，比对试验结果应满足表 7-2-3 的要求，实际水样国家环境监测分析方法标准见表 7-2-2。

表 7-2-3　水污染源在线监测仪器运行技术指标

仪器类型	技术指标要求	试验指标限值	样品数量要求
COD_{Cr}水质在线自动监测仪、TOC水质自动分析仪	采用浓度约为现场工作量程上限值0.5倍的标准样品	±10%	1
	实际水样 COD_{Cr} < 30 mg/L（用浓度为20~25 mg/L的标准样品替代实际水样进行测试）	±5 mg/L	对试验总数应不少于3对。当比对试验数量为3对时应至少有两对满足要求；4对时应至少有3对满足要求；5对以上时至少需4对满足要求
	30 mg/L≤实际水样 COD_{Cr} < 60 mg/L	±30%	
	60 mg/L≤实际水样 COD_{Cr} < 100 mg/L	±20%	
	实际水样 COD_{Cr} < 100 mg/L	±15%	
NH_3-N水质在线自动监测仪	采用浓度约为现场工作量程上限值0.5倍的标准样品	±10%	1
	实际水样氨氮 < 2 mg/L（用浓度为1.5 mg/L的标准样品替代实际水样进行测试）	±0.3 mg/L	同化学需氧量比对试验数量要求
	实际水样氨氮≥2 mg/L	±15%	

续表

TP 水质自动分析仪	采用浓度约为现场工作量程上限值 0.5 倍的标准样品	±10%	1
	实际水样总磷 < 0.4 mg/L（用浓度为 0.2 mg/L 的标准样品替代实际水样进行测试）	±0.04 mg/L	同化学需氧量比对试验数量要求
	实际水样总磷≥0.4 mg/L	±15%	
TN 水质自动分析仪	采用浓度约为现场工作量程上限值 0.5 倍的标准样品	±10%	1
	实际水样总氮 < 2 mg/L（用浓度为 1.5 mg/L 的标准样品替代实际水样进行测试）	±0.3 mg/L	同化学需氧量比对试验数量要求
	实际水样总氮≥2 mg/L	±15%	
pH 水质自动分析仪	实际水样比对	±0.5	1
温度计	现场水温比对	±0.5 ℃	1
超声波明渠流量计	液位比对误差	12 mm	6 组数据
	流量比对误差	±10%	10 min 累计流量

9. 有效数据率

以月为周期,计算每个周期内水污染源在线监测仪实际获得的有效数据的个数占应获得的有效数据的个数的百分比不得小于 90% ,有效数据的判定参见 HJ 356 的相关规定。

10. 仪器的检修

①在线监测设备需要停用、拆除或者更换的,应当事先报经环境保护有关部门批准。

②运行单位发现故障或接到故障通知,应在 24 h 内赶到现场进行处理。

③对一些容易诊断的故障,如电磁阀控制失灵、膜裂损、气路堵塞、数据仪死机等,可携带工具或者备件到现场进行针对性维修,此类故障维修时间不应超过 8 h,对不易诊断和维修的仪器故障,若 72 h 内无法排除,应安装备用仪器。

④仪器经过维修后,在正常使用和运行之前应确保维修内容全部完成,性能通过检测程序,按国家有关技术规定对仪器进行校准检查。若监测仪器进行了更换,在正常使用和运行之前应对仪器进行一次校验和比对实验。

⑤若数据存储/控制仪发生故障,应在 12 h 内修复或更换,并保证已采集的数据不丢失。

⑥第三方运行的机构,应备有足够的备品备件及备用仪器,对其使用情况进行定期清点,并根据实际需要进行增购,以不断调整和补充各种备品备件及备用仪器的存储数量。

⑦水污染源在线监测仪器因故障或维护等原因不能正常工作时,应及时向相应环境保护

管理部门报告,必要时采取人工监测,监测周期间隔不大于 6 h,数据报送每天不少于 4 次。

11.仪器质量控制

比对监测时,应检查水污染源在线监测仪器参数设置情况,必要时进行标准溶液抽查,核查标准溶液是否符合相关规定更求,在记录和报告中说明有关情况;比对监测所使用的标准样品和实际水样应符合现场安装仪器的量程;比对监测期间,不允许对在线监测仪器进行任何调试。

12.技术档室和运行记录的基本要求

水污染源在线监测系统运行的技术档案包括仪器的说明书、HJ 353 要求的系统安装记录和 HJ 354 要求的验收记录、仪器的检测报告以及各类运行记录表格。

运行记录应清晰、完整,现场记录应在现场及时填写。可从记录中查阅和了解仪器设备的使用、维修和性能检验等全部历史资料,以对运行的各类仪器设备作出正确评价。与仪器相关的记录可放置在现场并妥善保存。

13.技术考核

技术考核从运行与日常维护、校验、检修、质量保证和质量控制、数据准确性、数据数量要求、设备运转率、仪器技术档案等方面来考核。技术考核成绩作为评定运行单位工作质量的重要依据。

【任务评价】

任务二　认识法律法规与规范评价明细表

序号	考核内容	考核标准	分值	小组评	教师评
1	基本知识(30分)	生态环境监测技术人员持证上岗考核实施细则	10		
		在线监测系统安装技术规范	20		
2	基本技能(60分)	监测站房与仪器设备安装技术要求	20		
		在线监测有效性判别技术规范	20		
		在线监测系统运行与考核技术规范	20		
3	环保安全文明素养(10分)	环保意识	4		
		安全意识	4		
		文明习惯	2		
4	扣分清单	迟到、早退	1分/次		
		旷课	2分/节		
		作业或报告未完成	5分/次		
		安全环保责任	一票否决		
	考核结果				

【任务检测】

一、判断题

采样取水管材料应对所监测项目没有干扰,并且耐腐蚀。采样管路应采用优质的 PVC 或 PPR 软管。   (   )

二、选择题

监测站站房应具备的条件为(   )。

A. 新建监测站房面积应不小于 50 m^2

B. 监测站房内应有合格的给、排水设施,应使用自来水清洗仪器及有关装置

C. 监测站房不得采用彩钢夹芯板等材料临时搭建

D. 监测站房应保持开窗通风

三、问答题

1. 请说明现场水质自动分析仪安装要求。

2. 水污染在线监测设备缺失数据应如何处理?

参考文献

[1]国家环境保护总局水和废水监测分析方法编委会.水和废水监测分析方法[M].4版.北京:中国环境科学出版社,2002.

[2]环境保护部科技标准司.水污染连续自动监测系统运行管理[M].北京:化学工业出版社,2008.

[3]施汉昌,柯细勇,刘辉.污水处理在线监测仪器原理与应用[M].北京:化学工业出版社,2008.

[4]翟崇治.水质监测自动化与实践[M].北京:中国环境科学出版社,2015.

[5]龚锋,孙建华,李平.仪器分析技术[M].重庆:西南大学出版社,2018.